Estudios de la OCDE sobre Gobernanza Pública

Desarrollo efectivo de megaproyectos de infraestructura

EL CASO DEL NUEVO AEROPUERTO INTERNACIONAL DE LA CIUDAD DE MÉXICO

OCDE
MEJORES POLÍTICAS PARA UNA VIDA MEJOR

Tanto este documento como cualquier mapa que se incluya en él no conllevan perjuicio alguno respecto al estatus o la soberanía de cualquier territorio, a la delimitación de fronteras y límites internacionales, ni al nombre de cualquier territorio, ciudad o área.

Por favor, cite esta publicación de la siguiente manera:
OCDE (2015), *Desarrollo efectivo de megaproyectos de infraestructura: El caso del Nuevo Aeropuerto Internacional de la Ciudad de México*, Éditions OCDE, París.
http://dx.doi.org/10.1787/9789264249349-es

ISBN 978-92-64-24933-2 (impresa)
ISBN 978-92-64-24934-9 (PDF)

Los datos estadísticos para Israel son suministrados por y bajo la responsabilidad de las autoridades israelíes competentes. El uso de estos datos por la OCDE es sin perjuicio del estatuto de los Altos del Golán, Jerusalén Este y los asentamientos israelíes en Cisjordania bajo los términos del derecho internacional.

Fotografías: Portada © FP-FREE, S. DE R.L. DE C.V.

Las erratas de las publicaciones de la OCDE se encuentran en línea en: *www.oecd.org/about/publishing/corrigenda.htm*.

Prólogo

Los proyectos de infraestructura son fundamentales para los mandatos de los gobiernos. Sin embargo, el valor y los riesgos que entrañan pueden ser como las dos caras de la misma moneda. Un lado contiene una visión y depara una promesa: mayor competitividad nacional, mejor prestación de servicios públicos y crecimiento incluyente. El otro conlleva riesgos de una gestión deficiente, despilfarro del dinero público y corrupción. Como los grandes proyectos de infraestructura pueden representar el legado de los gobiernos para las generaciones futuras, es necesario que presten atención especial a garantizar su valor social.

Gran parte del éxito de los proyectos de este tipo depende de la transparencia, la eficiencia y las habilidades. La experiencia internacional muestra que la aplicación de esos principios a menudo sigue siendo un reto.

El Gobierno de México le pidió a la OCDE que apoyara a la empresa de participación estatal mayoritaria Grupo Aeroportuario de la Ciudad de México (GACM) a cumplir con su mandato de gestionar la construcción del Nuevo Aeropuerto Internacional de la Ciudad de México. Para responder a esta solicitud, la OCDE reunió prácticas y conocimientos expertos de los países miembros en cuanto a gobernanza de proyectos de infraestructura, contratación pública, marcos de integridad y las estrategias de comunicación respectivas.

Este informe forma parte del mandato de la OCDE de ayudar a los gobiernos de todos los niveles a diseñar e implementar políticas públicas estratégicas, basadas en evidencia e innovadoras para reforzar la gobernanza pública, responder con eficacia a retos económicos, sociales y ambientales diversos y destructivos, así como para cumplir los compromisos del gobierno con los ciudadanos.

Si bien el GACM está comprometido con aplicar las mejores prácticas internacionales de integridad, transparencia y gobierno abierto, se requiere realizar mayores esfuerzos. En el informe se identifican varias áreas que pueden mejorarse con base en la experiencia internacional.

El informe demuestra la imperiosa necesidad de una acción coordinada de diferentes instituciones y órdenes de gobierno, así como la colaboración sistemática de los actores interesados. Una estructura de gobierno corporativo que sustituya la organización actual del GACM afrontaría mejor este complejo entorno. Además, es importante adaptar los procesos de contratación a la magnitud y las características específicas del proyecto para asegurar una ejecución eficaz. Asimismo, una estrategia integral de integridad que incluya a las partes interesadas públicas y privadas reduciría el riesgo de corrupción. Por último, se necesitan comunicaciones estratégicas y frecuentes para obtener el imprescindible apoyo social y político.

Los proyectos de infraestructura son multidimensionales por naturaleza. Los avances logrados en un área no solo representan una mejora en sí misma, sino que también contribuyen a fortalecer otros aspectos que juntos preparan el camino para la ejecución eficaz de grandes proyectos de infraestructura. Al proporcionar ayuda a las autoridades mexicanas en este proyecto excepcional, la OCDE apoya al Gobierno a cosechar los beneficios directos de aplicar mejores políticas para una vida mejor sin asumir riesgos innecesarios y garantizando que los resultados del proyecto reflejen el lado correcto de la moneda.

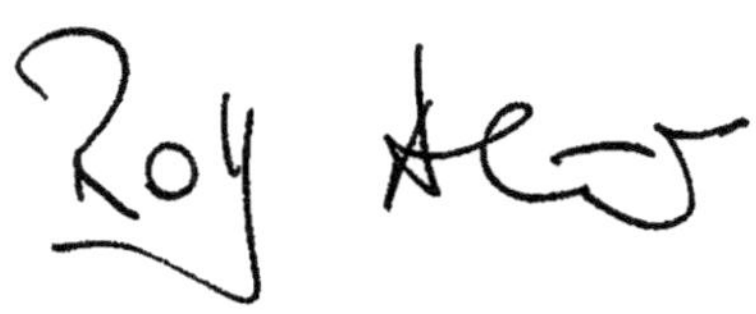

Rolf Alter
Director de Gobernanza Pública y Desarrollo Territorial de la OCDE

Agradecimientos

Bajo la dirección de Rolf Alter, director de Gobernanza Pública y Desarrollo Territorial de la OCDE, y János Bertók, Jefe de la División de Integridad del Sector Público, este estudio fue dirigido por Paulo Magina, Jefe de la Unidad de Contrataciones; Jacobo Pastor García Villarreal, Especialista Senior en Políticas de Integridad y Compras Públicas (capítulo 2); Matthieu Cahen, Analista de Políticas (capítulo 3) y Emma Cantera, Analista de Políticas (capítulo 4). El capítulo 5 fue escrito por Luis Carlos Ugalde, Luis Antonio Espino y Ana Victoria Borja.

Se recibieron valiosos comentarios de Julio Bacio Terracino, Hans Christiansen y de diversos funcionarios de la Secretaría de la Función Pública de México. La asistencia editorial estuvo a cargo de Julie Harris. Anaisa Goncalves proporcionó asistencia administrativa.

Se agradece en forma especial a la Secretaría de Comunicaciones y Transportes de México, en particular a Gerardo Ruiz Esparza, Secretario, y a Yuriria Mascott, Subsecretaria, quienes tuvieron la iniciativa de establecer el proyecto con la OCDE.

La OCDE expresa su agradecimiento al Grupo Aeroportuario de la Ciudad de México por el liderazgo constructivo y el diálogo abierto entablado con la OCDE y con expertos en materia de contrataciones; en especial, a Federico Patiño, Director General; José Luis Romo, Director Corporativo de Planeación, Evaluación y Vinculación; Sandra González, Subdirectora de Planeación, y todos los directores corporativos y su personal.

La OCDE también agradece a Manuel Ángel Núñez Soto, ex Director General del Grupo Aeroportuario de la Ciudad de México; al Embajador Dionisio Pérez-Jácome Friscione y a Maya Camacho, de la Delegación Permanente de México ante la OCDE, que contribuyeron de manera decisiva para facilitar la coordinación de este estudio.

Este estudio forma parte de una serie de estudios sobre gobernanza en países de la OCDE y del G20. Se benefició de las aportaciones de funcionarios de alto rango de contratación pública, quienes participaron en las deliberaciones en la Ciudad de México.

Se agradece en particular a los revisores Alan Couzens, Jefe de Seguimiento y Ejecución de Infraestructura, Infrastructure UK, Comisión de Aeropuertos; Chris Howe, Director de Contratación de Inmuebles, Heathrow; Neill Stansbury, Cofundador y Director de Global Infrastructure Anti-corruption Centre (GIACC), y Denise Bower, Directora Ejecutiva de Major Projects Association, quien también participó en un ciclo de talleres de la OCDE para desarrollar capacidades en el Grupo Aeroportuario de la Ciudad de México.

El Centro de la OCDE en México, bajo el liderazgo de Roberto Martínez y el personal de publicaciones, de manera destacada Alejandro Camacho, contribuyeron de manera decisiva coordinando el proceso editorial para la publicación en español.

Índice

Acrónimos y abreviaturas........11

Resumen ejecutivo........15

Capítulo 1. El proyecto del Nuevo Aeropuerto Internacional de la Ciudad de México (NAICM) en perspectiva........17

Notas........25
Bibliografía........25

Capítulo 2. La gobernanza del proyecto del NAICM........27

Antecedentes del Grupo Aeroportuario de la Ciudad de México (GACM)........28
Gobierno corporativo del GACM........28
Estructura orgánica del GACM........32
Marco regulatorio que rige al GACM........35
Gobernanza y coordinación con otras entidades gubernamentales........38
Participación de actores interesados........42
Propuestas de acción........49
Notas........69
Bibliografía........71

Capítulo 3. Estrategias y desafíos de la contratación pública en el proyecto del NAICM........73

Marco de la contratación pública en México: un entorno regulatorio limitado........74
Sin embargo, hay oportunidades para adaptar los procesos de contratación a la magnitud y complejidad del proyecto........78
Un proyecto de infraestructura requiere la participación de diferentes partes interesadas con experiencia distinta y desigual........86
Los paquetes de licitación: desde la estrategia hasta la implementación........89
La contratación entraña riesgos que podrían afectar al proyecto........108
Propuestas de acción........112
Notas........125
Bibliografía........125

Capítulo 4. Mejorar la integridad y la transparencia en los procesos de contratación del proyecto del NAICM........129

Es indispensable concienciar sobre los riesgos de corrupción para el éxito de la construcción del aeropuerto........130
Promover la apertura y una cultura de integridad........134
Facultar al Órgano Interno de Control........147
La integridad del proceso de contratación reduce los riesgos de corrupción en todas las etapas del ciclo........148
Aumentar la transparencia y el acceso a la información en la construcción del nuevo aeropuerto........161
Propuestas de acción........168
Notas........171
Bibliografía........171

Capítulo 5. Recomendaciones de la estrategia de comunicación para el proyecto del NAICM 173

La necesidad de una estrategia de comunicación robusta 174
Principales acciones de comunicación del NAICM 175
Cobertura en los medios 178
El sitio web 179
Percepciones de las principales partes interesadas 184
Retos futuros 189
Evaluación del portal en Internet 191
Responsabilidades y capacidades de comunicación 191
Comunicación interna 192
Propuestas de acción 194
Notas 197
Bibliografía 198

Capítulo 6. Plan de acción para implementar las recomendaciones de la OCDE sobre el proyecto del NAICM 199

Gobernanza 200
Contrataciones públicas 201
Promoción de la integridad y la transparencia del proceso de contratación pública 204
Comunicación 206
Anexo A. El mecanismo de control *ex ante* de la EXPO MILANO 207
Notas 209
Anexo B. Comentarios de la OCDE sobre los sitios web del NAICM 211
Portal del GACM (www.aeropuerto.gob.mx/gacm/index.php) 211
Portal del NAICM (www.aeropuerto.gob.mx/index.php) 212

Cuadros

Cuadro 1.1. El NAICM en perspectiva 18
Cuadro 1.2. Capacidad del NAICM 21
Cuadro 2.1. Marco regulatorio aplicable a la gobernanza del GACM 37
Cuadro 2.2. Calidad de vida en la zona oriente respecto de la zona metropolitana de la Ciudad de México (2010) 39
Cuadro 2.3. Usuarios del aeropuerto e instituciones gubernamentales consultados 45
Cuadro 3.1. Responsabilidades relacionadas con la contratación por dirección corporativa del GACM 87
Cuadro 3.2. Diferentes tipos de modelos de ejecución de infraestructura 91
Cuadro 3.3. Evaluación comparativa de los plazos para los principales objetivos parciales en la contratación de infraestructura en Australia 104
Cuadro 3.4. Riesgos y medidas de mitigación 124
Cuadro 4.1. Código de ética de los servidores públicos del gobierno federal y código de conducta del GACM 136
Cuadro 4.2. Riesgos de corrupción relacionados con las distintas etapas del ciclo de contratación 149
Cuadro A.1. Procedimientos de contratación revisados por la UOS 208

Gráficas

Gráfica 1.1. Distancia del aeropuerto al centro de la ciudad (kilómetros) 19
Gráfica 1.2. Cantidad de operaciones del AICM (miles) 20
Gráfica 1.3. Porcentaje de pasajeros en tránsito 21
Gráfica 1.4. Inversión total del NAICM y fuentes de financiamiento previstas 23
Gráfica 1.5. Objetivo de los casos de soborno extranjeros entre 1999 y 2014 24
Gráfica 2.1. Separación vertical de poderes 30
Gráfica 2.2. Estructura orgánica del GACM 33

Gráfica 2.3. Mapa de las instituciones gubernamentales participantes en el desarrollo del NAICM 38
Gráfica 2.4. Mapa de gobernanza 53
Gráfica 2.5. Estructura indicativa basada en funciones 61
Gráfica 2.6. Estructura indicativa basada en empaquetamiento 62
Gráfica 3.1. Contratación pública como porcentaje del PIB y de los gastos totales del gobierno, 2013 79
Gráfica 3.2. Procesos de contratación para obras públicas y servicios relacionados efectuados por el GACM desde su inicio 88
Gráfica 3.3. Tamaño de los paquetes de licitación respecto del nivel de competencia previsto a lo largo del tiempo 95
Gráfica 3.4. Nivel educativo de los empleados por sector económico, México 99
Gráfica 3.5. Secuenciación de los procesos competitivos a realizarse por el GACM 100
Gráfica 4.1. Panorama de la información sobre la contratación del GACM (USD) 164
Gráfica 5.1. Una transición exitosa como fruto de una estrategia de comunicación 174
Gráfica 5.2. Contenido del sitio web respecto de la normatividad 179
Gráfica 5.3. Contenido del sitio web: sección de las contrataciones más importantes 180
Gráfica 5.4. Contenido del sitio web: sección sobre procedimientos de contratación (vigentes, en seguimiento y concluidos) 181
Gráfica 5.5. Contenido del sitio web: sección de transparencia 182
Gráfica 5.6. Contenido del sitio web: etiqueta de transparencia en la sección Sitios de Interés 183
Gráfica 5.7. Contenido del sitio web: sección Mapa del Sitio 184
Gráfica 5.8. Contenido del sitio web: herramienta de búsqueda 184

Recuadros

Recuadro 1.1. Características de la zona donde se ubicará el NAICM 19
Recuadro 2.1. Directrices de la OCDE sobre el Gobierno Corporativo de las Empresas Públicas 29
Recuadro 2.2. Evolución del Consejo de Administración de PEMEX 31
Recuadro 2.3. Programa para garantizar la transparencia y la apertura informativa del proyecto de infraestructura del NAICM 42
Recuadro 2.4. Retos en el desarrollo del Aeropuerto Internacional de Berlín-Brandenburgo (BBI) 43
Recuadro 2.5. Medidas de mitigación ambiental 47
Recuadro 2.6. Conclusiones del informe del Observatorio Nacional Ciudadano (ONC) 48
Recuadro 2.7. Características de buena gobernanza de proyectos de infraestructura según la oficina del Tesoro de su Majestad del Reino Unido 50
Recuadro 2.8. La gobernanza de la subcontratación 51
Recuadro 2.9. Fallas de gobernanza en la gestión del Aeropuerto Internacional de Berlín-Brandenburgo 52
Recuadro 2.10. Asignación de riesgos durante la construcción de la Terminal 5 de Heathrow 54
Recuadro 2.11. Proceso de nombramiento de un consejo directivo en el Reino Unido 57
Recuadro 2.12. Coordinación multinivel en el desarrollo del Aeropuerto de Milán Malpensa 59
Recuadro 2.13. Cultura laboral positiva en la construcción de la Terminal 5 del Aeropuerto de Heathrow 63
Recuadro 2.14. Participación de actores interesados durante la construcción de la Terminal 5 del Aeropuerto de Heathrow 64
Recuadro 2.15. Uso de los marcos de participación social por parte del Banco Mundial 67
Recuadro 2.16. La Guía para la Iniciación de Proyectos 68
Recuadro 3.1. Contratación pública verde en los Países Bajos 77
Recuadro 3.2. Fórmulas para identificar la propuesta que ofrezca la mejor relación calidad-precio 83

Recuadro 3.3. Lista de verificación para evaluar periódicamente una estrategia de contratación en proyectos de infraestructura 94
Recuadro 3.4. Manipulación de ofertas y carteles en las licitaciones en la Unión Europea 96
Recuadro 3.5. Competencia internacional en proyectos de infraestructura en Australia 97
Recuadro 3.6. Decisiones de compra guiadas por análisis de mercado 102
Recuadro 3.7. Indicadores clave de desempeño: ahorros 106
Recuadro 3.8. Indicadores clave de desempeño: promover la competencia 107
Recuadro 3.9. Indicadores clave de desempeño: conclusión puntual de los procesos de contratación 108
Recuadro 3.10. Hoja de ruta para la contratación de infraestructura en el Reino Unido 113
Recuadro 3.11. Retrasos y sobrecostos en determinados aeropuertos de la Unión Europea 115
Recuadro 3.12. Fraude durante la construcción: pilotes cortos (Hong Kong, China) 116
Recuadro 3.13. Reducir los costos de transacción para los proveedores 120
Recuadro 3.14. Contacto temprano en Canadá 122
Recuadro 4.1. La Ley Federal Anticorrupción en Contrataciones Públicas (LFACP) 132
Recuadro 4.2. Código de conducta para la contratación en Canadá 138
Recuadro 4.3. Principios y Código de Conducta para la Contratación en España 139
Recuadro 4.4. Capacitación en integridad en Alemania 140
Recuadro 4.5. Capacitación especializada para la contratación pública en Francia 141
Recuadro 4.6. Comité de Normas de la Vida Pública, Reino Unido 143
Recuadro 4.7. Gestión del conflicto de interés durante la evaluación de ofertas en Australia 144
Recuadro 4.8. Declaraciones de interés financiero y conflictos de interés: estado de Illinois, Estados Unidos 144
Recuadro 4.9. Conducta denunciable según la definición de la Ley de Divulgación de Interés Público de Australia 2013 146
Recuadro 4.10. Línea directa para denunciantes en Austria 147
Recuadro 4.11. Lista de verificación de posibles riesgos en el proceso de contratación de bienes y servicios de Tasmania (Australia) 150
Recuadro 4.12. Ejemplos de banderas rojas para detectar la corrupción en la contratación 151
Recuadro 4.13. Planes de probidad en la contratación de Australia 153
Recuadro 4.14. La Iniciativa de Ética y Cumplimiento en la Industria de la Construcción en Estados Unidos 155
Recuadro 4.15. Sistema de dos sobres utilizado en la etapa de presentación de ofertas en la República Eslovaca 156
Recuadro 4.16. Principio de los cuatro ojos en el proyecto del Puente de Tappan Zee, estado de Nueva York, Estados Unidos 157
Recuadro 4.17. Monitor de integridad, proyecto del puente de Tappan Zee, estado de Nueva York, Estados Unidos 158
Recuadro 4.18. Cláusulas de ética para consultores de la Cámara Baja del Congreso de Estados Unidos 159
Recuadro 4.19. Código de conducta para la administración pública de Queensland (Australia) 160
Recuadro 4.20. Cláusulas de compromiso ético para su inclusión en convenios de consultoría: lista de verificación de mejores prácticas de la Comisión Independiente Contra la Corrupción de Hong Kong 160
Recuadro 4.21. Checkbook NYC (chequera de la Ciudad de Nueva York) 165
Recuadro 4.22. Vigilancia por cámara de video del puente de Tappan Zee 167
Recuadro 4.23. Formato de queja en línea, Oficina del Inspector General del Estado de Nueva York 168
Recuadro 5.1. ¿Por qué importa la comunicación? 175
Recuadro 5.2. Análisis del discurso del anuncio inicial (2 de septiembre de 2014) 176
Recuadro 5.3. Principales preocupaciones expresadas por ONG 187
Recuadro 5.4. Mensajes clave de la estrategia de comunicación para cada etapa 196

Acrónimos y abreviaturas

AICM	Aeropuerto Internacional de la Ciudad de México
APF	Administración Pública Federal
APP	Asociaciones Público-Privadas
ASA	Aeropuertos y Servicios Auxiliares
ASF	Auditoría Superior de la Federación
ASPA	Asociación Sindical de Pilotos Aviadores de México
BBI	Aeropuerto Internacional de Berlín-Brandenburgo
CANAERO	Cámara Nacional de Aerotransportes
CEMDA	Centro Mexicano de Derecho Ambiental
CINAM	Colegio de Ingenieros Ambientales de México
CMIC	Cámara Mexicana de la Industria de la Construcción
COFECE	Comisión Federal de Competencia Económica
COMPRANET	Sistema electrónico de contratación pública de México
CONAGUA	Comisión Nacional del Agua
CONASMI	Comisión Nacional de los Salarios Mínimos
CPEUM	Constitución Política de los Estados Unidos Mexicanos
DCA (GACM)	Dirección Corporativa de Administración y Gestión Inmobiliaria (GACM)
DCF (GACM)	Dirección Corporativa de Finanzas (GACM)
DCI (GACM)	Dirección Corporativa de Infraestructura (GACM)
DCP (GACM)	Dirección Corporativa de Planeación, Evaluación y Vinculación (GACM)
DGAC	Dirección General de Aeronáutica Civil
FPDT	Frente de Pueblos en Defensa de la Tierra
GACM	Grupo Aeroportuario de la Ciudad de México, S.A. de C.V.
GP	Gerente del Proyecto
IATA	Asociación del Transporte Aéreo Internacional

ICD	Indicadores Clave de Desempeño
II - UNAM	Instituto de Ingeniería de la UNAM
IMCO	Instituto Mexicano para la Competitividad
INAI	Instituto Nacional de Transparencia, Acceso a la Información y Protección de Datos Personales
INM	Instituto Nacional de Migración
ISSSTE	Instituto de Seguridad y Servicios Sociales de los Trabajadores del Estado
LAASSP	Ley de Adquisiciones, Arrendamientos y Servicios del Sector Público
LFACP	Ley Federal Anticorrupción en Contrataciones Públicas
LFEP	Ley Federal de las Entidades Paraestatales
LFPRH	Ley Federal de Presupuesto y Responsabilidad Hacendaria
LFRASP	Ley Federal de Responsabilidades Administrativas de los Servidores Públicos
LOPSRM	Ley de Obras Públicas y Servicios Relacionados con las Mismas
MAAGMAASSP	Manual Administrativo de Aplicación General en Materia de Adquisiciones, Arrendamientos y Servicios del Sector Público
MAAGMOPSRM	Manual Administrativo de Aplicación General en Materia de Obras Públicas y Servicios Relacionados con las Mismas
NAICM	Nuevo Aeropuerto Internacional de la Ciudad de México
OIC	Órgano Interno de Control
ONC	Observatorio Nacional Ciudadano
PEMEX	Petróleos Mexicanos
PGR	Procuraduría General de la República
POBALINES Adquisiciones	Políticas, bases y lineamientos en materia de Adquisiciones, Arrendamientos y Servicios (GACM)
POBALINES Obras Públicas	Políticas, bases y lineamientos en materia de Obras Públicas y Servicios Relacionados con las Mismas (GACM)
RAN	Registro Agrario Nacional
RLFEP	Reglamento de la Ley Federal de las Entidades Paraestatales
ROPSRM	Reglamento de la Ley de Obras Públicas y Servicios Relacionados con las Mismas
RTA	Red de Transparencia y Acceso a la Información Pública
SAGARPA	Secretaría de Agricultura, Ganadería, Desarrollo Rural, Pesca y Alimentación

SAT	Servicio de Administración Tributaria
SCT	Secretaría de Comunicaciones y Transportes
SEDATU	Secretaría de Desarrollo Agrario, Territorial y Urbano
SEDENA	Secretaría de la Defensa Nacional
SEGOB	Secretaría de Gobernación
SEMARNAT	Secretaría de Medio Ambiente y Recursos Naturales
SENASICA	Servicio Nacional de Sanidad, Inocuidad y Calidad Agroalimentaria
SENEAM	Servicios a la Navegación en el Espacio Aéreo Mexicano
SFP	Secretaría de la Función Pública
SHCP	Secretaría de Hacienda y Crédito Público
SST	Subsecretaría de Transporte
TUA	Tarifa de Uso de Aeropuerto
UNAM	Universidad Nacional Autónoma de México
UNAOPSPF	Unidad de Normatividad de Adquisiciones, Obras Públicas, Servicios y Patrimonio Federal

Resumen ejecutivo

El proyecto del Nuevo Aeropuerto Internacional de la Ciudad de México (NAICM) responde a la necesidad de ampliar la capacidad del Aeropuerto Internacional de la Ciudad de México (AICM), la cual data de veinte años atrás. El objetivo de este proyecto de infraestructura, que en la actualidad es el más grande del país, es posicionar a México como un *hub* regional y aumentar su competitividad.

El Grupo Aeroportuario de la Ciudad de México, S.A. de C.V. (GACM) recibió el mandato del gobierno de México de diseñar, construir y poner en servicio el NAICM en 2020. El GACM es una empresa de participación estatal mayoritaria y forma parte de la administración pública paraestatal.

En este informe se proporciona al GACM una evaluación y análisis exhaustivos del proyecto, y se ofrecen recomendaciones en cuatro aspectos fundamentales: gobernanza, contratación pública, integridad y estrategia de comunicaciones. Se presenta también un plan de acción para atender las recomendaciones diseñadas en colaboración con el GACM, las cuales incluyen la correspondiente oficina responsable de su aplicación.

La gobernanza es de vital importancia en megaproyectos de este tipo, no solo para seguir puntualmente la programación y ceñirse al presupuesto, sino para evitar la corrupción y una gestión deficiente. El modelo de gobierno del GACM es el de una institución pública; por el contrario, una estructura de corte más corporativo le permitiría mejorar su eficiencia y sus ventajas operativas. La estructura orgánica del GACM se diseñó conforme a los principios de austeridad y disciplina en el gasto público. Sin embargo, afronta fuertes limitaciones de recursos humanos y de capacidades, lo que es evidente al evaluarlo en comparación con otros proyectos aeroportuarios. Un proyecto de esta magnitud exige un trabajo coordinado entre diferentes instituciones públicas y varios niveles de gobierno. Además, una buena gobernanza del NAICM requiere la participación sistemática de los actores interesados. Por ejemplo, la evaluación y la gestión de riesgos deberán incluir a la sociedad civil y beneficiarse de su experiencia.

Aunque la contratación pública en proyectos de infraestructura ofrece ventajas, es una actividad muy delicada por la cantidad de recursos involucrados y por la estrecha interacción entre los ámbitos público y privado. Para que el GACM saque el máximo partido a su potencial, conviene que aproveche las oportunidades existentes para adaptar los procesos estándar a la magnitud y complejidad del proyecto.

La elección de la contratación pública como el modo de operación para el NAICM, en lugar de la asociación público-privada o la concesión, fue estratégica para dar forma a la distribución de riesgos. La contratación pública en infraestructura limita el riesgo de relaciones inviables de largo plazo con agentes económicos, basadas en supuestos demasiado optimistas. Sin embargo, reduce la propiedad de los proveedores con el proyecto, lo que podría moderarse mediante una gestión contractual eficaz. En una segunda decisión estratégica, el GACM decidió sincronizar las principales actividades de construcción en un conjunto de 21 paquetes de contratación pública, para cumplir con un calendario muy ambicioso. El objetivo es fomentar la participación de las empresas mexicanas, establecer normas claras desde el principio, identificar al mayor número de participantes idóneos y garantizar la transparencia. El modelo ofrece también la posibilidad de adaptar cada estrategia de contratación para satisfacer los deseos y capacidades del mercado, y brindar la mejor relación calidad-precio no solo al GACM y el gobierno mexicano, sino también a la sociedad en general. De igual forma, es crucial definir las especificaciones de las licitaciones conforme a la complejidad de las obras y los criterios de adjudicación correspondientes, y garantizar un análisis minucioso y transparente de las propuestas para lograr resultados eficientes y a la vez reforzar la confianza de la ciudadanía.

La experiencia mundial indica que los proyectos de infraestructura son especialmente vulnerables a la corrupción. La construcción del nuevo aeropuerto de la Ciudad de México no está exenta de ese riesgo. Es fundamental poner en marcha una estrategia integral para evitar la corrupción y la gestión deficiente durante las distintas etapas del proyecto. A pesar de las medidas que instituyó el gobierno mexicano a principios de 2015 para promover la integridad en el sector público y reforzar la lucha contra la corrupción, queda mucho por hacer en el GACM. De no actuar, se pone en riesgo la credibilidad y la eficacia del proyecto. Por ejemplo, el GACM podría fomentar la apertura y aumentar su cultura de integridad al establecer normas y reglas de conducta comunes, e invertir en formación y orientación. Asimismo, podría establecer políticas sobre conflictos de intereses para funcionarios públicos, licitantes y proveedores; crear condiciones para la denuncia interna de actos ilícitos; y crear herramientas y mecanismos, por ejemplo, documentos de licitación estandarizados, monitores de integridad y "señales de alerta" (banderas rojas). Además, establecer y facultar al Órgano Interno de Control ayudará a poner en claro el entorno de riesgos en el que opera el proyecto, así como a proporcionar las herramientas necesarias para protegerlo de ellos con un mapa de riesgos preciso, por ejemplo. Por último, el GACM podría aumentar la transparencia de todas sus actividades de contratación pública al publicar de manera proactiva en su página web toda la información pertinente, como la relativa a planes anuales de contratación pública, trámites de licitación (documentos de convocatoria, actas de las juntas de aclaraciones y apertura de ofertas), historial de las adjudicaciones de contratos, modificación de los contratos y quejas formales.

En vista de los posibles beneficios a largo plazo de este proyecto, deberá ser prioritario generar un amplio apoyo político y social, y eso solo puede lograrse con una estrategia de comunicación eficaz. Diseñar una comunicación robusta fortalece las bases de una buena gobernanza al promover un gobierno abierto, una mayor rendición de cuentas y la participación activa de la sociedad civil. Un defecto común en muchos proyectos es que carecen de una estrategia de comunicaciones coherente y eficaz que vincule las necesidades, expectativas y preocupaciones de los diferentes interesados en el proyecto. Los síntomas de insuficiencia de respaldo a las funciones de comunicación incluyen, además de la polémica, enfoques *ad hoc*, y falta de comunicación clara y de planeación estratégica. A diferencia de la mayoría de las dependencias del gobierno, la estructura orgánica del GACM no incluye una función de comunicación específica, y aún se requiere una estrategia integral para modificar las percepciones negativas entre varias partes interesadas.

El NAICM constituye el núcleo del plan de infraestructura de la administración actual (2012-2018) y la opinión pública está muy a favor del proyecto. Los elementos fundamentales de los megaproyectos exitosos son: un modelo adecuado de gobernanza, la gestión eficaz y eficiente de la contratación pública, las garantías de integridad para reducir las oportunidades de corrupción, así como una estrategia de comunicación integral. No cumplir con los compromisos del proyecto en materia de tiempo y presupuesto implicaría enormes costos para el país. Por el contrario, su desarrollo exitoso aumentaría en gran medida la competitividad del país y el bienestar de sus ciudadanos. Los proyectos de infraestructura de gran calado como el NAICM son muy notorios y ofrecen una oportunidad única para que los gobiernos implementen un marco de gobernanza que demuestre un enfoque innovador, completamente responsable y "limpio" que optimice el gasto de los recursos públicos y beneficie al interés público.

Capítulo 1

El proyecto del Nuevo Aeropuerto Internacional de la Ciudad de México (NAICM) en perspectiva

El 3 de septiembre de 2014, el Presidente de México anunció la construcción del Nuevo Aeropuerto Internacional de la Ciudad de México (NAICM). Este proyecto es uno de los tres proyectos de infraestructura aeroportuaria más grandes del mundo. Responde a una necesidad que data de 20 años atrás, de ampliar la capacidad del actual aeropuerto de la Ciudad de México, el cual está llegando a su límite de capacidad operativa. La construcción del NAICM se financiará con una combinación de recursos públicos y privados, 60% de la cual proviene del presupuesto federal. Este capítulo presenta la naturaleza del proyecto y sus principales características, con el fin de crear el marco para un análisis profundo de su gobernanza, estructura de contratación pública, enfoque de integridad y estrategia de comunicación.

El *Nuevo* Aeropuerto Internacional de la Ciudad de México (NAICM) actualmente es uno de los tres proyectos de infraestructura aeroportuaria más grandes del mundo (véase el Cuadro 1.1). Sus costos de construcción se calculan en USD 13 mil millones y debe construirse en un plazo de cuatro años, seguido por un conjunto de pruebas y certificaciones. El gobierno prevé que esta infraestructura entre en servicio en 2020.

Cuadro 1.1. **El NAICM en perspectiva**

Aeropuerto	*Pasajeros por año (millones)*	*Tipo de proyecto*
Nuevo Aeropuerto de Estambul (Turquía)	150	Nueva construcción
NAICM (México)	120	Nueva construcción
Nuevo Aeropuerto Internacional de Pekín (China)	75	Nueva construcción
Aeropuerto Internacional Hamid (Qatar)	50	Nueva construcción
Aeropuerto Internacional de Berlín-Brandenburgo (Alemania)	45	Nueva construcción
Aeropuerto Internacional de Dubái	28	Ampliación
Terminal 5 - Heathrow (Reino Unido)	27	Ampliación

Fuente: Presentación "*Visión Integral*", www.aeropuerto.gob.mx/documentos/05092014-sct-visionintegral.pdf (consultada el 18 de septiembre de 2015).

La decisión de emprender el proyecto del NAICM la anunció el presidente Enrique Peña Nieto el 3 de septiembre de 2014. La primera etapa debe estar en servicio en 2020 y se calcula que el proyecto sea autofinanciable, con ingresos procedentes del Aeropuerto Internacional de la Ciudad de México (AICM) más los del NAICM, cuando este empiece a funcionar con los recursos generados por el pago de la tarifa de uso de aeropuerto (TUA).

El NAICM se construirá en el Valle de Texcoco, ubicado en el extremo oriental de la Ciudad de México. La ubicación se decidió después de evaluar varias opciones. La primera era ampliar la capacidad de los aeropuertos cercanos para crear un sistema metropolitano. Esa elección habría requerido construir una nueva pista en el aeropuerto de Toluca (para tener dos pistas); realizar obras en otros aeropuertos cercanos a la Ciudad de México para contar con tres pistas, más las dos pistas actualmente en uso en el AICM. Esta elección implicaba varios problemas, como las distancias de los distintos aeropuertos a la Ciudad de México y operaciones simultáneas complicadas. La segunda opción era construir un nuevo aeropuerto en Tizayuca, Hidalgo, con dos pistas y la posible ampliación para otras dos, más las dos que actualmente operan en el AICM. Sin embargo, el nuevo aeropuerto se habría ubicado aproximadamente a 80 kilómetros de distancia de la Ciudad de México, y también entrañaba complicaciones respecto de las operaciones simultáneas. La tercera opción, la que se prefirió al final, implica tener acceso a un área que sextuplica el tamaño del AICM, lo que permite contar con seis pistas, y cerrar el AICM. El NAICM se ubicará aproximadamente a 25 kilómetros de distancia del centro de la ciudad, lo que se compara favorablemente con la ubicación de otros aeropuertos del mundo (véase en la Gráfica 1.1, así como en el Recuadro 1.1, más información sobre las características de la zona donde se ubicará el NAICM).

Gráfica 1.1. **Distancia del aeropuerto al centro de la ciudad (kilómetros)**

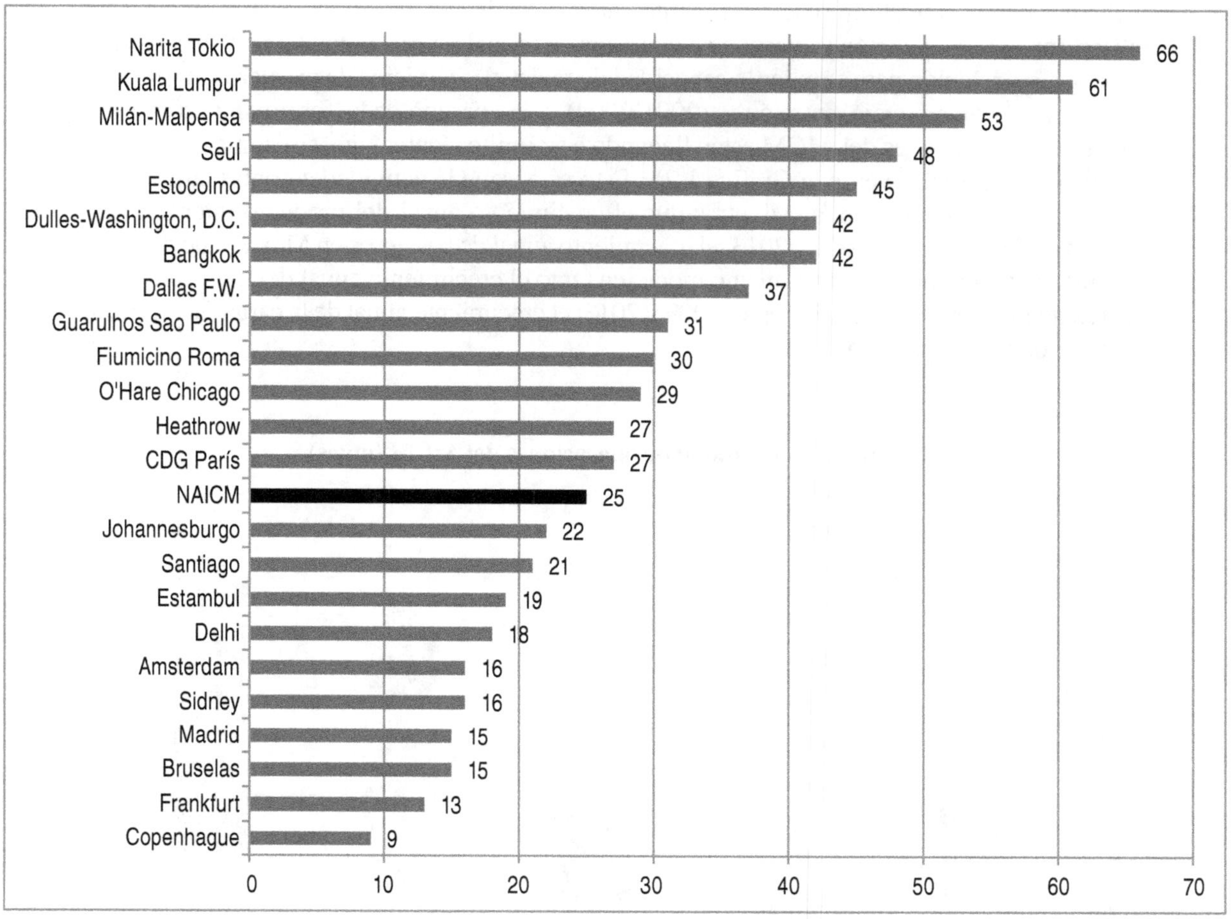

Fuente: Presentación "*Visión Integral*", www.aeropuerto.gob.mx/documentos/05092014-sct-visionintegral.pdf (consultada el 18 de septiembre de 2015).

Recuadro 1.1. **Características de la zona donde se ubicará el NAICM**

El área donde se ubicará el NAICM pertenece a los municipios de Texcoco y Atenco, Estado de México. Al norte limita con el depósito de evaporación solar "El Caracol", al sur con la autopista Peñón-Texcoco, al oriente con tierras rurales agrícolas y al poniente con las zonas urbanas del municipio de Ecatepec. El suelo es lacustre, aluvial y sedimentario, por lo que se usa para agricultura y pastoreo. Más de 75% del área está cubierta de forma parcial o total por pastos salitrosos.

La flora de la zona está compuesta por 24 especies, con cinco dominantes. Su preservación y reubicación se contempla en el "Programa de Rescate de Flora del NAICM". La fauna se compone de cinco especies de mamíferos, cuatro especies de reptiles y cinco especies de animales anfibios, y está protegida por el "Programa de Rescate y Reubicación de Fauna del Proyecto NAICM". Del mismo modo, la zona es el hábitat de 14 especies de aves, que serán tomadas en cuenta en el "Plan de Acciones y Monitoreo de Conservación de Aves".

El área del Lago de Texcoco se considera un ecosistema bajo estrés, pues ha sufrido alteraciones durante periodos prolongados, lo que afecta las características físicas y biológicas, y no le ha permitido recuperar su estructura original. Esas alteraciones impidieron la regeneración pasiva o natural del ecosistema, dejando un suelo muy salado. El proyecto prevé mejorar las condiciones del suelo, lo que debería llevar a la restauración asistida del ecosistema en el largo plazo.

Fuente: GACM (2015), "*Plan de Restauración Ecológica*", www.aeropuerto.gob.mx/documentos/plan-de-restauracion-ecologica-naicm1.pdf.

El NAICM responde a una necesidad que data de 20 años atrás de ampliar la capacidad del AICM conforme al ritmo de crecimiento del país. De hecho, las obras recientes del AICM abarcaron la remodelación y apertura de una nueva terminal internacional (1994), la construcción y remodelación para ampliar la capacidad de registro y servicios de pasajeros, migración y facturación de equipaje, entre otros (2001-2004), y la apertura de la Terminal 2 (2007). En efecto, las operaciones del AICM están llegando a su límite técnico, que se estima en 394000 operaciones por año (véase la Gráfica 1.2).[1] Esto es porque la actividad aeroportuaria creció más rápido que la economía. Mientras que el crecimiento anual del producto interno bruto (PIB) fue de 3.5% entre 2009 y 2013, el crecimiento anual de pasajeros en México fue de 5.4% durante el mismo periodo. Del mismo modo, en tanto el crecimiento anual del indicador de la actividad industrial fue de 2.5% entre 2009 y 2013, el crecimiento anual de la carga fue de 5.2% durante el mismo periodo.[2]

Gráfica 1.2. **Cantidad de operaciones del AICM (miles)**

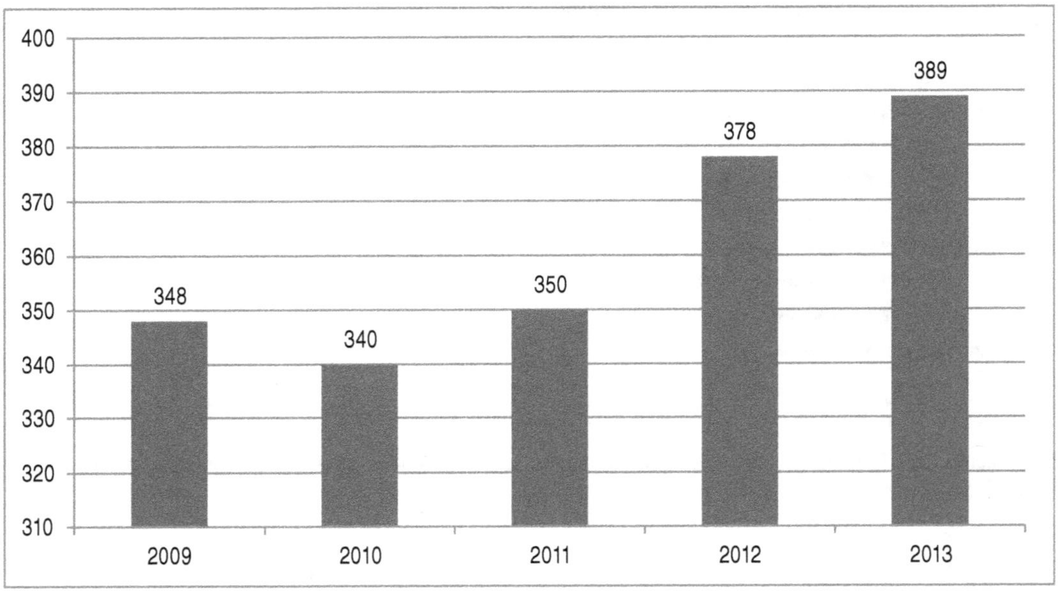

Fuente: Presentación "*Visión Integral*", www.aeropuerto.gob.mx/documentos/05092014-sct-visionintegral.pdf (consultada el 18 de septiembre de 2015).

El hecho de que el AICM alcance su capacidad operativa hace que el comercio y los pasajeros se conecten a través de otros aeropuertos, con lo que se pierde la posibilidad de que la Ciudad de México se convierta en un *hub* regional. Por ejemplo, Panamá maneja más del doble de pasajeros en tránsito que México (véase la Gráfica 1.3).

Gráfica 1.3. **Porcentaje de pasajeros en tránsito**

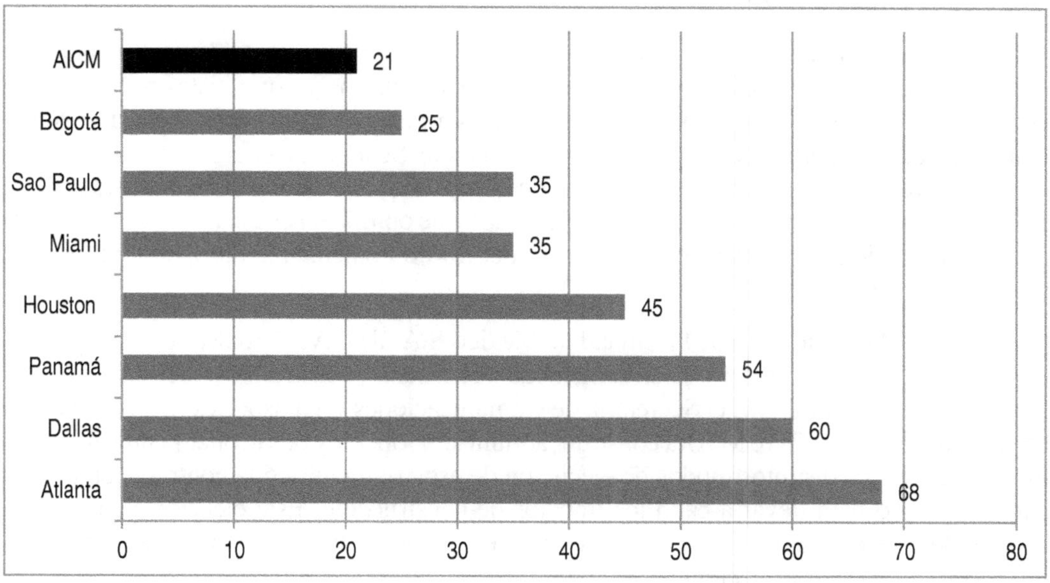

Fuente: Presentación "*Visión Integral*", www.aeropuerto.gob.mx/documentos/05092014-sct-visionintegral.pdf (consultada el 18 de septiembre de 2015).

El AICM es el principal medio de transporte aéreo en México. Es el punto estratégico que conecta al país internamente y con el resto del mundo. No solo da servicio a 34% de los pasajeros en México, sino también es el principal puerto de entrada para turistas y viajeros de negocios. Además, concentra 56% de la mercancía que se transporta por aire al extranjero. En su etapa de desarrollo máximo, el NAICM contará con seis pistas y transportará a alrededor de 120 millones de pasajeros al año, lo que cuadruplica la capacidad actual del AICM (Cuadro 1.2).

Cuadro 1.2. **Capacidad del NAICM**

Primera etapa	*Desarrollo máximo*
50 millones de pasajeros por año	120 millones de pasajeros por año
550 000 operaciones por año	1'000,000 de operaciones por año
3 pistas paralelas en operación simultánea	6 pistas con operación triple simultánea
94 puestos de estacionamiento de contacto y 42 puestos de estacionamiento remotos[1]	
4 430 ha de tierra	

1. Se calcula que sea suficiente para los próximos 10 años.

Fuente: Presentación "*Visión Integral*", www.aeropuerto.gob.mx/documentos/05092014-sct-visionintegral.pdf (consultada el 18 de septiembre de 2015).

El Plan Nacional de Desarrollo del quinquenio 2013-2018, publicado en el *Diario Oficial de la Federación* el 20 de mayo de 2013, indica que México debe equiparse con infraestructura aeroportuaria moderna para incrementar la conectividad entre las regiones y mejorar la competitividad del país. Se ha detectado que la infraestructura es un factor importante que aumenta la competitividad general de los países.

Entre 144 países, México ocupa actualmente el lugar 61 en competitividad mundial y el 65 en infraestructura (WEF, 2014).

El nuevo aeropuerto está diseñado para ser uno de los más sustentables del mundo y un escaparate para la innovación mexicana creada por ingenieros y contratistas nacionales. El gobierno federal estableció el objetivo de que el aeropuerto sea una referencia mundial en materia de diseño, construcción y operación sustentable. Se utilizará energía no contaminante de fuentes renovables, operará con tecnologías limpias que promuevan el uso eficiente del agua y contará con ventilación y aire acondicionado que optimicen el uso de energía. Se prevé aprovechar el biogás generado en el vertedero del Bordo Poniente para proporcionar energía para el nuevo aeropuerto.

El Grupo Aeroportuario de la Ciudad de México S.A. de C.V. (GACM), entidad ya existente, recibió el mandato del gobierno mexicano de diseñar, construir y poner en servicio el NAICM. En enero de 2015, la Secretaría de Comunicaciones y Transportes (SCT) publicó la concesión a favor del GACM para construir, administrar, operar y desarrollar la nueva infraestructura. Entre los distintos modos de ejecución de esta, se identificó la contratación pública como el medio para llevar a cabo los trabajos de construcción. Esta elección, junto con el entorno del proyecto, implica decisiones sobre la estructura de las operaciones de contratación y compensaciones entre diferentes objetivos.

La visión del proyecto es que no solo será una infraestructura emblemática de vanguardia en cuanto a su diseño, construcción y operación, sino también definirá cómo se llevarán a cabo los proyectos de infraestructura importantes en México. En este sentido, se considera que el NAICM es mucho más que solo infraestructura: es un recurso para mejorar la calidad de vida de los habitantes del centro de México, en especial, y de los mexicanos en general. Por consiguiente, el desarrollo del aeropuerto se acompaña de un conjunto de medidas que abordan el medio ambiente, la movilidad, la gestión del agua y el desarrollo urbano, entre otras.

La construcción del NAICM se financiará con una combinación de recursos públicos y privados, y cerca de 60% provendrá del presupuesto federal. Se calcula que el costo del proyecto ascienda a USD 13 mil millones para la primera etapa de construcción (2014-2018), con alrededor de 50% concentrado en 2015 y 2016 (Gráfica 1.4).

Con el fin de garantizar la viabilidad financiera del proyecto en el largo plazo, el GACM y la Secretaría de Hacienda y Crédito Público diseñaron una estrategia financiera integral que toma en cuenta la situación de los mercados financieros internacionales y la reciente evolución del mercado de materias primas. En 2015, el gobierno federal asignó MXN 5.4 mil millones para iniciar el trabajo preliminar. Al mismo tiempo, se negoció una línea de crédito de USD 1 mil millones (MXN 16.7 mil millones) con bancos privados (HSBC, BBVA, Citibank e Inbursa).

En México los ingresos del gobierno son muy vulnerables a las fluctuaciones en los precios del petróleo, pues casi 30% de los recursos públicos se obtienen de los ingresos del petróleo. Los mecanismos de estabilización en vigor (es decir, depreciación del tipo de cambio cuando caen los precios del petróleo, Fondo Mexicano del Petróleo para la Estabilización y el Desarrollo y cobertura financiera contra los cambios de precios) evitan que los recursos públicos fluctúen drásticamente con el mercado del petróleo; no obstante, este factor podría hacer que se recurra en mayor medida al financiamiento privado si los recursos públicos escasean más de lo previsto.

Debido a la reciente tendencia a la baja en los precios del petróleo y a posibles cambios del financiamiento procedente de recursos públicos, el GACM actualizó la estrategia financiera inicial para resistir circunstancias similares. La estrategia modificada incluye una línea de crédito revolvente por USD 3 mil millones, que se cerró el 7 de octubre de 2015, y una próxima emisión de bonos de largo plazo con grado de inversión internacional hasta por un monto de USD 6 mil millones.

Gráfica 1.4. **Inversión total del NAICM y fuentes de financiamiento previstas**

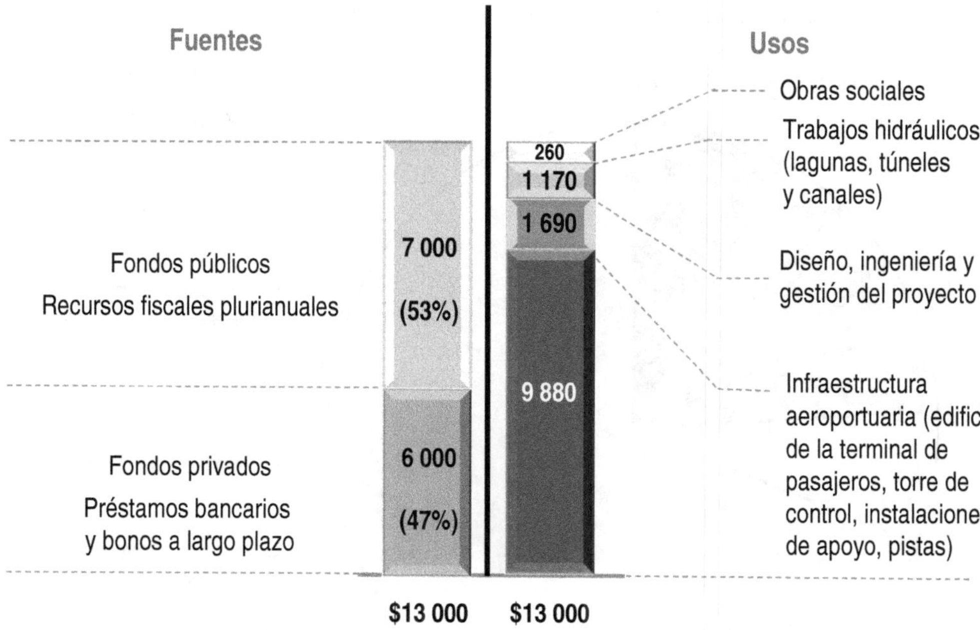

Fuente: Adaptado de www.aeropuerto.gob.mx/financing-scheme-for-the-new-mexico-city-international-airport.php (consultado el 26 de agosto de 2015).

Las inversiones tanto públicas como privadas deberán reembolsarse con el flujo de efectivo generado por el aeropuerto actual y el futuro. Por tanto, los rendimientos de las inversiones dependerán en gran medida de la fecha de finalización de la construcción del aeropuerto. Aunque el GACM no tiene dificultades para captar financiamiento privado para el proyecto —como lo demuestran los resultados provisionales de una lista de verificación enviada a los miembros del Grupo de Trabajo G20/OCDE sobre inversionistas institucionales y financiamiento de largo plazo—, la rentabilidad esperada y el riesgo de los proyectos de inversión son un factor sustancial para captar financiamiento privado (OECD, 2015).

Cuando las decisiones de inversión se relacionan con proyectos de infraestructura, la obtención de financiamiento privado puede verse gravemente afectada por la falta, percibida o real, de dos componentes importantes. El primero es la falta de planeación en proyectos de infraestructura. En sus esfuerzos por crear un marco propicio para la inversión del sector privado en proyectos de infraestructura, el gobierno mexicano diseñó el Programa Nacional de Infraestructura para el periodo 2014-2018. El segundo componente es no demostrar capacidad para preparar y ejecutar proyectos de manera exitosa. Este elemento se evaluará a la luz de los éxitos o fracasos en proyectos de infraestructura del pasado, pero también podría recibir la influencia del éxito o el fracaso de las etapas de construcción anteriores, conforme a la realización gradual de las actividades de construcción (véase el Capítulo 4).

La experiencia internacional ilustra que la gobernanza es un tema fundamental para el éxito de este tipo de megaproyectos, no solo para mantenerlos a tiempo y ceñirse al presupuesto sino también para evitar la corrupción. El Capítulo 2 aborda la estructura de gobernanza del

GACM y las distintas entidades y partes interesadas que participan en el proyecto. El Capítulo 3 revisa las prácticas y estrategias de contratación pública. Sin duda, la contratación pública es una actividad muy delicada por la cantidad de recursos involucrados y la estrecha interacción entre los sectores público y privado. A modo de ejemplo, la OCDE analizó un conjunto de 427 casos de soborno extranjero consumados entre febrero de 1999 y junio de 2014, y observó que 57% se relacionaba con la contratación pública (Gráfica 1.5).

Gráfica 1.5. **Objetivo de los casos de soborno extranjeros entre 1999 y 2014**

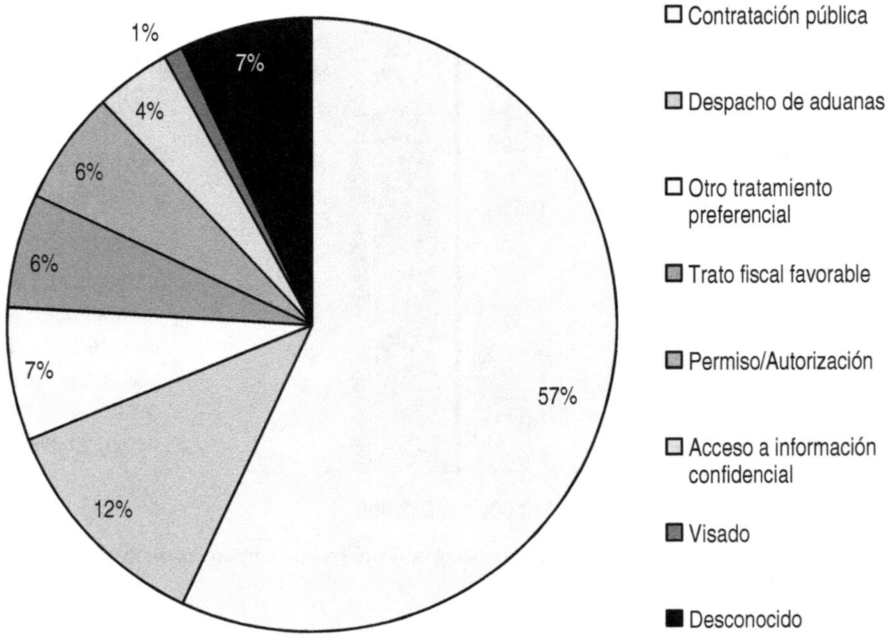

Fuente: Basado en OECD (2014), *OECD Foreign Bribery Report: An Analysis of the Crime of Bribery of Foreign Public Officials*, OECD Publishing, París, http://dx.doi.org/10.1787/9789264226616-en.

La envergadura de estos riesgos exige aplicar medidas preventivas para salvaguardar la integridad. La corrupción no solo implica costos económicos; también merma la confianza en el gobierno y puede dar lugar a riesgos para los ciudadanos (por ejemplo, debido a infraestructura de mala calidad). En el Capítulo 4 se proponen herramientas y medidas para mitigar los riesgos de corrupción y despilfarro.

Los megaproyectos exitosos se acompañan de una estrategia de comunicación sólida, que no solamente sirve para informar sino también para involucrar a los ciudadanos y las empresas. El Capítulo 5 describe en qué medida la estrategia de comunicación del NAICM se apega a las buenas prácticas de la OCDE. Por último, el Capítulo 6 es una hoja de ruta para la aplicación de las recomendaciones contenidas a lo largo de este informe.

Notas

1. El límite operativo se traduce en cerca de 32 millones de pasajeros por año.
2. Información proporcionada por el GACM.

Bibliografía

GACM (Grupo Aeroportuario de la Ciudad de México) (2015), "Plan de Restauración Ecológica", www.aeropuerto.gob.mx/documentos/plan-de-restauracion-ecologica-naicm1.pdf.

OECD (2015), "Updated report on G20/OECD checklist on long-term investment financing strategies and institutional investors", https://g20.org/wp-content/uploads/2015/05/G20-OECD-Report-on-Checklist-on-Long-Term-Investment-Financing-Strategies-and-Institutional-Investors-April-2015.pdf.

OECD (2014), *OECD Foreign Bribery Report: An Analysis of the Crime of Bribery of Foreign Public Officials*, OECD Publishing, París, http://dx.doi.org/10.1787/ 9789264226616-en.

WEF (World Economic Forum) (2014), *The Global Competitiveness Report 2014-2015*, www.weforum.org/reports/global-competitiveness-report-2014-2015.

Capítulo 2

La gobernanza del proyecto del NAICM

Dadas las políticas de austeridad vigentes, el Gobierno de México, por medio de la Secretaría de Hacienda y Crédito Público (SHCP), decidió recurrir a una entidad paraestatal establecida para dirigir el desarrollo del Nuevo Aeropuerto Internacional de la Ciudad de México (NAICM); con esta medida se evitó la creación de nuevas instituciones públicas. El gobierno decidió activar a la empresa de participación estatal mayoritaria Grupo Aeroportuario de la Ciudad de México, S.A. de C.V. (GACM) como operadora del diseño, la construcción y el inicio de operaciones del NAICM. En este capítulo se analizará la gobernanza del proyecto en dos dimensiones: la dimensión interna (el gobierno corporativo del GACM) y la externa (las relaciones y las interacciones con los actores interesados).

Antecedentes del Grupo Aeroportuario de la Ciudad de México (GACM)

En 1998, en México se otorgaron diferentes concesiones de terminales aéreas al sector privado, como parte del proceso de restructuración y desincorporación de la red aeroportuaria nacional, la cual hasta ese momento era gestionada por Aeropuertos y Servicios Auxiliares (ASA).[1] Como resultado se establecieron cuatro grupos aeroportuarios: Grupo Aeroportuario del Sureste (Asur), Grupo Aeroportuario del Pacífico (GAP), Grupo Aeroportuario Centro Norte (OMA) y GACM. Este último se creó formalmente el 28 de mayo de 1998 como empresa de participación estatal mayoritaria con un único accionista, el gobierno federal, por medio de la Secretaría de Comunicaciones y Transportes (SCT) y ASA. De hecho, el GACM se fundó como empresa tenedora de acciones, pero hasta su nombramiento como operador del proyecto NAICM no había realizado operaciones y no contaba con estructura orgánica.

El GACM cuenta con dos entidades paraestatales subsidiarias encargadas de la gestión, operaciones, mantenimiento y organización de servicios aeroportuarios proporcionados en el Aeropuerto Internacional Benito Juárez de la Ciudad de México. Dichas entidades son Aeropuerto Internacional de la Ciudad de México, S.A. de C.V. (AICM) y Servicios Aeroportuarios de la Ciudad de México, S.A. de C.V. (SACM).

La visión del GACM es ser la entidad encargada de coordinar y llevar a cabo con éxito el desarrollo integral de la infraestructura aeroportuaria del Valle de México, siguiendo las buenas prácticas internacionales en un marco de responsabilidad social y ambiental, para así contribuir al desarrollo sustentable de México. Su misión es emprender las acciones necesarias para brindar la infraestructura moderna y eficiente requerida para iniciar operaciones de la infraestructura aeroportuaria del Valle de México, de conformidad con los principios de legalidad, transparencia y oportunidad, para cubrir las necesidades actuales y futuras del transporte aéreo nacional e internacional, apoyando la economía, el medio ambiente, el turismo y la seguridad.[2]

Gobierno corporativo del GACM

El Consejo de Administración del GACM es su órgano rector, responsable de establecer las políticas generales y definir prioridades relativas a producción, productividad, mercadotecnia, finanzas, investigación, desarrollo tecnológico y administración, en consonancia con los programas gubernamentales para el sector transporte. Asimismo, analiza y aprueba los programas y presupuesto, estados financieros y estructura orgánica del GACM.

El Consejo del GACM es encabezado por el secretario de Comunicaciones y Transportes, y consta de los siguientes funcionarios:

- Titular de la Unidad de Asuntos Jurídicos de la SCT, quien actúa como su secretario
- Titular de la Coordinación Jurídica de Transporte de la SCT, quien actúa como prosecretario
- Subsecretaria de Transporte (SCT)
- Subsecretario de Población, Migración y Asuntos Religiosos de la Secretaría de Gobernación (SEGOB)
- Subsecretario de Industria y Comercio de la Secretaría de Economía
- Subsecretario de Planeación y Política Turística de la Secretaría de Turismo

- Director General de ASA
- Director en Jefe del Registro Agrario Nacional (RAN)
- Director General de Asuntos Jurídicos del RAN
- Director General de Impacto y Riesgo Ambiental de la Secretaría de Medio Ambiente y Recursos Naturales (SEMARNAT)
- Director General de Programación y Presupuesto "B" de la Secretaría de Hacienda y Crédito Público (SHCP)
- Director General Adjunto de Programación y Presupuesto de Desarrollo Social, Trabajo, Economía y Comunicaciones de la SHCP
- Director General de Planeación de la Secretaría de Turismo
- Director General del GACM

El gobierno corporativo del GACM responde a la lógica de gobernanza de instituciones públicas, lo cual le impide beneficiarse de las ganancias en eficiencia y las ventajas operativas relacionadas con una estructura de tipo corporativo. De hecho, el gobierno corporativo del GACM no concuerda con los puntos clave establecidos en las Directrices de la OCDE sobre el Gobierno Corporativo de las Empresas Públicas (véase el Recuadro 2.1).[3] Aun cuando el GACM no se considera una empresa como tal, emite acciones, las cuales pertenecen en su totalidad al Gobierno Federal de México.[4] El principio general consiste en que cuando los gobiernos lleven a cabo proyectos de gran relevancia financiera, tendrían que asignarlos a una empresa de propiedad estatal (EPE) solo si buscan beneficiarse de una estructura corporativa. De otra manera, es preferible dejarlos en manos de una institución pública.

Recuadro 2.1. **Directrices de la OCDE sobre el Gobierno Corporativo de las Empresas Públicas**

Las Directrices de la OCDE sobre el Gobierno Corporativo de las Empresas Públicas son recomendaciones a los gobiernos para garantizar que las EPE operen con eficiencia, transparencia y rendición de cuentas. Constituyen la norma acordada a nivel interno sobre cómo deben los gobiernos desempeñar la función de propiedad estatal para evitar los errores relacionados con la propiedad pasiva y la excesiva intervención estatal. Las directrices se presentaron por primera vez en 2005 como complemento de los Principios de Gobierno Corporativo de la OCDE. Se encuentran en proceso de actualización para reflejar la década de experiencia en su implementación y atender nuevos temas respecto de las EPE en los contextos interno e internacional.

El documento se divide en dos partes principales. Las directrices presentadas en la primera parte del documento cubren los temas siguientes: *i)* racional de la propiedad estatal; *ii)* función del Estado como propietario; *iii)* EPE en el mercado; *iv)* trato equitativo de accionistas y otros inversionistas; *v)* relaciones con actores interesados y responsabilidad empresarial; *vi)* divulgación y transparencia; y *vii)* responsabilidades de los consejos directivos de las EPE. En la segunda parte del documento las directrices se complementan con anotaciones destinadas a ayudar a los lectores a entender su fundamentación. Las anotaciones también describen tendencias dominantes y ofrecen diversos métodos y ejemplos de implementación que pueden ser útiles para que las directrices sean operativas.

En www.oecd.org/daf/ca/2014-review-oecd-corporate-governance-principles.htm se proporciona mayor información.

En primer lugar, es posible aumentar el grado de separación vertical de poderes en la relación del GACM con la SCT (dentro del GACM y entre este y el propietario gubernamental). Es fundamental aclarar qué tipo de decisiones se toman en qué nivel (véase la Gráfica 2.1). Los desacuerdos relativos a las políticas deben debatirse en el nivel de gobierno completo ("whole-of-government") y en ninguna circunstancia tratarse en la sala de consejo del GACM. En caso de que el gobierno no pueda o no desee otorgar este grado de autonomía al consejo de administración, no será adecuado el formato corporativo y el gobierno podrá optar por establecer una entidad pública tradicional. En otras palabras, una separación vertical de poderes poco clara aumenta el riesgo de poner a consideración del consejo desacuerdos de naturaleza política intrínseca, en vez de que en el nivel del gobierno completo se tomen las decisiones correspondientes y se comuniquen al GACM.

Gráfica 2.1. **Separación vertical de poderes**

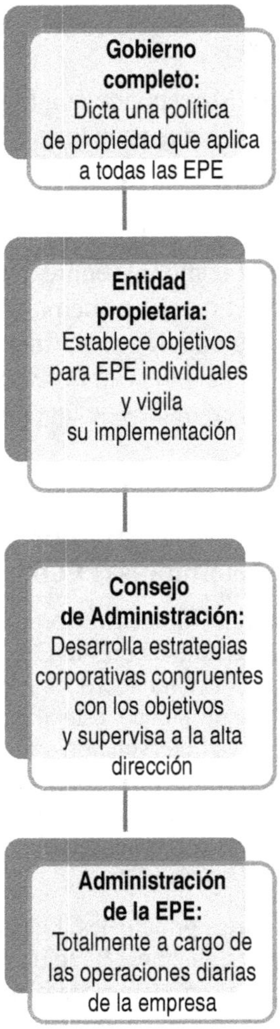

Fuente: OECD (2013c), *Boards of Directors of State-Owned Enterprises: An Overview of National Practices*, OECD Publishing, París.

La participación de la SCT en la operación diaria del GACM es un ejemplo de la falta de separación vertical. En este caso, la entidad propietaria valida, por ejemplo, las comunicaciones que expide la EPE. De hecho, la entidad propietaria toma las decisiones importantes relativas a temas como las estrategias de contratación y finanzas de la EPE. Por consiguiente, la EPE no tiene la flexibilidad necesaria para tomar decisiones con que se cuenta en muchos otros países de la OCDE (véase el Recuadro 2.2).

Recuadro 2.2. **Evolución del Consejo de Administración de PEMEX**

La Ley de Petróleos Mexicanos (PEMEX, empresa petrolera estatal de México), publicada en el *Diario Oficial de la Federación* el 11 de agosto de 2014, establece en su Artículo 15 que su consejo constará de los siguientes miembros:

- El titular de la Secretaría de Energía, quien lo presidirá y tendrá voto de calidad, y el titular de la Secretaría de Hacienda y Crédito Público
- Tres consejeros del gobierno federal designados por el Ejecutivo federal
- Cinco consejeros independientes, designados por el Ejecutivo federal y ratificados por el Senado de la República, quienes ejercerán sus funciones de tiempo parcial y no tendrán el carácter de servidores públicos

En general, la reforma representa una mejora en relación con las Directrices de la OCDE sobre el Gobierno Corporativo de las Empresas Públicas. La diversificación del consejo para incluir miembros independientes sigue las buenas prácticas recomendadas en el ámbito internacional. Sin embargo, hay que tener precaución para asegurarse de la independencia real de las personas designadas. Con anterioridad a esta reforma, el consejo se componía de los siguientes miembros:

- Seis representantes del Estado, designados por el Ejecutivo federal
- Cinco representantes del Sindicato de Trabajadores Petroleros de la República Mexicana, quienes debían ser miembros activos y empleados permanentes de PEMEX
- Cuatro miembros designados por el Ejecutivo federal y ratificados por el Senado de la República, quienes representaban al Estado y, en esta capacidad, se consideraban servidores públicos

Fuente: OECD (2013a), *Corporate Governance and Board Arrangements at* Petroleos Mexicanos, *Evaluation and recommendations*, OECD Publishing, París; Ley de Petróleos Mexicanos, disponible en www.diputados.gob.mx/LeyesBiblio/pdf/LPM_110814.pdf (consultada el 29 de septiembre de 2015).

Una administración que carece de dirección clara y facultades para actuar, y que está sujeta a razonables controles y equilibrios, podría generar una organización disfuncional. La buena práctica sugeriría un acuerdo de gobierno corporativo similar al siguiente:

- La estrategia de negocio, los asuntos operativos, las decisiones de inversión y la contratación serían responsabilidad de la administración y el consejo de administración del GACM.
- La política aeroportuaria es gestionada por la SCT como parte de una política integral de transporte.
- Los asuntos regulatorios sectoriales o específicos serían responsabilidad de las secretarías y dependencias gubernamentales pertinentes.

Otra preocupación es que el consejo del GACM no cuenta con el apoyo adecuado en términos de auditoría interna. Esto podría fomentar la desconfianza entre el consejo y los directivos del GACM e invitar al consejo a poner en marcha una microgestión. Las buenas prácticas de la OCDE sugieren que las EPE desarrollen procesos eficientes de auditoría interna y establezcan una función de auditoría interna supervisada y subordinada directamente al consejo. En la actualidad, hay dos entidades principales implicadas en la auditoría y la supervisión del GACM: la Secretaría de la Función Pública (SFP), mediante el Órgano Interno de Control (OIC), y la Auditoría Superior de la Federación (ASF), el órgano auditor que supervisa a todas las partes integrantes del sector gubernamental general, responsable ante el Congreso y totalmente independiente del GACM y de la rama Ejecutiva del gobierno. Estos dos órganos de supervisión complementan, pero no deben remplazar, la función de auditoría interna ya sugerida y, de hecho, ninguno depende del consejo del GACM.

La composición del consejo y la designación de sus miembros resultan también problemáticas al compararlas con las Directrices de la OCDE. Según se establece en la Ley Federal de las Entidades Paraestatales (LFEP), los integrantes del consejo de empresas con participación estatal mayoritaria que representan a la Administración Pública Federal (APF) son nombrados y pueden ser remplazados por el Presidente de la República, por medio del líder del sector. La LFEP establece que estos miembros deberán siempre representar más de 50% del consejo y ser servidores públicos o individuos reconocidos con experiencia en el campo correspondiente. Es decir, la ley no requiere que todos los miembros que representan a la APF sean servidores públicos aunque, en el caso del GACM, todos los consejeros lo son.[5] La LFEP o su Reglamento no brindan más detalles sobre procedimientos alternativos para el nombramiento por parte del Presidente (por ejemplo, comités de nombramiento, listado de candidatos calificados, empresas de selección de personal), en tanto que la buena práctica de la OCDE sugiere que dichos nombramientos se realicen por medio de procesos competitivos y basados en méritos. Claramente, esto no sucede en el caso del GACM, de ahí el riesgo de hacer de los nombramientos un asunto político. Además, en oposición a las buenas prácticas en los países de la OCDE, en el GACM no se cuenta con programas de capacitación obligatoria o voluntaria para los consejeros.

El Reglamento de la Ley Federal de las Entidades Paraestatales establece que los miembros del consejo deberán registrar a consejeros suplentes en caso de que ellos no puedan participar en reuniones del consejo. Esta es una práctica común en América Latina que debe gestionarse con cuidado y restringirse a circunstancias extremas, pues puede impedir que el consejo actúe como órgano auténticamente colegiado y profesional.

Por último, en lo que representa otra desviación de las buenas prácticas corporativas, no hay mecanismos de evaluación o autoevaluación para el consejo de administración del GACM.

Estructura orgánica del GACM

La estructura orgánica del GACM se diseñó a sabiendas de que el mayor número posible de funciones estarían a cargo de colaboradores subcontratados y de acuerdo con los principios de austeridad y disciplina en el gasto público. Como se comentará en la sección de evaluación, la subcontratación sin los controles adecuados puede implicar riesgos graves. Como lo exige la ley, esta estructura orgánica fue revisada y aprobada por la SHCP y la SFP.

Según se aprecia en la Gráfica 2.2, la estructura orgánica del GACM está encabezada por su director general y cuatro directores corporativos: *i)* planeación, evaluación y vinculación; *ii)* infraestructura; *iii)* financiamiento, y *iv)* administración y gestión inmobiliaria. La estructura incluye también la creación de un Órgano Interno de Control (OIC), subordinado a la SFP.[6]

Gráfica 2.2. **Estructura orgánica del GACM**

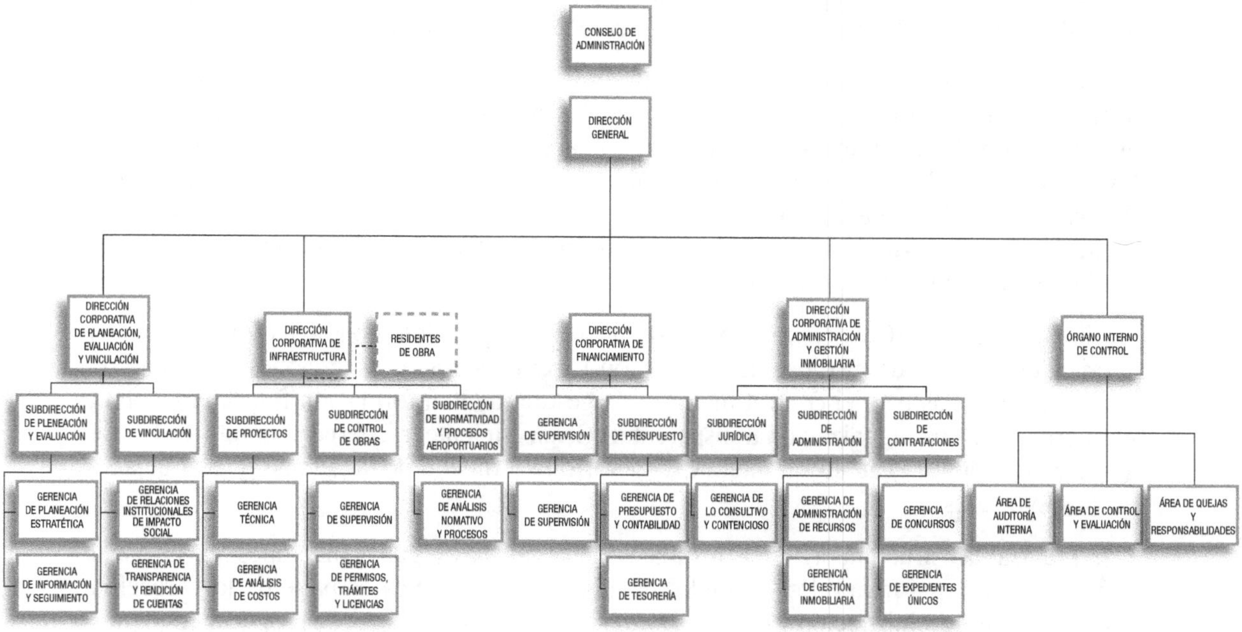

Fuente: Sitio de Internet del GACM, www.aeropuerto.gob.mx/gacm/estructura-organizacional.php (consultado el 18 de septiembre de 2015).

El director general coordina y ejecuta las medidas necesarias para que cada etapa del proceso de desarrollo de la infraestructura aeroportuaria del Valle de México se termine a tiempo y en cumplimiento de los marcos regulatorios aplicables, en coordinación con otras entidades de la APF y los gobiernos estatales y municipales involucrados.

La Dirección Corporativa de Planeación, Evaluación y Vinculación es responsable de la planeación estratégica del desarrollo de la infraestructura aeroportuaria del Valle de México, su evaluación y el seguimiento de las acciones por realizar en cada etapa del proyecto; su propósito es facilitar el desarrollo institucional, así como allanar la coordinación y la participación entre las diferentes áreas del GACM y con actores externos. Asimismo, es responsable del cumplimiento de las regulaciones de transparencia y acceso a la información. Se divide en dos subdirecciones: *i)* planeación y evaluación, y *ii)* vinculación.

La Dirección Corporativa de Infraestructura es responsable de organizar y gestionar los estudios, proyectos, obras y servicios relacionados, mediante la preparación de términos de referencia, la administración de contratos de inversión, la supervisión de obras y el aseguramiento de una infraestructura adecuada para la operación de la infraestructura aeroportuaria del Valle de México, garantizando a la vez el cumplimiento de las regulaciones de aeronáutica y seguridad nacionales e internacionales, así como los presupuestos aprobados. Se divide en tres subdirecciones: *i)* proyectos, *ii)* control de obras, y *iii)* regulaciones y procesos aeroportuarios.

La Dirección Corporativa de Financiamiento es responsable de planear, definir y coordinar estrategias y directrices para la programación, presupuestación y estrategia financiera adecuados mediante el control del ejercicio del presupuesto y la contabilidad de los recursos asignados y gastados; se encarga también de identificar, analizar y proponer mecanismos para obtener los recursos y el financiamiento requeridos para el desarrollo de la infraestructura aeroportuaria del Valle de México. Se divide en dos subdirecciones: *i)* finanzas y *ii)* presupuesto.

La Dirección Corporativa de Administración y Gestión Inmobiliaria es responsable de representar legalmente al GACM y tomar las medidas necesarias para garantizar el cumplimiento de los marcos regulatorios aplicables; dirigir la planeación, integración, dirección y control de recursos humanos, inmuebles, edificios y servicios generales; llevar a cabo las contrataciones de las obras públicas, adquisiciones y servicios relacionados, así como la estrategia de gestión de inmuebles. Se divide en tres subdirecciones: *i)* jurídica, *ii)* administración y *iii)* contratación.

Finalmente, el OIC es responsable de controlar y vigilar los programas y presupuestos autorizados a través de medidas de prevención y verificación de operaciones, así como de revisar los sistemas para el control interno y la gestión de la información financiera, con el fin de fomentar una organización transparente, eficaz, eficiente, moderna y simplificada.[7] Se divide en tres áreas: *i)* auditoría interna, *ii)* desarrollo y mejora de la gestión, y *iii)* quejas y responsabilidades.

Al revisar la estructura orgánica, resulta evidente que hay algunas funciones que no están bien ubicadas o que faltan. Por ejemplo, la subdirección jurídica es parte de la Dirección Corporativa de Administración y Gestión Inmobiliaria. Esto no solo puede provocar conflictos de intereses (por ejemplo, apoyar las opiniones de la dirección a la que pertenece y no las de otra), sino también tergiversar una función que tendría que ser transversal y servir a toda la organización. De igual forma, no hay una función parecida a la de un jefe de sistemas de información (*Chief Information Officer* o CIO) encargado de los sistemas y plataformas de información del GACM. De nuevo, esta es una función transversal que podría muy bien depender directamente del director general.

Como el personal del GACM trabaja por contratos temporales que deben renovarse cada tres meses, es recomendable examinar con cuidado los perfiles de cada profesional y evaluar si sus habilidades, rango y compensaciones concuerdan con las tareas por realizar. Por ejemplo, para que el NAICM sea un proyecto de clase mundial, requiere que sus funcionarios de alto nivel comprendan las implicaciones de un megaproyecto de esta naturaleza (es decir, capacidades técnicas y de gestión en finanzas, administración de proyectos, negociación, liderazgo) y puedan comunicar el atractivo y las virtudes del proyecto a un público internacional (lo cual requiere hablar inglés y otros idiomas).

La estructura orgánica depende también del trabajo de otros tres actores, que operan de la mano con el GACM: el gerente de proyecto (GP) (empresa Parsons International Limited), el arquitecto maestro (empresa Romero-Foster & Partners), y el ingeniero maestro (grupo de empresas integrado por Netherlands Airports Consultants, TADCO y SACMAG). Ante estos actores, el GACM es el propietario del proyecto NAICM e integra todos sus aspectos, con el apoyo del GP. Este se ocupa de elaborar el plan para poner en marcha el programa de implementación, el cual se emplea como documento guía para la ejecución. Supervisa, orienta y dirige al arquitecto maestro, al ingeniero maestro y a otros consultores clave, para asegurar el cumplimiento de los objetivos y los plazos de las etapas. El GP es también responsable del presupuesto, el calendario y los controles generales. De hecho, elaboró un plan para registrar todos los avances y proporcionar advertencias tempranas de riesgos para el proyecto. El proyecto se apoya en un sistema de tablero de control, el cual permite seguir los avances en cualquier etapa, medir el trabajo realizado e identificar los elementos y el trabajo decisivos que quedan por hacer, además de aportar señales de alerta cuando haya elementos que pudiesen afectar los avances. Sin embargo, como el GP no es parte del gobierno, sus facultades para tomar decisiones son limitadas. El arquitecto maestro brinda servicios de diseño y arquitectura para proyectos ejecutivos dirigidos a la construcción del NAICM, así como de seguimiento. Esto incluye los proyectos arquitectónicos de la terminal, la torre de control y los estacionamientos. El ingeniero maestro aporta los proyectos ejecutivos de diseño e ingeniería conceptual de las pistas, las plataformas y el apoyo a la navegación.

Marco regulatorio que rige al GACM

Las operaciones del GACM se rigen con diversos instrumentos regulatorios, desde la Constitución Política de los Estados Unidos Mexicanos (de aquí en adelante, la Constitución) hasta lineamientos y manuales expedidos por el propio GACM.

En su Artículo 90, la Constitución establece que la APF se divide en la central y la paraestatal, de acuerdo con la Ley Orgánica de la APF, la cual detalla la asignación de las funciones administrativas en las diferentes secretarías y define los criterios para establecer entidades paraestatales y determinar la intervención del Ejecutivo en sus operaciones. En su Artículo 46, la Ley Orgánica de la APF define como empresas de participación estatal mayoritaria a aquellas de las que el gobierno federal o una o más entidades paraestatales, en conjunto o por separado, posee más de 50% del capital social y/o aquellas para las cuales el gobierno federal tiene el poder de nombrar a la mayoría de los integrantes del consejo y/o su presidente o director general. Ambas condiciones se cumplen en el caso del GACM, pues el gobierno federal, por medio de la SCT, tiene 99.999% de las acciones y ASA, 0.001%.[8]

De igual forma, en apego a la Ley Orgánica de la APF, el Presidente agrupa a la administración pública paraestatal por sector, considerando los objetivos de cada entidad. Por consiguiente, el GACM pertenece al sector transporte, el cual es dirigido por el SCT. Los líderes de sector, encargados de coordinar la programación y presupuesto de las entidades pertenecientes a él, tienen el deber de conocer sus operaciones, evaluar sus resultados y participar en sus consejos de administración.

La Ley Federal de las Entidades Paraestatales (LFEP) también profundiza en los mandatos del Artículo 90 de la Constitución. Su objetivo es regular la organización, funcionamiento y control de las entidades paraestatales. El Capítulo III se refiere en específico al gobierno corporativo de las empresas de participación estatal mayoritaria. Por ejemplo, dicta cómo se designa a los integrantes del consejo (esto es, lo hace el Presidente de la República por conducto del líder del sector, que en el caso del GACM es la SCT), con cuánta frecuencia deben reunirse (cuando menos cuatro veces al año) y las facultades otorgadas a los directores generales.

Además de estas regulaciones fundamentales,[9] el GACM expidió las principales reglas y directrices secundarias que rigen su organización y funciones, entre ellas las siguientes:

- *Manual de organización:* establece las funciones y atribuciones de las diferentes unidades administrativas del GACM.
- *Escalas salariales:* este documento define los sueldos y prestaciones del personal del GACM.
- *Políticas, Bases y Lineamientos en materia de Obras Públicas y Servicios Relacionados con las Mismas* (POBALINES, obras públicas): este instrumento regula las acciones y procedimientos de planeación, presupuesto, contratación,

ejecución, seguimiento y control de obras públicas y servicios relacionados, así como las unidades y funcionarios responsables de realizarlos.

- *Manual de procedimientos de planeación, contratación y ejecución de obras públicas y servicios relacionados:* regula detalles específicos relativos al plan anual de obras públicas y los procedimientos para la licitación abierta, invitación a cuando menos tres proveedores por excepción, adjudicaciones directas por excepción, invitación a cuando menos tres proveedores por monto, adjudicación directa por monto y gestión contractual.
- *Manual para la integración y funcionamiento del Comité de Obras Públicas y Servicios Relacionados:* este manual proporciona el marco normativo para la composición, operaciones y funciones del Comité de Obras Públicas y Servicios Relacionados del GACM, así como las responsabilidades de sus miembros, de acuerdo con el Artículo 25 de la Ley de Obras Públicas y Servicios Relacionados con las Mismas.
- *Políticas, bases y lineamientos en materia de adquisiciones, arrendamientos y servicios (POBALINES, adquisiciones):* este instrumento regula las acciones y procedimientos de adquisiciones, arrendamientos y otros servicios, así como las unidades y funcionarios responsables de realizarlos.
- *Manual de procedimientos de planeación, contratación y ejecución de adquisiciones, arrendamientos y servicios:* regula detalles específicos relativos al plan anual de adquisiciones, arrendamientos y servicios, la preparación de convocatorias de licitación y procedimientos de licitación abierta, invitación a cuando menos tres proveedores por excepción, adjudicaciones directas por excepción, invitación a cuando menos tres proveedores por monto, adjudicación directa por monto y gestión contractual.
- *Manual para la integración y funcionamiento del Comité de Adquisiciones, Arrendamientos y Servicios del Sector Público:* este manual proporciona el marco normativo para la composición, operaciones y funciones del Comité de Adquisiciones, Arrendamientos y Servicios del GACM, así como las responsabilidades de sus miembros, de conformidad con el Artículo 22 de la Ley de Adquisiciones, Arrendamientos y Servicios del Sector Público.
- *Manual de procedimientos administrativos de presupuestación:* regula los procedimientos de programación y presupuesto, gasto y control, así como los mecanismos de rendición de cuentas.
- *Políticas de procedimientos administrativos de presupuestación:* establece políticas para la gestión del fondo revolvente, obtención y justificación de gastos de viaje, remuneraciones correspondientes al Capítulo 1000 del presupuesto nacional, procedimientos para solicitar pagos para la adquisición de bienes y servicios y la contratación de obras públicas y servicios relacionados, así como contribuciones a los fondos, normativas y contratos similares.
- *Manual de procedimientos* para elaborar, evaluar y actualizar el plan estratégico.
- *Lineamientos operativos para el fondo revolvente:* esta regulación establece criterios y medidas para la gestión del fondo revolvente, dirigidos a brindar certidumbre a los servidores públicos a su cargo.

- *Lineamientos para obtener y utilizar tarjetas de servicios para gastos en viajes nacionales e internacionales.*

El Cuadro 2.1 establece el marco regulatorio aplicable a la gobernanza del GACM.

Cuadro 2.1. **Marco regulatorio aplicable a la gobernanza del GACM**

Regulaciones para todo el gobierno	*Regulaciones específicas para el GACM*
Para la gobernanza general: • Constitución (Artículo 90) • Ley Orgánica de la APF • Ley Federal de las Entidades Paraestatales	Para la gobernanza general: • Manual de organización • Escalas salariales • Manual de procedimientos administrativos de presupuestación • Políticas de procedimientos administrativos de presupuestación • Manual de procedimientos para elaborar, evaluar y actualizar el plan estratégico • Lineamientos operativos para el fondo revolvente • Lineamientos para obtener y utilizar tarjetas de servicios para gastos en viajes nacionales e internacionales
Para la contratación: • Ley de Adquisiciones, Arrendamientos y Servicios del Sector Público • Reglamento de la Ley de Adquisiciones, Arrendamientos y Servicios del Sector Público • Ley de Obras Públicas y Servicios Relacionados con las Mismas • Reglamento de la Ley de Obras Públicas y Servicios Relacionados con las Mismas	Para la contratación: • POBALINES, obras públicas • Manual de procedimientos de planeación, contratación y ejecución de obras públicas y servicios relacionados • Manual para la integración y funcionamiento del Comité de Obras Públicas y Servicios Relacionados • POBALINES, adquisiciones • Manual de procedimientos de planeación, contratación y ejecución de adquisiciones, arrendamientos y servicios • Manual para la integración y funcionamiento del Comité de Adquisiciones, Arrendamientos y Servicios del Sector Público

Fuente: Elaborado por el autor con información proporcionada por el GACM.

El marco regulatorio que rige al GACM se asemeja al de otras entidades paraestatales e incluye reglas que es común encontrar en la APF mexicana. Por consiguiente, un reto importante es adaptarlo a las necesidades de un megaproyecto. Esto aplica en particular a las regulaciones relacionadas con la contratación pública. Pero también aplica a otras para permitir la incorporación de buenas prácticas internacionales relativas a, por ejemplo, el gobierno corporativo.

Otro reto significativo es prevenir las malas prácticas y garantizar la integridad, manteniendo a la vez estructuras flexibles y sencillas. No es fácil alcanzar este equilibrio. Sin duda, la promulgación de reglas específicas del GACM puede aportar certidumbre, pero es importante comunicarlas al personal y ofrecer apoyo y formación para su interpretación y aplicación, sobre todo en lo que se refiere a reglas recién aprobadas como los POBALINES. De hecho, otras entidades del gobierno mexicano (por ejemplo, el Instituto de Seguridad y Servicios Sociales de los Trabajadores del Estado, ISSSTE) informan haberse beneficiado de la expedición de regulaciones detalladas y consolidadas. En el futuro será importante que la expedición de regulaciones específicas del GACM o sus reformas se acompañe de consultas con los funcionarios del GACM para atender las situaciones comunes que enfrentan. La consulta proporcionaría información para determinar si son prácticas y para diseñar estrategias de cumplimiento. Se trata de una práctica muy común en los países de la OCDE.[10]

Gobernanza y coordinación con otras entidades gubernamentales

Las partes interesadas del NAICM, que influyen en la dimensión externa de gobernanza del proyecto, se pueden clasificar en tres grupos: *i)* instituciones gubernamentales directamente vinculadas al NAICM, *ii)* usuarios del aeropuerto y *iii)* público en general.

Un proyecto de la magnitud del NAICM tiene múltiples implicaciones y efectos que requieren la acción coordinada de diferentes instituciones públicas y varios niveles de gobierno (en la Gráfica 2.3 se traza un mapa de las instituciones gubernamentales participantes).

Gráfica 2.3. **Mapa de las instituciones gubernamentales participantes en el desarrollo del NAICM**

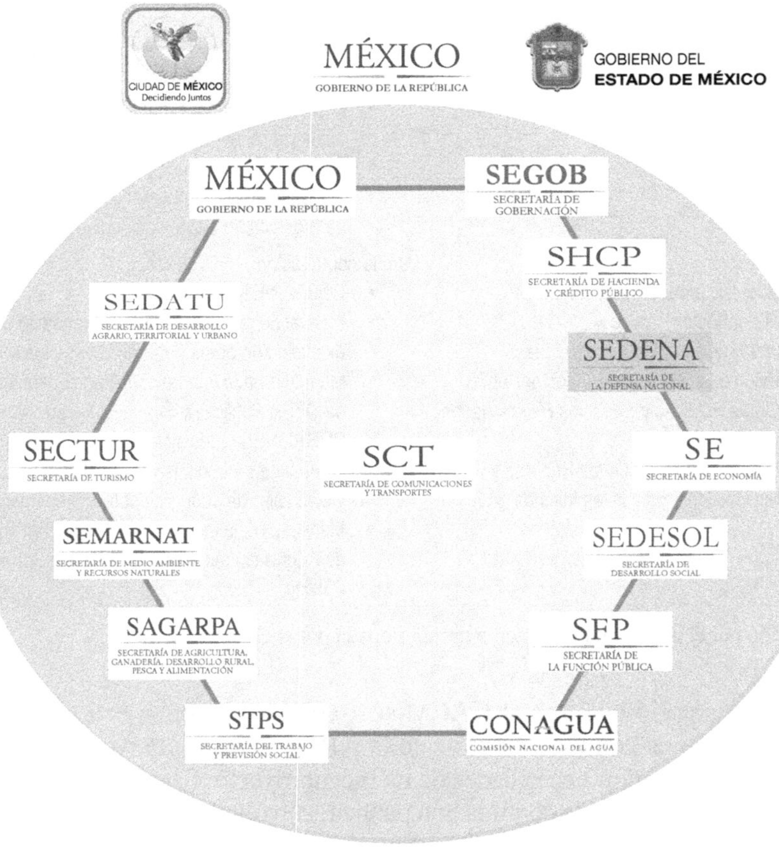

Fuente: Presentación "*Visión Integral*", www.aeropuerto.gob.mx/documentos/05092014-sct-visionintegral.pdf (consultada el 18 de septiembre de 2015).

Los cinco impactos siguientes requieren la acción coordinada de las diferentes instituciones públicas y varios niveles del gobierno mexicano:

1. *Ambiental:* se generará contaminación y ruido no solo durante la etapa de construcción, sino también una vez iniciadas las operaciones del NAICM. Como se recomienda en la resolución de la Manifestación de Impacto Ambiental, emitida por la SEMARNAT,[11] se han anticipado medidas de mitigación para atender los posibles impactos a la fauna y la flora con hábitats en la zona donde se ubicará el aeropuerto y sus alrededores. Además, el aeropuerto y los negocios y barrios que se desarrollarán tras su construcción y operación necesitarán agua, lo cual demanda inversiones que coordina la Comisión Nacional del Agua (CONAGUA).

El proyecto NAICM atiende estas inquietudes con planes para rescatar una zona ecológicamente degradada mediante el desarrollo de áreas verdes, en particular el Bosque Metropolitano, el cual comprende 670 hectáreas y se convertirá en el principal pulmón de la región. Además, en el Valle de México se reforestarán 5 000 hectáreas. El Plan Maestro Ambiental (coordinado por la SEMARNAT) establece objetivos ambiciosos para el NAICM, como obtener la certificación internacional LEED,[12] lo que lo convertirá en el primer aeropuerto no localizado en Europa en operar con cero huellas de carbono y utilizar 100% de su energía de fuentes locales limpias. Al respecto, los planes incluyen la construcción de una planta de biogás y aprovechar las condiciones de mayor entrada de energía solar, que son mucho mejores que las de otros aeropuertos (5.1 KWh/m^2 por día en el caso del NAICM contra 3.8 del Chicago O'Hare, 3.7 de Indianápolis y 3.5 de Kasai-Osaka). Asimismo, el Plan Maestro Hídrico (coordinado por CONAGUA) anticipa el desarrollo del mayor cuerpo de agua de la Zona Metropolitana con más de 2 700 hectáreas y 300 hectáreas de humedales para aves acuáticas.[13] A manera de resumen, el GACM emprenderá un conjunto de 20 medidas y programas para atender las condicionantes planteadas en la aprobación de la Manifestación de Impacto Ambiental y depositará MXN 770 millones como garantía de su cumplimiento.

2. *Social:* durante la administración 2000-2006, el malestar social fue lo suficientemente fuerte para cuestionar la necesidad de un nuevo aeropuerto e impedir su construcción. El movimiento fue encabezado por habitantes del municipio de Atenco, Estado de México, quienes no aceptaron los términos propuestos para vender sus tierras para el proyecto. La situación actual es distinta, ya que el NAICM se construirá en terrenos pertenecientes al gobierno federal y la opinión pública, en su mayoría, está a favor del proyecto, aunque aún hay movimientos políticos y sociales minoritarios en desacuerdo con su construcción. El proyecto acarreará beneficios sociales, por ejemplo, obras que solucionarán problemas hidráulicos, al triplicar —hasta 38 millones de metros cúbicos— la capacidad de regulación del agua, lo cual ayudaría a reducir los riesgos de inundaciones. En 2010, 585 escuelas del Estado de México y 120 del Distrito Federal se cerraron temporalmente por este fenómeno.

   El NAICM causará impacto sobre todo en la parte oriental de la Ciudad de México, incluidas tres de sus delegaciones y 11 municipios del Estado de México. La zona oriente tiene una calidad de vida significativamente menor en relación con la zona metropolitana de la Ciudad de México (véase el Cuadro 2.2) y el NAICM se considera una oportunidad de elevarla.

Cuadro 2.2. **Calidad de vida en la zona oriente respecto de la zona metropolitana de la Ciudad de México (2010)**

Indicador	*Zona oriente*	*Zona metropolitana de la Ciudad de México*
Población económicamente activa con ingresos inferiores al doble del salario mínimo	33%	22%
Tasa de desempleo	5.1%	4.9%
Tasa de informalidad	45%	41%
Población por debajo de la línea de pobreza	39%	34%
Promedio de años de escolaridad	9.6	10

Fuente: Presentación "*Visión Integral*", www.aeropuerto.gob.mx/documentos/05092014-sct-visionintegral.pdf (consultada el 18 de septiembre de 2015).

De hecho, esta puede ser una de las principales razones por la que las encuestas de opinión pública señalan un apoyo fuerte y estable para el proyecto. En una encuesta encargada por el GACM realizada en el Distrito Federal, 57% de quienes respondieron se declararon a favor del proyecto NAICM a finales de agosto de 2014, y 60% a principios de septiembre de 2015. En ambos periodos, 18% se pronunció en contra. Asimismo, los resultados de una encuesta llevada a cabo en la región central del país, en particular el Estado de México, mostraron que 56% y 62% estaban a favor y 14% en contra, respectivamente.[14] Este fuerte apoyo coincide con el que arroja otra encuesta efectuada por el periódico *El Universal*, en la que 65% de las respuestas era de aprobación de la construcción del NAICM y 18%, de desaprobación.[15]

3. *Económico:* competitividad, inversión y empleo son algunos de los principales beneficios que justifican la construcción del NAICM. Por ejemplo, durante la etapa de construcción, el NAICM creará 160 000 empleos. Otro ejemplo es el Plan de Acción de Impacto Directo que están poniendo en marcha la Secretaría del Trabajo y la Secretaría de Desarrollo Social, el cual incluye un programa de empleo temporal y uno de recopilación de datos que benefician a 800 habitantes de Atenco y Texcoco. En su etapa de desarrollo final, el NAICM tendrá seis pistas y transportará a 120 millones de pasajeros al año, cuatro veces la capacidad actual del Aeropuerto Internacional Benito Juárez de la Ciudad de México.

4. *Movilidad:* se requerirán medios de transporte para llegar al NAICM, no solo para viajeros, sino también para empleados y comercios que operen en el aeropuerto y sus alrededores. Se consideran vías que faciliten la movilidad hacia y desde el aeropuerto como carreteras, metro, líneas de autobuses y algunas otras opciones de transporte. También se necesita acceso durante la etapa de construcción para trasladar los materiales y equipos al sitio de la obra. Estos retos requerirán trabajar en coordinación, por ejemplo, con las autoridades del Estado de México y el Distrito Federal, así como con las de sus municipios y delegaciones.

5. *Desarrollo urbano:* el proyecto NAICM dará origen a un nuevo centro de actividad económica y social. Sin embargo, no está exento de riesgos y retos. Es necesario que los tres niveles de gobierno se coordinen para garantizar un suministro adecuado de servicios, como escuelas, hospitales, centros culturales y recreativos, así como espacios públicos. Los gobiernos estatales y locales tendrán que incorporar nuevas dinámicas a sus planes de desarrollo urbano o, en el caso de municipios que no cuenten con uno o el suyo sea obsoleto, tendrán que trazar nuevos planes.

Las instituciones gubernamentales vinculadas directamente con el NAICM participan en el proyecto para apoyar la construcción y anticipar los factores necesarios para cumplir con sus tareas. Esto aplica, por ejemplo, a las instituciones de control y supervisión, como la Aduana de México, subordinada directa del Servicio de Administración Tributaria (SAT); el Instituto Nacional de Migración (INM), parte de la Secretaría de Gobernación (SEGOB); el Servicio Nacional de Sanidad, Inocuidad y Calidad Agroalimentaria (SENASICA), parte de la Secretaría de Agricultura, Ganadería, Desarrollo Rural, Pesca y Alimentación (SAGARPA), y órganos policiales como la Procuraduría General de la República (PGR) y la Policía Federal. De igual forma, las fuerzas armadas, por medio de la Secretaría de la Defensa Nacional (SEDENA), trabajan en el proyecto, pues utilizarán una de las pistas para fines militares. Instituciones de control presupuestario y fiscal, como la Secretaría de la Función Pública (SFP) y la Auditoría Superior de la Federación (ASF), participan también ejerciendo sus facultades de vigilancia y auditoría.

La coordinación parece funcionar bien, al menos en lo que respecta a las instituciones federales. Hay un grupo de alto nivel que reúne a los titulares de las principales secretarías federales que participan en el proyecto e incorpora a miembros de los gobiernos del Estado de México y el Distrito Federal. Este ha sido un buen mecanismo para coordinar decisiones de alto nivel. Sin embargo, el equipo de la OCDE supo de casos de asimetrías de información, los cuales deberán resolverse para evitar duplicaciones, superposiciones o incluso contradicción en las medidas que se toman. Por ejemplo, la Secretaría de Desarrollo Agrario, Territorial y Urbano (SEDATU) elaboró varios estudios sobre el impacto urbano del NAICM, los cuales pueden compartirse con el GACM para beneficiarse de su aportación.[16] Podría suceder que, aunque el grupo de alto nivel garantice la coordinación estratégica, prevalezcan disparidades en el nivel técnico.

Dentro del grupo de instituciones públicas, los gobiernos estatales y municipales desempeñan también un papel importante. En reuniones con representantes de entidades gubernamentales de la Ciudad de México y sus delegaciones (celebradas en abril, julio y agosto de 2015), manifestaron tener información limitada sobre los planes para avanzar en el tema de la movilidad y sus implicaciones para la planeación urbana. Esto sería importante en particular para los municipios, ya que su capacidad de recopilar y analizar información es escasa y quizá tengan que depender de datos proporcionados por el gobierno federal. Si bien los debates sobre temas delicados (como usos de suelo y planes comerciales) pueden restringirse a un grupo pequeño de funcionarios para evitar la especulación, también es cierto que las buenas prácticas internacionales sugieren realizar, por ejemplo, la planeación urbana y de movilidad antes de la aprobación de megaproyectos como el de un aeropuerto.

Cabe mencionar también la coordinación con entidades autónomas, en particular el Instituto Nacional de Transparencia, Acceso a la Información y Protección de Datos (INAI) y la Comisión Federal de Competencia Económica (COFECE). A finales de 2014, el GACM expresó su intención de firmar acuerdos con estas dos instituciones. El objetivo del acuerdo con el INAI sería promover una estrategia proactiva de transparencia y acceso a la información, así como pactar la asesoría del INAI al GACM para la construcción de un portal en Internet orientado a aumentar al máximo la transparencia. De igual forma, el acuerdo con la COFECE se orientaría a brindar asesoría al GACM en cuanto a estudios de mercado y prevención de colusión en licitaciones, de conformidad con la Ley Federal de Competencia Económica. Desde abril de 2015, muy poco se ha hecho para establecer un acuerdo con la COFECE. Por el contrario, el INAI y la SCT convinieron en implementar el Programa para garantizar la transparencia y apertura informativa del proyecto de infraestructura conocido como "Nuevo Aeropuerto Internacional de la Ciudad de México" (véase el Recuadro 2.3).

Por lo general, las decisiones se toman en múltiples niveles; sin embargo, hay decisiones estratégicas y operativas que se vetarán y discutirán como parte de los objetivos del programa. En términos del proceso de aprobación, el programa pondrá en marcha comités técnicos para aprobar propuestas y recomendaciones complejas relativas a los aspectos técnicos de diseño. Además, el GACM formará un comité de revisión que analizará todos los documentos contractuales para cumplir con el marco normativo y la diligencia debida. Diversas autoridades del gobierno federal participan en el proceso habitual de aprobación de las etapas de diseño y construcción, como la SCT, la Dirección General de Aeronáutica Civil (DGAC) y la oficina de Servicios a la Navegación en el Espacio Aéreo Mexicano (SENEAM).

Recuadro 2.3. **Programa para garantizar la transparencia y la apertura informativa del proyecto de infraestructura del NAICM**

El objetivo del programa es crear las condiciones para que la transparencia y la rendición de cuentas se conviertan en una política transversal que contribuya a tener ciudadanos informados que participan en las iniciativas llevadas a cabo por las autoridades en el desarrollo del NAICM, de modo que el proyecto goce de credibilidad entre la sociedad mexicana y la comunidad internacional.

Entre otras, las acciones específicas para satisfacer el objetivo del programa son las siguientes:

- Cumplir con todas las resoluciones del consejo del INAI sobre apelaciones relacionadas con la negativa de divulgación de información del NAICM
- Capacitar a funcionarios públicos y ciudadanos
- Elaborar el portal de ventanilla única para tener acceso a información sobre el NAICM
- Implementar un tablero de control de las solicitudes de información
- Organizar eventos académicos sobre transparencia, acceso a la información y rendición de cuentas
- Implementar el Modelo de Gestión Documental y Administración de Archivos que elaboró la Red de Transparencia y Acceso a la Información Pública (RTA)

Fuente: Información proporcionada por el GACM.

Las decisiones sobre estrategia financiera están a cargo formalmente del Consejo de Administración del GACM y las ejecuta el director general del Grupo o la persona designada específicamente por este. El director general informará al consejo sobre todas las acciones realizadas para esta autorización. Como ejemplo práctico, y como parte del proceso de ejecución de la primera etapa del plan de financiamiento para el NAICM, consistente en un crédito de hasta USD mil millones otorgado a un fideicomiso en Nacional Financiera (NAFIN), institución de banca de desarrollo, el AICM y el GACM tuvieron que conseguir las siguientes autorizaciones y confirmaciones:

- Autorización de la SCT, la DGAC y la COFECE para otorgar al GACM la concesión para la construcción y operación del NAICM
- Autorización de la Subsecretaría de Transporte (SST) de la asignación absoluta por parte del AICM y del GACM de los derechos de cobro de la Tarifa de Uso de Aeropuerto (TUA) al fideicomiso de NAFIN
- Confirmación por parte del SAT del régimen fiscal aplicable al AICM y al GACM
- Autorización de los accionistas y el Consejo de Administración del AICM y el GACM de asignar los derechos de cobro de la TUA al fideicomiso de NAFIN

Participación de actores interesados

Además de la coordinación con múltiples entidades públicas y los diferentes niveles de gobierno, la gobernanza del NAICM requiere la participación sistemática de actores interesados. Por ejemplo, la evaluación y gestión de riesgos tendría que involucrar a la sociedad civil y aprovechar sus conocimientos expertos (OECD, 2014). Este es un elemento clave para facilitar la sustentabilidad del proyecto y de los proyectos de megainfraestructura en general.

En particular, los nuevos aeropuertos a menudo desatan controversia y oposición (Alberts, Bowen, Jr. y Cidell, 2009) (Recuadro 2.4). En otras palabras, "los megaproyectos suelen venir envueltos en una política de desconfianza" (OECD, 2014).

Recuadro 2.4. **Retos en el desarrollo del Aeropuerto Internacional de Berlín-Brandenburgo (BBI)**

Tras la reunificación alemana, los dos estados federales más afectados —la ciudad de Berlín y Brandenburgo—, junto con el gobierno federal, crearon el Holding del Aeropuerto de Berlín-Brandenburgo. Esto colocó por primera vez a los tres aeropuertos de Berlín en una administración conjunta; además, y aún más importante, el holding se estableció para coordinar y facilitar la planeación del BBI.

El año 1996 prometía marcar un enorme paso adelante pues finalmente los políticos acordaron dónde se ubicaría el BBI. El ministro federal de Transporte, el alcalde de Berlín y el primer ministro de Brandenburgo tomaron la decisión consensuada de construir el nuevo aeropuerto internacional en Schönefeld con inversión privada. Tempelhof se cerraría lo más pronto posible y Tegel dejaría de operar tan pronto se inaugurara el BBI. Inmediatamente después de dar a conocer estos planes, las aerolíneas que daban servicio a Tempelhof anunciaron que no cambiarían de Tempelhof a Schönefeld. Sin embargo, no era posible cambiar a Tegel porque el aeropuerto no podría manejar más pasajeros debido al diseño circular de la terminal.

Una vez decidido que el BBI se construiría en Schönefeld, se presentó el proyecto inicial al público, solicitando comentarios. En total se registraron más de 132 000 quejas contra la ampliación de Schönefeld, centradas en la contaminación por ruido, la baja esperada en los valores de inmuebles y el impacto en la infraestructura de transportación terrestre. Conforme a la ley de planeación alemana, es necesario organizar audiencias para escuchar y responder a todas las quejas planteadas por los ciudadanos. Tan solo el volumen (cerca de 4 000 argumentos separados) significaba el retraso del inicio de la construcción (programado para 2003). Al mismo tiempo que se realizaban las audiencias, una nueva iniciativa del gobierno federal redujo los niveles de ruido permitidos en las cercanías de los aeropuertos. Con estas reglas más estrictas el BBI no podría operar tarde por la noche y tendría que presupuestarse una importante cantidad de dinero para brindar a los habitantes la insonorización obligatoria. Como la evaluación del ruido se había hecho con base en las regulaciones previas, se cuestionaba si aún era válida.

También continuó el debate respecto al financiamiento del BBI. De acuerdo con la decisión tomada en consenso, debería pagarse mediante inversionistas privados. Después del retiro de varios posibles inversionistas en las etapas tempranas del proceso, quedaron dos contendientes serios: Hochtief (proveedor internacional de servicios de construcción con experiencia en múltiples proyectos de gran infraestructura) e IVG (una de las empresas de bienes raíces más grandes de Europa). En 2000 se excluyó a Hotchief al acusársele de obtener una ventaja desleal en la licitación. Sin embargo, meses después, el tribunal regional de Brandenburgo anuló la decisión y falló que Hotchief podía presentar su oferta. En vez de reiniciar todo el procedimiento de privatización con IVG y Hotchief como competidores, se decidió de común acuerdo que las dos empresas cooperarían en el proyecto. Parecía que el problema de la privatización quedaba resuelto. Sin embargo, en 2001, el consorcio de las dos empresas planteó su oferta, la cual resultó mucho más baja de lo esperado: 50 millones DM, en vez de los 650 millones DM ofrecidos en un principio por Hotchief y los 350 millones DM prometidos originalmente por IVG. Se llevaron a cabo negociaciones y se ampliaron los plazos, aumentándose la cantidad a 70 millones DM. Esta baja oferta era inaceptable y terminó con todas las esperanzas de privatización.

Recuadro 2.4. **Retos en el desarrollo del Aeropuerto Internacional de Berlín-Brandenburgo (BBI)** ***(continuación)***

Con el supuesto de que los inversionistas albergaban dudas debido al gran riesgo implicado en la construcción del BBI —después de todo, era posible que las demandas legales detuvieran todo el proyecto—, el holding del aeropuerto consideró construirlo con créditos gubernamentales y privatizarlo cuando ya estuviera en operación. Para 2003, el costo estimado del aeropuerto por sí solo era de EUR 1 700 millones. Se requerirían fondos adicionales para conectarlo con la autopista y el sistema ferroviario, así como para cubrir las medidas de protección contra el ruido y la limpieza ambiental de la obra. Berlín y Brandenburgo estaban muy endeudados, por lo que necesitaban la ayuda del gobierno federal para construir el BBI.

Si bien estas controversias se basaron en el supuesto de que el BBI se construiría en Schönefeld, diversas partes siguieron alegando a favor de otras ubicaciones, incluidas Sperenberg, otros sitios en Brandenburgo e incluso un campo aéreo militar en Polonia. La falta de consenso aún no se resolvía cuando, en 2004, se publicaron los resultados de las audiencias. El documento de 1 200 páginas imponía severas limitaciones a los vuelos nocturnos en Schönefeld y determinaba que 42 000 personas tenían derecho a recibir ventanas a prueba de ruido. De inmediato, los ciudadanos comenzaron a reunir una lista de puntos contra el BBI para entablar una demanda ante el tribunal superior de Leipzig. Los abogados representantes de los ciudadanos estaban seguros de que la lista de diez puntos, que abordaba aspectos como el ruido, la contaminación y otros peligros ambientales, y las dudas sobre seguridad detendrían el proyecto; en su opinión, cada punto por separado bastaría para convencer a un juez. Pero los partidarios del BBI estaban igualmente convencidos de que recibirían el permiso para construir el aeropuerto. En abril de 2005, el tribunal federal administrativo (*Bundesverwaltungsgericht*) detuvo la construcción hasta que se tomara una decisión final, medida que nunca se había adoptado en Alemania en la etapa de planeación de un gran proyecto de infraestructura. Sin embargo, los oponentes al proyecto celebraron su victoria en forma prematura: en marzo de 2006 la corte anunció su fallo final: el aeropuerto podría construirse en Schönefeld.

Fuente: ITF (2013), "The development of Berlin Brandenburg and the expansion of the Beijing Capital International Airport", documento de trabajo.

El segundo grupo de actores por considerar es el de los usuarios del aeropuerto. Aunque sus intereses están compuestos por un conjunto de elementos diversos, el común denominador es que se benefician de una operación eficiente y eficaz del NAICM. Algunos de los actores principales de este grupo son los siguientes:

- *Pasajeros:* 34.2 millones en 2014, quienes enfrentan los problemas de saturación del actual Aeropuerto Internacional Benito Juárez de la Ciudad de México. Los estimados indican que en el NAICM la cifra de pasajeros alcanzará 125 millones, con un promedio de 342 465 al día, en su desarrollo máximo.[17]
- *Aerolíneas:* en la actualidad, seis aerolíneas nacionales y 14 extranjeras dan servicio a pasajeros y 34 se dedican a la carga aérea.
- *Proveedores de servicios:* lado aire (manejo de equipaje, alimentos, carga y descarga de aviones, limpieza, abastecimiento de combustible, mantenimiento de naves, etcétera) y lado tierra (taxis, autobuses, arrendadoras de automóviles, etcétera).
- *Servicios de carga:* agentes aduanales, transporte de carga, almacenes fiscales, y otros. Este grupo abarca a cerca de 14 000 trabajadores.
- *Empleados:* 25 000 a la fecha. Los sindicatos y asociaciones profesionales, como el Colegio de Pilotos, forman parte también de este grupo.

- *Negocios que se pondrán en marcha en las terminales del aeropuerto y sus alrededores:* incluye hoteles, restaurantes, tiendas libres de impuestos, parques empresariales y varios tipos de tiendas y comercios.
- *Inversionistas:* sobre todo instituciones bancarias que financian el proyecto.

Este grupo de usuarios del aeropuerto, excepto comercios y empleados, ha sido consultado de manera amplia y continua para ajustar el diseño del aeropuerto a los criterios operativos de los futuros usuarios y aumentar el atractivo del NAICM como un *hub* regional para aerolíneas y pasajeros. En el proceso de consulta se recabaron los requerimientos técnicos, funcionales y operativos de los 60 principales usuarios del NAICM (véanse ejemplos en el Cuadro 2.3), los cuales se están tomando en cuenta en el diseño de pistas, la terminal y otras instalaciones. Por ejemplo, se consultó a la CANAERO y la IATA sobre temas específicos de aduanas y migración.

Cuadro 2.3. **Usuarios del aeropuerto e instituciones gubernamentales consultados**

20 aerolíneas	*15 instituciones gubernamentales*	*Proveedores de servicios*	*Otros*
Aeroméxico	Aduana de México	Servicio Postal Mexicano	Cámara Nacional de Aerotransportes (CANAERO)
Interjet	Instituto Nacional de Migración	Aerocharter	Asociación de Transporte Aéreo Internacional (IATA)
Volaris	SENASICA	AGN	Asociación Sindical de Pilotos Aviadores
VivaAerobus	Centro de Investigación y Seguridad Nacional (CISEN)	Menzies	Colegio de Ingenieros Mexicanos en Aeronáutica
United	Policía Federal	Globalia	Colegio de Controladores de Tránsito Aéreo
American	PGR	Asociación Mexicana de Agentes de Carga (AMACARGA)	
Delta	Procuraduría Federal de Protección al Ambiente (PROFEPA)	Asociación Nacional de Almacenes Fiscalizados (ANAFAC)	
Magnicharter	Secretaría de la Defensa Nacional (SEDENA) / Fuerza Aérea	Asociación de Agentes Aduanales del Aeropuerto de México (AAADAM)	
Aeromar	Secretaría de Marina-Armada de México (SEMAR)	Confederación de Asociaciones de Agentes Aduanales de la República Mexicana (CAAAREM)	
Copa Airlines	Estado Mayor Presidencial (EMP)	Cámara Nacional del Autotransporte de Pasaje y Turismo (CANAPAT)	
Iberia	Secretaría de Salud	ASA	
Lufthansa	Secretaría de Relaciones Exteriores	Operadores de helicópteros	
Avianca	Secretaría de Economía		
Otras: Carga y paquetería	Secretaría de Turismo		

Fuente: Elaborado por el autor con información proporcionada por el GACM.

La consulta a estos actores se considera un proceso continuo y se dividió en tres etapas:

- *Octubre de 2014 a junio de 2015:* constó de 188 reuniones para presentar el proyecto a usuarios y recabar información respecto de sus necesidades operativas.
- *Septiembre de 2015 a marzo de 2016:* dirigida a incorporar las necesidades específicas al diseño y el plan de negocios del aeropuerto. Dichas necesidades incluyen áreas específicas, distribución de mostradores, ubicación de salas de abordar y posiciones remotas, entre otras. Por ejemplo, durante esta etapa se entablarán charlas con la CANAERO y la IATA para analizar los procedimientos de aduanas, migración y salud, y modificar el marco regulatorio con el fin de simplificarlos.
- *Marzo de 2016 hasta el inicio de operaciones:* dirigida a establecer protocolos de procedimientos de operación para usuarios. Implica un proceso continuo de seguimiento para validar diferentes funciones del aeropuerto.

La consulta llevada a cabo durante la primera etapa fue útil para validar la capacidad requerida en la terminal, de acuerdo con las operaciones anticipadas por las aerolíneas y las etapas de desarrollo de las demás instalaciones; tomar medidas para facilitar una operación funcional y eficaz de equipaje y pasajeros; actualizar las previsiones relativas a los planes de expansión de las aerolíneas, y anticipar las necesidades de conectividad.

El tercer grupo de actores consiste en el público en general, el cual comprende un conjunto diverso de comunidades, entre ellas las siguientes:

- *Habitantes de la zona que rodea al NAICM:* sus intereses principales son preservar sus bienes y su calidad de vida, lo que incluye factores como valor de la tierra, conservación del medio ambiente, contaminación (del aire y ruido), acceso a sus barrios, seguridad pública y oportunidades económicas. Hay también grupos políticos entre los habitantes interesados en abogar a favor o en contra de la construcción del NAICM pero, como se mencionó, los que están en contra son una minoría.
- *Organizaciones no gubernamentales (ONG)/académicos:* las organizaciones comprendidas en este grupo suelen trabajar en temas específicos, como medio ambiente, movilidad, competitividad, transparencia, y otros. Por sus conocimientos expertos, pueden aportar análisis y datos valiosos para el desarrollo del NAICM. De hecho, en algunos casos, han sido contratados por el NAICM para realizar estudios específicos. Tal es el caso, por ejemplo, del Instituto de Ingeniería de la UNAM (II-UNAM). El grupo incluye también, por ejemplo, a la Academia Mexicana de Ingeniería, el Centro Mexicano de Derecho Ambiental (CEMDA) y el Instituto Mexicano para la Competitividad (IMCO). Asimismo, sobre una base honoraria, se consultó a instituciones académicas como el Programa Universitario de Medio Ambiente y el Instituto de Ecología de la UNAM, el Colegio de Ingenieros Ambientales de México (CINAM), la Universidad Autónoma Metropolitana (UAM) y la Universidad Autónoma del Estado de México (UAEM), sobre medidas de mitigación de impactos sociales, planeación y políticas públicas.
- *Empresas y cámaras de comercio:* como es obvio, su interés es económico, no solo en términos de contratos directos, pues pueden trabajar en el proyecto NAICM, sino también en relación con el dinamismo económico que la región ganaría como resultado de la construcción y eventual operación del NAICM.[18] Este grupo, incluye, por ejemplo, a la Cámara Mexicana de la Industria de la Construcción (CMIC).

Hay muchos otros grupos sociales, algunos más dispersos, pero los mencionados son los más involucrados en el NAICM.

El proceso de consulta y participación social ha sido prudente, tomando en cuenta la experiencia anterior, en la que el proyecto del nuevo aeropuerto se canceló por la oposición social. La estrategia de consulta social se basó sobre todo en reuniones individuales y grupales, con la participación del GACM. Las reuniones grupales se usan para comunicar información importante a los grupos de interés, que pueden estar concentrados en cámaras o asociaciones específicas o ser del público en general. Las reuniones individuales se dirigen a obtener información e identificar necesidades específicas de entidades o empresas individuales, así como a despejar dudas. Algunos ejemplos son la participación del GACM en el Comité de Carga de la CANAERO para contribuir al proceso de planeación de la terminal de carga y una reunión informativa pública sobre temas ambientales, con cerca de 580 participantes, incluidos habitantes de las zonas que rodean al NAICM, académicos y representantes de grupos sociales. Durante el evento hubo 21 intervenciones y presentaciones, y se plantearon más de 50 preguntas acerca del posible impacto ambiental del NAICM. El GACM también ha planeado organizar "giras" en un futuro cercano para comunicar elementos estratégicos como la estrategia de empaquetamiento de las adquisiciones.[19]

Pese a las iniciativas anteriores, la consulta social no ha sido tan amplia como la realizada con los usuarios del aeropuerto. El GACM ideó una estrategia para cumplir con los Principios de Ecuador, en particular el número 5 sobre la consulta social, pero aún se requiere ponerla en marcha.[20] Las principales excepciones son la consulta sobre la Manifestación de Impacto Ambiental (véase el Recuadro 2.5), la asesoría solicitada a instituciones académicas y el establecimiento de un sitio de Internet con una dirección de correo electrónico para enviar quejas y sugerencias. Sin embargo, la estrategia anticipa reuniones informativas, grupos de debate, talleres comunitarios y foros, entre otros.

Recuadro 2.5. **Medidas de mitigación ambiental**

El cumplimiento de los Principios de Ecuador relativos a temas ambientales se relaciona con tomar las medidas de mitigación recomendadas en la aprobación de la Manifestación de Impacto Ambiental. Se han emprendido ya las acciones siguientes:

- Se depositaron MXN 11.2 millones al Fondo Forestal Mexicano, para garantizar las iniciativas de reforestación.
- Se contrató una garantía de cumplimiento para compensación ambiental de cerca de MXN 770 millones.
- Se elaboraron y entregaron oportunamente más de 20 planes y programas para atender las condiciones establecidas en la aprobación de la Manifestación de Impacto Ambiental.
- Se creó un comité de vigilancia ambiental.
- Se contrató a un contralor ambiental para cumplir con la condición 10 de la aprobación de la Manifestación de Impacto Ambiental.

Fuente: Presentación "*Sustentabilidad y Restauración Ambiental*", www.aeropuerto.gob.mx/ documentos/05092014-ambiental.pdf (consultado el 20 de septiembre de 2015).

Además de los planes de participación encabezados por el GACM, algunas ONG específicas se han movilizado para aportar información y vigilar el proyecto del NAICM. Un ejemplo sobresaliente es el del Observatorio Nacional Ciudadano del NAICM (ONC), organizado por el IMCO, el CEMDA y CTS Embarq Mexico. El ONC se propone ser un foro abierto y transparente para garantizar que el NAICM optimice el bienestar económico, social y ambiental de México y evaluar las políticas y propuestas gubernamentales referentes al proyecto. Con este fin, el ONC organizó en noviembre y diciembre de 2014, diversos foros sobre temas ambientales, de competitividad, de desarrollo urbano y movilidad, e inclusión social. En abril de 2015, el ONC presentó un informe con las conclusiones de los foros (IMCO *et al.*, 2015) (Recuadro 2.6). El GACM reaccionó con el ofrecimiento de responder al documento y la creación de grupos de trabajo para examinar las preocupaciones expresadas por el ONC.

Recuadro 2.6. **Conclusiones del informe del Observatorio Nacional Ciudadano (ONC)**

En el informe del ONC se reconoce la necesidad de un nuevo aeropuerto pero se destaca que, de no gestionarse bien, el proyecto puede provocar consecuencias negativas importantes y persistentes. De ahí la necesidad de que el proyecto NAICM sea parte de una estrategia de desarrollo integral para la ciudad y el país, y de que se anticipen los efectos directos e indirectos en la economía, el medio ambiente y la sociedad en general. El ONC demanda transparencia, no solo en relación con los principales aspectos del proyecto, sino también con sus procesos de toma de decisiones. Entre las recomendaciones para el gobierno se incluyen las siguientes:

- Medio ambiente
  - Brindar acceso a todos los estudios realizados para definir las medidas de mitigación de impactos ambientales
  - Establecer un sistema de vigilancia de la calidad del aire desde las etapas de construcción del NAICM
  - Promover un sistema de gestión integral de recursos hídricos
- Competitividad
  - Preparar un plan de contingencia para financiar el NAICM con diferentes escenarios y alternativas de financiamiento
  - Involucrar a la COFECE en la supervisión de procedimientos estratégicos de contratación
  - Establecer mecanismos para revelar conflictos de intereses de los responsables de la toma de decisiones
- Desarrollo urbano y movilidad
  - Formular un plan de desarrollo urbano y ambiental que incorpore un enfoque regional y de megalópolis
  - Elaborar un programa integral que ofrezca alternativas para conectar al NAICM con la zona metropolitana de la Ciudad de México y ciudades cercanas
  - Establecer sistemas de transporte colectivo público (tipo "shuttle") a las áreas de salida y destino final de los pasajeros, con pequeñas estaciones conectadas estratégicamente con redes de transporte público
- Inclusión social
  - Crear una estrategia de comunicaciones para mantener informados a los habitantes de la zona donde se construirá el NAICM acerca de los principales impactos positivos y negativos

Recuadro 2.6. **Conclusiones del informe del Observatorio Nacional Ciudadano (ONC)** ***(Continuación)***

- Celebrar sesiones públicas de consulta, que incluyan a habitantes y expertos locales para analizar las medidas de mitigación y otros temas específicos
- Elaborar una estrategia de compensación para atender los efectos negativos para los habitantes de la zona donde se construirá el NAICM

Fuente: IMCO *et al.* (2015), *Observatorio Ciudadano del Nuevo Aeropuerto de la Ciudad de México*, disponible en http://imco.org.mx/wp-content/uploads/2015/04/2015_NAICM_Ejes_de_monitoreo_ Documento_completo.pdf (consultado el 5 de octubre de 2015).

Propuestas de acción

1. Es necesario robustecer el modelo de gobernanza del proyecto para permitir la toma de decisiones oportuna, la rendición de cuentas y la inclusión, así como para asignar riesgos con eficacia

La gobernanza es un elemento esencial en todos los aspectos de la ejecución exitosa de un proyecto. De acuerdo con la Oficina de Comercio Gubernamental del Reino Unido (OGC), cinco de las ocho causas de fracaso de un proyecto identificadas en 2005 se relacionaban con la debilidad en la gobernanza. Por el contrario, la OGC concluyó que siete de las 10 causas comunes de la confianza identificadas en 2010 se atribuían a la buena gobernanza. De igual forma, el *Global Study on Project Management Trends* 2012 de PwC identificó la gobernanza deficiente como el principal factor contribuyente al fracaso de un proyecto. Por su parte, en las publicaciones *Cost Review Report 2010* de Infraestructure UK y *Guide to Initiating Successful Projects* de la Oficina Nacional de Auditoría del Reino Unido, se hace hincapié en la importancia de una buena gobernanza al destacar la necesidad de prestar mayor atención a las etapas tempranas de los proyectos para asegurarse de conformarlos para alcanzar el éxito, al establecer el entorno de ejecución correcto y la capacidad adecuada para ajustarse a su complejidad (Infrastructure UK, HM Treasury y Lord Deighton, 2014) (Recuadro 2.7).

Una gobernanza deficiente en cada etapa de la preparación de proyectos de construcción para la inversión pública genera una mala administración y plantea el riesgo de corrupción y retrasos. Por consiguiente, una clave para proteger la inversión en la construcción con fondos públicos es fortalecer la gobernanza. Como la gobernanza deficiente da pie a la corrupción, afianzar los procesos de gobernanza en todo el ciclo del proyecto limitaría las oportunidades de un comportamiento indebido (Wells, 2015).

Como se reconoce en la matriz de riesgo del GACM, su estructura organizacional no es adecuada para un megaproyecto como el NAICM. Hay brechas en la definición de responsabilidades entre las direcciones corporativas, incluyendo la toma de decisiones. Por ejemplo, nadie es responsable de dar seguimiento a las medidas de mitigación que exige la Manifestación de Impacto Ambiental y ha habido retrasos en los pagos de contratos debido a la incertidumbre sobre los procedimientos a seguir. Estos retrasos pueden convertirse en un problema grave una vez que el ritmo de la obra se acelere, no solo para la credibilidad del proyecto y su avance oportuno, sino también porque puede convertirse en una fuente de corrupción (los contratistas podrían verse tentados a pagar sobornos para garantizar sus pagos). De no resolverse, la lentitud en la toma de decisiones puede terminar por consumir tiempo de gestión y ocasionar demoras en la ejecución del proyecto.

Recuadro 2.7. **Características de buena gobernanza de proyectos de infraestructura según la oficina del Tesoro de Su Majestad del Reino Unido**

En los proyectos de infraestructura, la buena gobernanza representa el equilibrio entre el deseo natural del patrocinador de retener el control y la necesidad del equipo encargado de la ejecución de tener libertad suficiente para poder gestionar el riesgo y cumplir con los objetivos del proyecto. Se caracteriza por los siguientes elementos:

- Una manifestación clara de los objetivos y parámetros de ejecución entre el patrocinador y el equipo encargado de la ejecución, incluyendo medidas de reparación en caso de dificultad.
- Suficiente autonomía del proyecto con una sola cabeza predominante.
- Un sistema de delegación claro y un proceso establecido para tomar en forma oportuna decisiones fuera de los límites de delegación.
- Un proceso establecido para controlar el cambio.
- Un proceso establecido para presentar informes y otras comunicaciones entre el patrocinador y el equipo encargado de la ejecución.
- Una cultura de colaboración y una relación funcional entre el patrocinador y el equipo encargado de la ejecución.
- Suficiente comprensión por parte de los integrantes del consejo del contexto del proyecto para tomar decisiones razonables y oportunas (o solicitar asesoría como apoyo).
- Un sistema definido para la fiabilidad en todos los niveles.

Fuente: Infrastructure UK, HM Treasury y Lord Deighton (2014), "Improving infrastructure delivery, project initiation routemap", octubre, www.gov.uk/government/publications/improving-infrastructure-delivery-project-initiation-routemap.

Una razón para el surgimiento de estas brechas es que el personal subcontratado y los consultores no son servidores públicos y, por tanto, carecen de facultades para tomar decisiones. Como la estructura del GACM es muy limitada, muchas funciones se han subcontratado, pero sin un control suficiente, lo cual crea redundancias y duplicaciones. De hecho, según la experiencia internacional, la deficiencia en la evaluación de proyectos seguramente se debe en gran parte a una débil capacidad por parte de los clientes del sector público (U4 Anti-corruption Centre). Una solución es subcontratar a empresas privadas de consultoría, pero esto también crea riesgos que tendrán que vigilarse y mitigarse (Wells, 2015). En este sentido, se requiere que el GACM establezca una política de subcontratación que indique con claridad qué criterios se considerarán para subcontratar y con qué protocolos se controlarán las actividades subcontratadas. Por el momento, trazar un mapa de los servicios subcontratados ayudaría a descubrir las duplicaciones y evitarlas en el futuro. Este mapeo tendría que incluir también un mecanismo de rendición de cuentas, de modo que haya áreas y personal específicos del GACM que den seguimiento a su trabajo. Algunos riesgos de contratar a consultores sin los mecanismos de rendición de cuentas debidos son el abuso en el diseño para aumentar los honorarios, un diseño incompleto para dejar margen de cambios que después puedan manipularse y la colusión, entre otros. Estos riesgos deberán anticiparse y mitigarse cuando se requiera contratar consultores para aportar conocimientos técnicos expertos (Recuadro 2.8).

Recuadro 2.8. **La gobernanza de la subcontratación**

Las funciones de apoyo como la tecnología de la información y la gestión de recursos humanos pueden subcontratarse y así brindar beneficios organizacionales. Las empresas suelen apuntar los ahorros en costos de mano de obra y formación, pero también mencionan los beneficios de liberar recursos corporativos para otros usos y permitir que la empresa se centre en sus competencias principales. Sin embargo, subcontratar las funciones de apoyo no es sencillo y se requiere que las empresas gestionen los factores de riesgo relacionados.

Cada tarea subcontratada se acompaña de una nueva responsabilidad de gobernarla adecuadamente; la carga de llevar a cabo una función de apoyo puede subcontratarse, pero la responsabilidad de administrar al proveedor y garantizar la calidad y la rendición de cuentas no se desvanece. Las tareas que resulta difícil o costoso subcontratar exigen una dosis adicional de gestión o deben llevarse a cabo de manera interna. La peor solución es subcontratarlas y no administrar bien su operación.

Fuente: Gomes-Casseres, B. (2009), "Outsourcing: Where will you draw the line?", *Harvard Business Review*, https://hbr.org/2009/08/outsourcing-where-will-you-dra; y Raiborn, C.A., J. Butler y M.F. Massoud (2009), "Outsourcing support functions: Identifying and managing the good, the bad, and the ugly", *Harvard Business Review*, https://hbr.org/product/outsourcing-support-functions-identifying-and-managing-the-good-the-bad-and-the-ugly/an/BH337-PDF-ENG.

Se recomienda desarrollar los mismos mecanismos eficaces de rendición de cuentas para el personal del GACM. Es necesario evitar cambiar la ruta crítica del proyecto y justificar cuando haya que hacerlo. Como se ilustra en el Recuadro 2.9, la falta de mecanismos de rendición de cuentas fue parte de la fórmula para el desastre durante la construcción del BBI. Tendrá que haber también una evaluación detallada del riesgo de corrupción en el proyecto, la cual identifique los riesgos de corrupción a lo largo de su ciclo y valore si los controles actuales son suficientes para gestionarlos. La evaluación de riesgos debe ser un documento en evolución que se revise y actualice en forma periódica con los avances del proyecto. Una evaluación de riesgos revisada con regularidad respaldaría la capacidad del GACM de adaptarse al entorno cambiante del proyecto.

Los servicios subcontratados son solo un ejemplo de brechas del modelo de gobernanza. El GACM necesita desarrollar un mapa de gobernanza más amplio (véase la Gráfica 2.4) que trascienda la estructura del gobierno federal e identifique las relaciones y funciones de los tres grupos de actores identificados en este informe, es decir, instituciones gubernamentales, usuarios del aeropuerto y público en general, que podrán desglosarse en grupos comunitarios, autoridades de control (por ejemplo, la SFP y la ASF) y asociaciones estratégicas (por ejemplo, la COFECE, el INAI y la OCDE), entre otros. A manera de ejemplo, varias instituciones gubernamentales influyen en el NAICM mediante su función de formulación de políticas públicas. Hablamos, entre otras, de la SCT, secretaría responsable de la política de transporte aéreo (como los cielos abiertos), y la SEMARNAT, secretaría encargada de las políticas ambientales. De hecho, en la Gráfica 2.4, la estructura de gobernanza parece más compleja.

Recuadro 2.9. **Fallas de gobernanza en la gestión del Aeropuerto Internacional de Berlín-Brandenburgo**

Gestión y supervisión inexpertas y no especializadas

En 2003, el liderazgo político del proyecto decidió despedir al consorcio de empresas privadas establecido en un principio para financiar, construir y operar el aeropuerto, y así convertir su construcción en un proyecto totalmente público con el argumento de que el sector privado no debía beneficiarse a costa del sector público. Los objetivos eran ahorrar recursos, fomentar la industria de la construcción local y respetar los plazos fijados para el proyecto. Ninguno de los miembros del liderazgo político tenía experiencia con un proyecto de construcción de esa magnitud. La supervisión terminó casi exclusivamente en manos de políticos, servidores públicos y líderes sindicales. La falta de conocimientos técnicos y de experiencia del consejo de supervisión impidió una vigilancia adecuada y rigurosa de la planeación y los avances, lo que generó rezagos, confusión y grandes sobrecostos.

Imprecisión en la estimación del presupuesto

Varios expertos han señalado que el costo del aeropuerto previsto en un principio se subestimó considerablemente, lo que ocasionó problemas de gestión en toda la ejecución. Era importante que el liderazgo político mantuviera bajo control los costos estimados de la construcción del nuevo aeropuerto, para así reforzar el apoyo político.

Expertos identificaron este elemento como un componente común de los proyectos de infraestructura de gran envergadura. En publicaciones diversas se sugiere que hay un patrón similar en las sociedades democráticas, en las que los políticos tienden a engañar al público respecto de los costos reales de estos proyectos. En consecuencia, los sobrecostos no suelen ser una sorpresa. A menudo los políticos intentan calcular el menor precio posible para obtener apoyo para los proyectos, ocultando en forma deliberada los posibles riesgos. Los líderes políticos acostumbran asumir un riesgo calculado suponiendo que, si los costos empiezan a explotar, no se les hará responsables en lo personal. El investigador danés Bent Flyvbjerg, de la Universidad de Oxford, afirmó que con frecuencia los proyectos que se terminan no son los mejores, sino aquellos que "se preparan para lucir mejor en papel y (que también) son los proyectos que acumulan los más altos sobrecostos y déficits en beneficios en la realidad". A este fenómeno se le conoce como "supervivencia de los menos aptos".

Planeación y contratación deficientes

La modificación de la estructura de gobernanza en los inicios del proyecto hizo que el equipo de preparación perdiera un tiempo considerable. En 2007 hubo que elaborar nuevos planes y preparar invitaciones para licitaciones. Fue solo hasta principios de 2009 cuando se otorgaron los principales contratos de construcción, y se suponía que el aeropuerto abriría sus puertas en octubre de 2011. La Corte Europea de Auditores observó deficiencias en la preparación del proyecto de infraestructura aeroportuaria: los documentos de planeación no estaban listos y tuvieron que modificarse durante el proceso de licitación, lo que ocasionó grandes sobrecostos.

Los errores en el proceso de planeación orillaron al operador a otorgar varios contratos adicionales en forma directa, sin proceso de licitación. Con esto, la compañía aeroportuaria violó sistemáticamente las directrices de contrataciones públicas de la Unión Europea. Los auditores hicieron notar que la obra adicional cubierta por esos contratos era de carácter previsible para la administración, por lo que debería haberse concesionado mediante un proceso de licitación.

Los contralores de la Corte Europea de Auditores encontraron varios puntos que resultaban sospechosos, como un plan de crear espacios elevados de aparcamiento para el alcalde de Berlín y sus invitados importantes, para que tuvieran mayor facilidad de acceso a las entradas del aeropuerto con un costo de EUR 567 000.

Recuadro 2.9. **Fallas de gobernanza en la gestión del Aeropuerto Internacional de Berlín-Brandenburgo *(Continuación)***

Cambios y variaciones

A lo largo del proceso se integraron al proyecto diversos cambios importantes (y supuestamente innecesarios), lo que representó aumentos de los costos y pérdida de tiempo. Por ejemplo, el consejo dedicó mucha atención a cuestionar si se construiría una rampa de dos pisos para el Airbus A380, y dónde se haría; justo antes de la fecha programada para iniciar la construcción, el consejo decidió alejar la costosa rampa de la terminal principal, donde se encuentran las plataformas para uso de todas las aerolíneas, a la zona de salidas de Air Berlin. Estas variaciones u órdenes de cambio contribuyeron a enturbiar la ejecución del proyecto, creando oportunidades de abuso e incrementando los costos generales.

Falta de comunicación interna

Aparentemente, las líneas de información y comunicación entre las entidades de gobernanza y las de gestión eran desiguales, en particular respecto a la posible fecha de apertura. Esto tiene que ver con las fallas en la supervisión del proyecto debidas a la falta de conocimientos técnicos expertos. La asimetría de información entre las diferentes dependencias generó dificultades administrativas y problemas de comunicación pública.

Fuente: www.spiegel.de/international/germany/spiegel-investigation-how-the-new-berlin-airport-project-fell-apart-a-868283.html; www.spiegel.de/international/business/disastrous-public-works-projects-in-germany-a-876856.html; www.spiegel.de/international/germany/new-berlin-airport-faces-major-funding-difficulties-a-975863.html; www.spiegel.de/ international/germany/how-berlin-s-new-international-airport-opening-was-delayed-a-833122.html.

Gráfica 2.4. **Mapa de gobernanza**

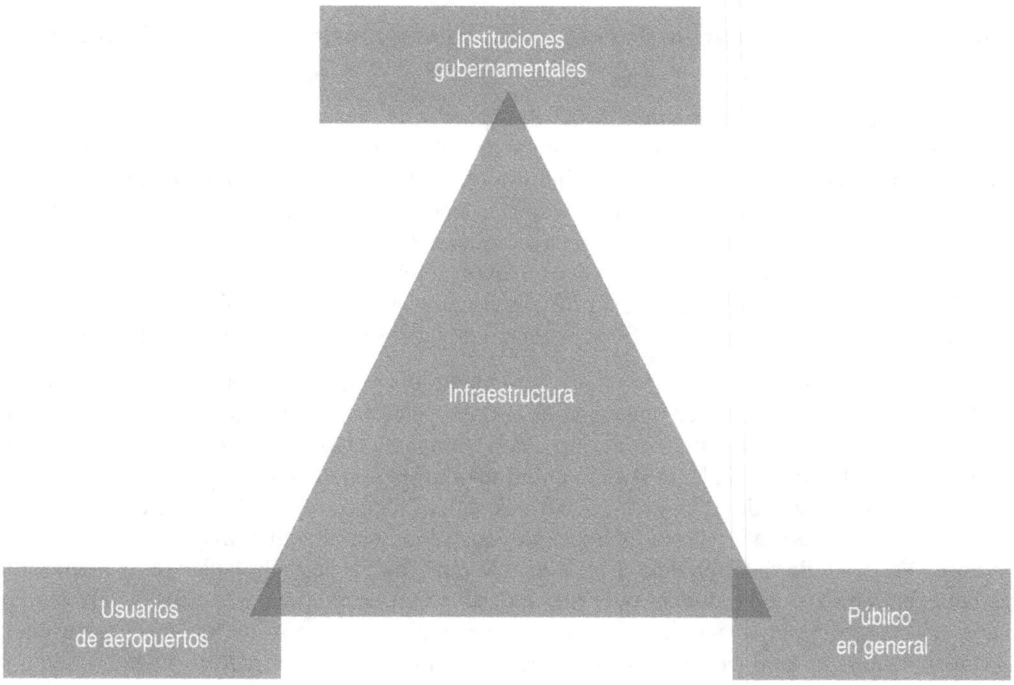

Fuente: Elaborado por el autor.

Además de trazar un mapa de los servicios subcontratados, formalizar dos grupos asesores apoyaría el carácter incluyente del proyecto. Primero, un grupo de vigilancia, compuesto no solo por autoridades de control sino también por ONG (como el capítulo mexicano de Transparencia Internacional) y la academia (II-UNAM). De hecho, la supervisión independiente del proyecto es fundamental. La inclusión de este grupo podría ser útil para brindar credibilidad a los mecanismos de control y seguimiento. Segundo, es necesario formalizar alianzas estratégicas definiendo con claridad los objetivos de cada una. Si bien ya se formalizó un acuerdo con la OCDE, es recomendable que el GACM siga promoviendo la alianza en ciernes con la COFECE y busque una unidad especial de la SFP —sobre todo— para revisar la documentación de las licitaciones.

La reorganización de la gobernanza es una tarea que consume tiempo, por lo que es esencial hacerla bien en una etapa temprana. De hecho, la ineficacia en la gobernanza y la gestión del proyecto en las etapas preliminares puede arrojar repercusiones que trascienden una elección inadecuada de proyectos y generar así actos de corrupción durante la implementación (Wells, 2015). Los escollos de la gobernanza son algunos factores identificados como catalizadores del fracaso del BBI (véase el Recuadro 2.9).

Otro asunto que merece revisarse es la asignación de riesgos derivados de las obras públicas. Al fin y al cabo, es el propietario del proyecto, el GACM, el responsable definitivo de los tiempos, la calidad, la seguridad y los costos. En los megaproyectos es común que el propietario intente transferir riesgos a niveles inferiores de la cadena de suministro mediante el sistema de contratación. Eso motiva a los contratistas a ponerle un precio al riesgo en sus ofertas y, a su vez, intentar delegar el riesgo a sus subcontratistas. La alternativa es que el propietario asuma la responsabilidad de los riesgos y brinde incentivos financieros a los proveedores, recompensando el desempeño exitoso. Este enfoque resultó un éxito durante la construcción de la Terminal 5 de Heathrow (véase el Recuadro 2.10).

Recuadro 2.10. **Asignación de riesgos durante la construcción de la Terminal 5 de Heathrow**

La construcción de la Terminal 5 del Aeropuerto de Heathrow (T5) fue el proyecto de construcción más grande de Europa a principios de la década de 2000. El proyecto T5 constituyó un intercambio de transporte multimodal innovador y extremadamente complejo, diseñado para atender hasta 30 millones de pasajeros al año. El enorme campo de acción del programa T5 abarcó a más de 60 contratistas; 16 proyectos integrados de gran tamaño, como edificios, torre de control de tránsito aéreo, obras terrestres, campo aéreo y el sistema de manejo de equipaje; y 147 subproyectos y dos extensiones ferroviarias en un sitio de 260 hectáreas. Para 2008 en la construcción habían intervenido 50 000 personas, empleados y partes interesadas fundamentales.

La *British Airports Authority* (BAA), importante operadora aeroportuaria privatizada en 1986, se percató con rapidez de que para que los proyectos se terminaran a tiempo y conforme al presupuesto, se requeriría un enfoque especial. Durante la etapa de planeación, justo antes de la de construcción en 2002, BAA realizó un estudio pormenorizado de cada proyecto británico de construcción de grandes dimensiones y más de mil millones de GBP efectuado durante los 10 años anteriores y cada aeropuerto internacional que se hubiera inaugurado durante los 15 años previos. Este estudio de referencia reveló que ningún gran proyecto británico de construcción se había entregado a tiempo, dentro de presupuesto y con las normas de calidad determinadas en el contrato original, y que pocos proyectos contaban con buenos historiales de seguridad. Asimismo, ningún aeropuerto construido recientemente había empezado a operar a tiempo. Con base en su estudio de 12 importantes programas aeroportuarios, BBA concluyó que, de no implementar un enfoque radicalmente diferente, el proyecto T5 costaría más de mil millones de GBP de lo asequible, se rezagaría dos años y causaría seis incidentes mortales.

Recuadro 2.10. **Asignación de riesgos durante la construcción de la Terminal 5 de Heathrow (*Continuación*)**

En específico, BAA identificó dos áreas que contribuían al mal desempeño de los megaproyectos: la falta de colaboración entre los socios del proyecto y la renuencia del cliente a asumir la responsabilidad del riesgo implícito. Reconoció que la única manera de lograr el resultado deseado en un proyecto de ese calibre era cambiar las "reglas del juego" al establecer un nuevo tipo de alianza con sus proveedores de primer nivel.

La piedra angular del enfoque de gestión del proyecto de BAA fue el acuerdo T5, un contrato de relación entre la empresa y todos los proveedores T5 de primer nivel, incluidos arquitectos y consultores de diseño de ingeniería, contratistas y fabricantes generales y especializados, lo cual desechaba los conceptos tradicionales de un contrato de construcción. Los equipos jurídico y comercial de BAA redactaron el contrato con miras a reducir al mínimo los conflictos que suelen perjudicar los proyectos de gran envergadura. En vez de enunciar un conjunto de cláusulas en las que se aceptara que las cosas podrían fallar, y buscar culpar a los proveedores y recuperar dinero de ellos, el acuerdo T5 se dirigió a crear incentivos para adoptar conductas positivas que buscaran solucionar los problemas y que en primer lugar no permitieran que las cosas fallaran. BAA consideraba que esta postura era fundamental para crear equipos de proyecto plenamente integrados con los proveedores y habilitarlos para alcanzar un desempeño excepcional.

El espíritu del acuerdo T5 era alejarse de la práctica tradicional en la que los clientes de un proyecto de infraestructura elegían a los proveedores que presentaban la oferta más baja. En esta práctica, a menudo los clientes percibían que los proveedores intentaban, en forma oportunista, explotar los errores y omisiones de diseño reclamando el pago de un trabajo adicional, lo cual compensaría los estrechos márgenes de utilidad contemplados en la oferta. Debido a los desacuerdos entre los proveedores y los clientes acerca de la validez de estos reclamos, con frecuencia se suscitaba un costoso litigio que causaba interrupciones y retrasos en la obra. Por el contrario, el acuerdo T5 se dirigía a alentar a los proveedores a cambiar a la mejor práctica y a un desempeño excepcional, así como a buscar y ofrecer soluciones económicas y excelentes de manera activa.

BAA enfocó el riesgo en la T5 desde un ángulo diferente y singular: lo asumió por completo, y decidió que esta sería la mejor manera de lograr certidumbre en los precios. Más adelante, se eliminó el riesgo y contingencia del contratista, con lo que las ofertas en general bajaron. Como era de esperarse, sin asignar riesgo para el contratista, se requerían incentivos para alentar a todos a trabajar con el fin de reducirlo al mínimo; para lograr el éxito de este plan, había que evitar la reacción "no importa, no es mi problema". El riesgo se gestionaba a través de incentivos financieros para proveedores, con lo que se recompensaba el desempeño exitoso. Durante la etapa de diseño se mantuvo el riesgo y contingencia en cada proyecto, pero en 2004 se decidió que los objetivos de costo podrían resultar más difíciles. Entonces, se tomaron 100 millones de GBP de proyectos individuales para un fondo común que permitía asignar el riesgo de contingencia según el sitio donde se necesitara. Esto permitió un mayor control de las implicaciones financieras de riesgo a un nivel más global y, por tanto, un mayor control del presupuesto general.

Supuestamente, fue el desarrollo de confianza a partir de los mecanismos de contratación lo que dio paso al éxito de la T5; la formación de grupos integrados y la aplicación de una forma novedosa de contrato activaron la confianza entre todas las partes. Expertos sugieren que el riesgo relacionado con proyectos grandes y complejos puede motivar a los clientes a buscar y recompensar la innovación por parte de los contratistas y proveedores. Al asumir y activamente gestionar el riesgo del proyecto, BAA logró aplicar una estrategia de recompensa al desempeño, mejorado por la innovación de todos los participantes.

Fuente: www.designingbuildings.co.uk/wiki/Procurement_of_Heathrow_T5; www.airport-technology.com/projects/heathrow5/; Brady, T. y A. Davies (2010), "From hero to hubris – Reconsidering the project management of Heathrow's Terminal 5", *International Journal of Project Management* 28 (2010), pp. 151–157, www.itn.liu.se/mit/education/courses/tnfl05-risk-och-olycksanalys/vecka-47/1.304769/BradyochDavies2010.pdf.

Por último, es conveniente que el GACM considere que los mecanismos de gobernanza del proyecto pueden cambiar con el tiempo, y de hecho deben hacerlo, a medida que el patrocinador —en este caso la SCT— comprenda mejor los riesgos y el sistema de gestión, que el equipo administrativo y los procesos maduren y demuestren competencia, y que el proyecto del NAICM avance a lo largo de su ciclo vital.

2. Es necesario revisar el modelo de gobierno corporativo del GACM para ajustarlo a la buena práctica internacional definida en las Directrices de la OCDE sobre el Gobierno Corporativo de las Empresas Públicas

Una primera recomendación sería que el gobierno federal comunicara sus expectativas al GACM a través de una carta a su consejo de administración. Esta ha sido una herramienta exitosa en otros países de la OCDE, pues estas declaraciones de intenciones sirven como hojas de ruta de mediano plazo y permiten a los consejos resistir las presiones políticas de coyuntura (véase OECD, 2013b). Aun cuando una declaración de intenciones requeriría reforzar la coordinación y la reconciliación de los intereses de diferentes secretarías, sería muy útil para definir el papel del Estado como propietario del GACM.

Para afianzar la separación vertical sugerida en las Directrices de la OCDE sobre el Gobierno Corporativo de las Empresas Públicas, es necesario definir con mayor claridad las responsabilidades de la SCT (respecto del GACM), del consejo de administración y de la dirección ejecutiva del GACM. Por ejemplo, el consejo del GACM solo podrá cumplir con sus obligaciones de supervisión si se le otorgan las facultades para nombrar y despedir al director general, pero esto se opondría al contenido de la LFEP. De igual forma, el director general necesitaría mayor autonomía ejecutiva para desempeñar plenamente sus funciones de gestión.

La segunda recomendación se relaciona con la composición y nombramiento del consejo de administración. Un nombramiento de consejeros más transparente y basado en méritos contribuye a evitar la politización de estos procedimientos, lo que facilitaría que los mejores profesionales ocupen los puestos. Una recomendación central de las Directrices de la OCDE es que los consejos se conformen para ejercer un "criterio independiente y objetivo". En la mayoría de los países de la OCDE los consejos de administración de las EPE están compuestos por una combinación de servidores públicos, otras personas encargadas de buscar el interés público y consejeros "independientes".[21] La tendencia, alimentada por una creciente comercialización de estas empresas, se inclina a recurrir más a consejeros independientes o personas con experiencia empresarial pertinente.

Dado que el proceso de nombramiento del consejo de administración del GACM es facultad del Presidente de la República a través de la SCT, esta secretaría puede conjuntar un comité, formado por representantes de diferentes secretarías para presentar propuestas al Presidente. El comité se encargaría de identificar al grupo de candidatos calificados con experiencia en gestión de aeropuertos, y no solo funcionarios públicos, para consideración del primer mandatario. Como alternativa, la selección de consejeros adecuados puede basarse en reglas formales de elegibilidad, procesos para asesorar o examinar a candidatos secretariales para nominación al consejo, o propuestas de comités reales o *de facto* de nominación de candidatos para decisión final del Presidente. Puesto que la LFEP ya considera la posibilidad de nombrar a personas que no sean servidores públicos, no hay obstáculo legal para dar cierta diversidad al consejo. Además, deberán establecerse programas de capacitación para facilitar la introducción de nuevos consejeros. La capacitación práctica puede incluir reuniones con directivos y personal profesional del GACM para mejorar su conocimiento de la organización.

No obstante, cada vez más se reconoce que ciertos representantes del sector público en ninguna circunstancia son aceptables como miembros del consejo de administración de una EPE. Según la opinión consensuada de la OCDE, ningún secretario de Estado, ninguna parte o representante directo de una parte estrechamente relacionada con el poder Ejecutivo deberá estar representado en los consejos de las EPE. Los países escandinavos han tomado medidas más estrictas que la mayoría de las jurisdicciones al limitar formalmente la influencia de los políticos y burócratas en los consejos de las EPE. Por ejemplo, en Noruega no puede elegirse como miembro del consejo directivo a políticos en activo, como miembros del Parlamento, ministros, secretarios de Estado, así como servidores públicos dentro de cuya competencia ejerzan autoridad regulatoria o controladora sobre la empresa o traten asuntos de gran importancia para esta. En Alemania operan reglas similares, excepto para secretarios de Estado, quienes sí pueden designarse miembros de consejos de administración de una EPE mientras no sean miembros del Parlamento. Más aún, Nueva Zelanda (que también implantó un proceso expreso para examinar los conflictos de intereses) instituyó una prohibición absoluta al nombramiento de cualquier político o servidor público en funciones en el consejo directivo de una EPE.

Además, muchos países han puesto en marcha restricciones con referencia al nombramiento de servidores públicos como consejeros. Por ejemplo, en Finlandia, solo un funcionario de la institución propietaria (y en algunos casos otro de una administración relacionada) puede formar parte del consejo de una EPE, pero se evitan posibles conflictos al no permitir en general que los servidores públicos con puestos políticos sean consejeros de una EPE. Un sistema similar se adoptó en Australia, donde el nombramiento de funcionarios departamentales solo puede considerarse en circunstancias excepcionales, tomando en cuenta su capacidad de representar los intereses del gobierno, sus competencias empresariales y cualquier conflicto de intereses que pudiera surgir. Así, en general, la buena práctica consiste en evitar la participación de funcionarios directamente vinculados al poder Ejecutivo en consejos de administración de una EPE (OECD, 2013c) (Recuadro 2.11).

Recuadro 2.11. **Proceso de nombramiento de un consejo directivo en el Reino Unido**

El proceso de selección de la Oficina General del Comisionado de Nombramientos Públicos (OCPA) es el siguiente (aunque puede variar un poco según el tamaño de la EPE y los requisitos específicos del puesto):

- La unidad central consultiva de la propiedad, el accionista ejecutivo (ShEx) y el presidente de la EPE acuerdan cuál será la mezcla de competencias y experiencia requeridas en el consejo y trazan un plan estratégico de nombramientos públicos.
- La EPE, el director responsable del ShEx y un asesor independiente (IA) elaboran en consenso un calendario de reclutamiento.
- Recursos Humanos y la EPE redactan una especificación inicial de la función y los requisitos para el nombramiento del consejo. Luego, se acuerdan las especificaciones de la función y la persona con la dependencia o ministro responsable de la decisión final.
- Se emprende la búsqueda de candidatos con un anuncio público de la vacante (por ejemplo, publicitario) y a menudo se recurre a agencias de selección para garantizar una búsqueda más exhaustiva.
- Con base en las solicitudes recibidas, se prepara una larga lista de posibles candidatos. El ShEx, el IA y la EPE hacen una evaluación preliminar para reducirla y determinar qué candidatos serán entrevistados.

Recuadro 2.11. **Proceso de nombramiento de un consejo directivo en el Reino Unido (*Continuación*)**

- Se crea un panel de entrevistadores con el funcionario líder de ShEx, el IA y el presidente de la EPE.
- El panel llega a un acuerdo sobre el candidato elegido y entrega un informe conjunto con recomendaciones para los ministros departamentales.
- Una vez que los ministros llegan a un acuerdo sobre la recomendación, se procede al nombramiento.
- Por lo regular, el nombramiento es válido por un periodo fijo de tres años, momento en el cual queda sujeto a reelección.

En los casos en que el puesto no es regulado por la OCPA, la EPE dirige el proceso, pero casi siempre sigue los lineamientos de la primera.

Fuente: OECD (2013c), *Boards of Directors of State-Owned Enterprises: An Overview of National Practices*, OECD Publishing, París, p. 41.

Por consiguiente, es importante que los miembros del consejo directivo del GACM contemplen su participación como una obligación personal y no como una función del puesto que ocupan en la APF. Los suplentes no deberán considerarse intercambiables con los consejeros propietarios y solo podrán asistir a reuniones del consejo en representación de los miembros regulares en circunstancias extremas. Es indispensable una regulación expresa al respecto, pues se ha observado que la participación de los suplentes puede rápidamente convertirse en la regla y no la excepción.

La tercera recomendación se refiere a la falta de una función de auditoría interna en el GACM. Se requiere establecer un mecanismo de esta naturaleza que informe directamente al consejo de administración del grupo. Esto reforzaría la capacidad de dicho consejo de desempeñar sus funciones de supervisión y complementaría otros mecanismos de auditoría, como los ejercidos por la SFP y la ASF.

Finalmente, se sugiere que el consejo de administración del GACM establezca un proceso de autoevaluación anual. En ella se analizaría la eficiencia del consejo para cumplir con sus deberes, como entidad colegiada y como miembros individuales. Estos análisis pueden basarse en autoevaluaciones o en el apoyo de facilitadores externos. Los informes tendrían que someterse al Ejecutivo federal.

Al seguir las Directrices de la OCDE, las autoridades mexicanas pueden mejorar el gobierno corporativo del GACM sin perder control de la entidad y sin poner en peligro sus objetivos estratégicos, pero asignándole la flexibilidad que un megaproyecto como el NAICM requiere, así como la posibilidad de beneficiarse de las ventajas de un diseño corporativo.

3. Aunque parece que la coordinación entre los actores del gobierno central funciona bien, se sugiere trabajar continuamente en mejorarla

La coordinación óptima no es un ejercicio que se efectúe una sola vez, sino más bien un esfuerzo permanente para brindar coherencia a las actividades de diferentes entidades hacia un objetivo común. Debe trabajarse en forma continua para mejorar y cerrar las brechas de coordinación, que, sin duda, siempre se presentan en los megaproyectos. El liderazgo de las secretarías y oficinas de instituciones gubernamentales federales tiene que asegurarse de que la información fluya hacia abajo, a los servidores públicos que en realidad ejecuten los programas e iniciativas relacionados con el NAICM.

A medida que el proyecto avanza, se incrementará la necesidad de coordinación. Por ejemplo, la estrategia de empaquetamiento de contrataciones requiere coordinación de las diferentes entidades que participan en los paquetes de licitaciones, el GP, los proveedores, y las autoridades de competencia y las encargadas de control, entre otros actores. Optar por una estrategia de empaquetamiento, si bien tiene muchas ventajas, también requiere una fuerte coordinación.

El equipo de la OCDE detectó la oportunidad de mejorar la coordinación con gobiernos subnacionales. Esta necesidad también se elevará conforme el proyecto entre en etapas que exijan infraestructura urbana y medidas de movilidad. Como el nuevo aeropuerto se encuentra en el territorio del Estado de México y su área de impacto de alrededor de 300 km^2 abarcará 11 municipios de dicho estado y tres delegaciones del Distrito Federal, es evidente la necesidad de contar con la participación de estas unidades subnacionales. De hecho, la experiencia en países de la OCDE indica que varias iniciativas específicas (por ejemplo, proyectos de megainfraestructura, eventos deportivos y culturales, reformas administrativas y asuntos internacionales) pueden aprovecharse para mejorar la coordinación multinivel. Formar consejos o comités de alto nivel (como un consejo metropolitano para el NAICM) puede ser una manera de lograr coherencia y hablar con una sola voz, lo cual mejora la eficiencia, así como evitar desacuerdos públicos que generen tensiones, como el desacuerdo entre el gobierno federal y el gobierno del Distrito Federal respecto de la manera de decidir el destino del aeropuerto actual.[22] También puede ser el punto de arranque para desarrollar una cultura colaborativa (OECD, en prensa).

Además, valdría la pena promover el concepto de una relación especial con órganos autónomos como la establecida con el INAI. El punto no es que estas dependencias intervengan en cada acción realizada por el GACM (por ejemplo, hacer que la COFECE revise todas las licitaciones), sino concentrar sus intervenciones proporcionalmente a los principales riesgos. Sin embargo, los conocimientos expertos de estas instituciones no solo benefician las actividades del GACM, también aumentan la credibilidad del proyecto del NAICM, que es un valioso activo que hay que proteger e incrementar. En el Recuadro 2.12 se brinda un ejemplo pertinente.

Recuadro 2.12. **Coordinación multinivel en el desarrollo del Aeropuerto de Milán Malpensa**

Malpensa, el principal aeropuerto de Milán y el segundo más grande de Italia, fue entre 1998 y 2007 el *hub* más importante de Alitalia. Se ubica a cerca de 50 kilómetros al noroeste de Milán, en la frontera occidental de una zona amplia y económicamente activa con 3.9 millones de habitantes, formando un cono inverso entre Milán y los Alpes. Los demás aeropuertos de la zona metropolitana son Linate, a 7 kilómetros al este del centro de Milán, y Bergamo Orio al Serio, a casi 50 kilómetros al este de Milán.

El aeropuerto se incluyó en la planeación del transporte regional de 1983 (Regione Lombardia, 1983), aunque con un ámbito geográfico limitado. En 1985, la empresa concesionaria del aeropuerto, SEA, elaboró un nuevo Plan Maestro para su desarrollo, basado en un tránsito previsto de 12 millones de pasajeros. Con base en ello, dos leyes nacionales asignaron recursos para su construcción. En 1986, el Plan General de Transporte de Italia incluyó el desarrollo de Malpensa con miras a convertirlo en un "gran aeropuerto para el norte de Italia". El proyecto Malpensa 2000 fue aprobado por el Consejo Regional de Lombardía y más adelante, en 1987, por el Ministerio de Transporte de Italia.

Recuadro 2.12. **Coordinación multinivel en el desarrollo del Aeropuerto de Milán Malpensa (*Continuación*)**

El éxito del aeropuerto Malpensa dependió por lo menos en parte de un mejor acceso por superficie, debido sobre todo a la contribución de los gobiernos subnacionales. Desde el principio este acceso por superficie se tomó como una posible desventaja y restricción para el desarrollo del proyecto. Si bien el acceso básico por vía férrea y terrestre desde Milán se mejoró con rapidez, Malpensa aún se considera un aeropuerto alejado, en particular del resto de la región.

El gobierno regional gestionó la planeación del acceso por superficie sobre todo por medio de planes y acuerdos. Los dos principales documentos fueron el acuerdo firmado en 1999 y el plan financiero regional anual (Regione Lombardia, 1999), ambos suscritos después de la apertura del aeropuerto. El plan incluía cerca de 40 inversiones en transporte por carretera y ferroviario, para completarse en un periodo de siete a ocho años, con financiamiento compartido por la región de Lombardía y el Estado. El costo incluyó algunas inversiones completamente desligadas de la accesibilidad al aeropuerto.

Fuente: Beria, P. y A.B. Scholz (2010), "Strategies and pitfalls in the infrastructure development of airports: A comparison of Milan Malpensa and Berlin Brandenburg international airports", *Journal of Air Transport Management* 16 (2010), pp. 65-73.

4. Es necesario que las capacidades del GACM sean proporcionales a la magnitud y complejidad del proyecto, y que se procure un entorno de trabajo colaborativo

El GACM enfrenta serias limitaciones de capacidades y recursos humanos, lo cual resulta evidente al comparar el proyecto con otras iniciativas aeroportuarias. Hasta abril de 2015, el GACM operaba con 65 empleados con contratos temporales y renovables cada tres meses, más 65 subcontratados, para un total aproximado de 130 personas. Los proyectos para la construcción de los aeropuertos de Hong Kong y Abu Dhabi requirieron cerca de 800 y 1 800 funcionarios, respectivamente, tan solo de las principales autoridades.

Como no sería realista considerar aumentar el personal a un tamaño similar, más que números, se requiere que el GACM identifique las funciones y competencias que tienen que reforzarse. Es urgente acoplar la complejidad del proyecto a las capacidades del GACM. Un ejemplo es la necesidad de crear un departamento de comunicaciones con competencias profesionales y capaz de implementar una estrategia de comunicaciones adecuada. En la actualidad, la comunicación respecto del NAICM se gestiona desde la SCT y la Oficina de la Presidencia. Otro ejemplo es la necesidad de crear un equipo de inteligencia de mercados dentro de la Subdirección de Contrataciones. La estrategia de empaquetamiento en proceso de desarrollo requiere análisis de mercados para tomar buenas decisiones relativas a metodologías, sincronización y tiempos de las licitaciones. Para junio de 2015 aún no quedaba claro de qué manera el GACM recopilará información de mercado. En este sentido, las diferentes entidades gubernamentales deben reconocer la naturaleza extraordinaria del proyecto del NAICM y, por tanto, promover una nueva visión de la estructura del GACM. De hecho, su estructura organizacional está gobernada por regulaciones de la SHCP y la SFP. Si bien el diálogo entre el GACM y estas secretarías parece fluido, se requerirá de ellos intervenciones y decisiones oportunas para fortalecer las capacidades del GACM. La tarea no será fácil, considerando el periodo de restricciones fiscales que México vive (en parte debido a los bajos precios del petróleo).

La evaluación comparativa de la estructura organizacional del GACM permite también identificar brechas de capacidades. Es necesario analizar las responsabilidades de las diferentes direcciones corporativas y ajustarlas al conjunto de competencias. En esencia son dos las opciones disponibles para estructurar el equipo propietario en general: la estructura indicativa basada en funciones y la estructura indicativa basada en empaquetamiento (véanse las Gráficas 2.5 y 2.6).

Gráfica 2.5. **Estructura indicativa basada en funciones**

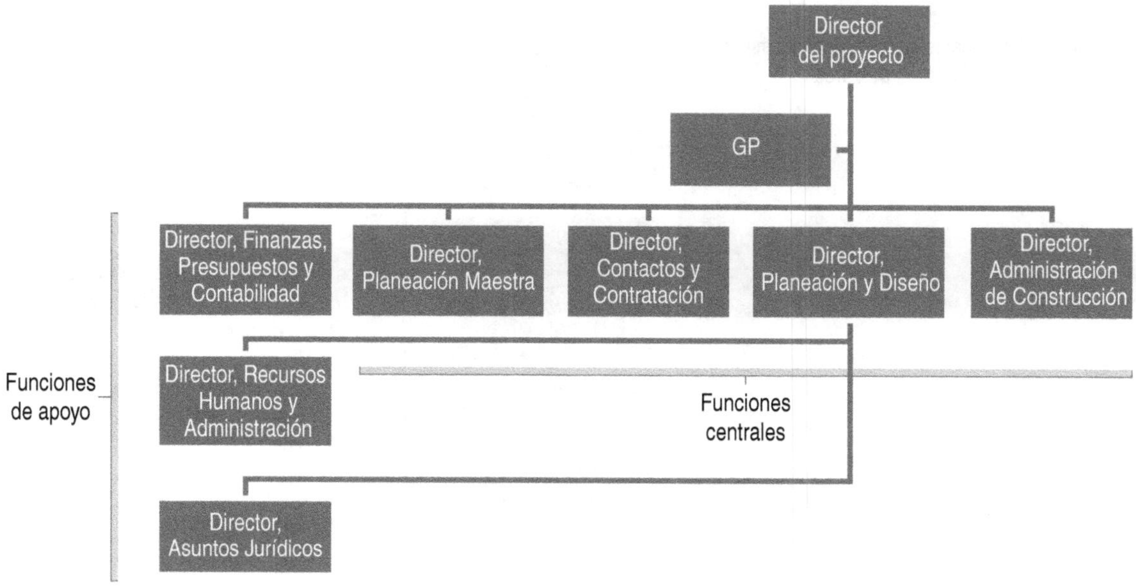

Fuente: Elaborado por el autor.

La función indicativa basada en funciones es una estructura organizacional tradicional con descripciones estándar de puestos, para la cual es relativamente más fácil reclutar talento. Sin embargo, genera silos funcionales y diluye la rendición de cuentas y la coordinación. En consecuencia, se pierde la perspectiva de punta a punta. Esta estructura requiere que el GP y el director del proyecto tengan fuertes capacidades de integración. Este es el tipo de estructura que opera actualmente en el GACM, con cuatro funciones principales incorporadas a las cuatro direcciones corporativas. Sin embargo, hay una diferencia importante: las funciones de apoyo en el GACM no están subordinadas directamente al director general, sino que se insertan en las cuatro direcciones corporativas. Por ejemplo, Asuntos Jurídicos forma parte de la Dirección Corporativa de Administración y Gestión Inmobiliaria; lo mismo sucede con Recursos Humanos. Por consiguiente, no se reconoce la naturaleza transversal de cada función de apoyo en la organización del GACM. Otra diferencia evidente es que en el GACM una sola área maneja contrataciones en grandes cantidades, compras pequeñas y gestión de contratos. Aún no se desarrollan en la estructura del Grupo los diferentes conjuntos de competencias necesarios para cada una de estas actividades. Incluso es posible alargar y reducir las estructuras de las distintas áreas a medida que el proyecto avanza y sus necesidades varían. Por ejemplo, durante las etapas de construcción más intensivas, será necesario aumentar la estructura de las direcciones corporativas de administración e infraestructura, aunque algunas funciones se subcontraten.

Gráfica 2.6. **Estructura indicativa basada en empaquetamiento**

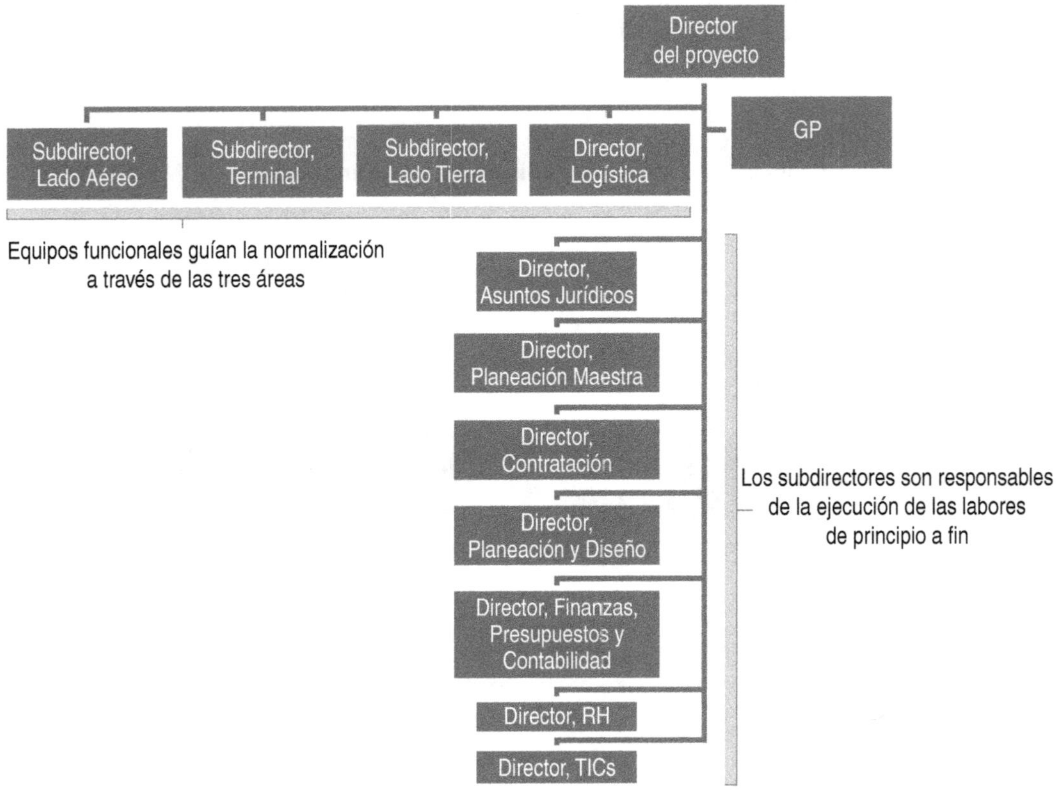

Fuente: Elaborado por el autor.

La estructura indicativa basada en empaquetamiento es muy popular en los megaproyectos. Proporciona una visión de punta a punta y vínculos más claros de rendición de cuentas. Sin embargo, gestionar contrataciones por paquetes requiere un conjunto de competencias específicas que no es fácil encontrar. De igual manera, la estructura matricial es confusa debido a los implantes funcionales en los paquetes. Migrar a esta estructura requeriría primero cerrar las brechas de competencias ya identificadas y una gran reorganización del proyecto del NAICM basada en carteras (por ejemplo, pistas, terminal).

Además de reforzar la estructura organizacional y las competencias del GACM, se recomienda que su liderazgo tome en cuenta que los megaproyectos exitosos se acompañan de equipos fuertes con condiciones de trabajo favorables. Esto es aún más pertinente por el apretado calendario del proyecto del NAICM. De hecho, un alto grado de rotación de personal provocaría curvas de aprendizaje y, por consiguiente, pérdida de tiempo. Un entorno laboral favorable no solo contribuye a la coordinación interna, sino también a reducir los incentivos para la corrupción. Elementos como niveles de sueldos apropiados, estabilidad en el empleo, un alto grado de profesionalismo y orgullo entre el personal, así como un entorno en el cual a los funcionarios y empresarios que se les sorprenda sobornando o intentando manipular procesos les sea difícil conseguir otro empleo o negocio —lo cual convertiría a la corrupción en una actividad de alto riesgo—, aseguran un entorno laboral adecuado. En el Recuadro 2.13 se presenta un caso ilustrativo que vale la pena considerar.

Recuadro 2.13. **Cultura laboral positiva en la construcción de la Terminal 5 del Aeropuerto de Heathrow**

Uno de los valores centrales dentro de la T5 fue el trabajo en equipo, el cual se estimuló al pasar de mano a mano una piedra a la terminación de un objetivo programado. Esta entrega ceremonial quizá parezca trivial, pero se realizaba con gran orgullo y la cultura de equipo existente en el proyecto alentaba a los trabajadores a no fallarle al equipo entregando la piedra con demora. En el proyecto T5, la *British Airports Authority* (BAA) buscaba crear una nueva cultura que estimulara a las personas a: *i)* buscar, captar y explotar las mejores prácticas de otros; *ii)* eliminar las barreras y elementos inhibidores para hacer las cosas en forma diferente; *iii)* motivar y apoyar las buenas ideas, y *iv)* aprovechar los incentivos comerciales para lograr un desempeño excepcional. Los métodos de contratación adoptados en el acuerdo T5 crearon un clima distinto en comparación con el de los métodos tradicionales de diseño y construcción, ya que la sensación de confianza y cooperación es clave para el éxito.

El acuerdo T5 fue un contrato de margen sobre el costo (el cliente paga a los proveedores el costo real más una cuota fija que incluye gastos generales y utilidad) con base en un sistema de alianza. El acuerdo se basó en conductas y relaciones, lo que dio paso a interacciones con apertura entre la BAA y los proveedores. En las publicaciones sobre el tema se sugiere que los contratistas que participan en megaproyectos suelen "jugar" con contratos más tradicionales; por ejemplo, hacer ofertas bajas para ganar el proyecto y después trabajar para proteger a su empresa en el aspecto comercial. El enfoque adoptado en el T5 desalentó estos métodos al adoptar prácticas justas de pago y cambiar la cultura en el interior del proyecto. La BAA inculcó una cultura con un énfasis reducido en los principios contractuales comúnmente observados en la construcción y promovió un enfoque conductual. La reducción en el enfoque del contrato permitió un enfoque informal, lo que a su vez disminuyó el conflicto contractual del que suele informarse. En el proyecto T5 se adoptó una conducta para compartir los objetivos y no una cultura de objetivos individuales.

Fuente: www.designingbuildings.co.uk/wiki/Procurement_of_Heathrow_T5.

5. Un diálogo continuo y abierto con los actores interesados y su participación en la planeación, la toma de decisiones y la supervisión, son aspectos clave de los megaproyectos exitosos

Si bien el GACM ha impulsado una amplia estrategia de consulta a los usuarios del aeropuerto y esfuerzos más limitados de consulta social, se requiere un enfoque más sistemático que no solo informe sino también involucre a grupos sociales en la planeación, la toma de decisiones y la supervisión. El objetivo no solo es comunicar información, sino también empoderar y desarrollar el sentido de propiedad del proyecto por parte de las diferentes comunidades. Activar tal grado de participación requiere trascender el tan común método *ex ante* para la consulta, y desarrollar mecanismos y herramientas de participación permanente. De esta manera, los grupos sociales no solo asumen la propiedad del proyecto, sino también se convierten en defensores de sus beneficios y crean incentivos para el buen desempeño (Recuadro 2.14). De hecho, se acepta ampliamente que un poderoso factor catalizador de un mejor desempeño en megaproyectos a menudo proviene de demandas de rendición de cuentas. Estas demandas pueden venir de fuentes diferentes como la legislatura, los contribuyentes, los votantes y la sociedad civil (Wells, 2015). Además, un enfoque más incluyente contribuiría a cumplir los Principios de Ecuador, objetivo perseguido por la administración del GACM.

Recuadro 2.14. **Participación de actores interesados durante la construcción de la Terminal 5 del Aeropuerto Heathrow**

La construcción de la T5 fue aprobada por el secretario de Estado el 20 de noviembre de 2001, después de la consulta pública más larga de la historia británica (46 meses). La construcción de la nueva terminal empezó en septiembre de 2002, la primera etapa del proyecto se completó y abrió en marzo de 2008 y la segunda etapa abrió en junio de 2011. El proyecto requirió una inversión estimada (la mayor parte de la *British Airports Authority*) de más de GBP 4 mil 200 millones.

Como se mencionó, la construcción de la Terminal 5 de Heathrow tiene el récord de haber generado la consulta pública más larga en la historia del Reino Unido, con una duración de casi cuatro años. La consulta pública costó GBP 80 millones, se escuchó a 700 testigos y generó 100 000 páginas de transcripciones. El secretario de Estado aprobó el proyecto después de revisar el informe de la consulta, y se impusieron varias condicionantes y limitaciones para tomar en cuenta las quejas de las comunidades locales relativas al ruido y la contaminación. Desde entonces Heathrow ha emprendido consultas sobre propiedad y ruido para desarrollar paquetes de remuneración y obtener opiniones sobre cómo debería usarse ese fondo de remuneración.

La Cámara de Comercio de Londres se convirtió en defensor del proyecto al emprender una campaña, Negocios para la T5, con el fin de promover los beneficios de ampliar el aeropuerto. Aducía que los visitantes del extranjero gastarían, según lo que se esperaba, 10 millones menos noches en Gran Bretaña si la Terminal 5 no se hiciera, con una pérdida de cerca de GBP mil millones para el sector hotelero y otros GBP 500 millones para la industria turística.

Fuente: Butcher, L. (2014), *Aviation: London Heathrow Airport*, House of Commons.

Por el contrario, no contar con suficiente transparencia en la toma de decisiones puede lesionar la confianza y la fe en el proyecto, ya que los actores no consiguen entender cómo, cuándo y quién toma las decisiones relativas al proyecto. La experiencia internacional sugiere diferentes mecanismos para fomentar la participación ciudadana en megaproyectos y desarrollar el sentido de propiedad, en particular en procesos de planeación y toma de decisiones, como los siguientes (tomados de OCDE, 2014):

- *Reuniones públicas/*open houses *sostenidas en momentos clave del proyecto:* esta forma de participación abre oportunidades para que el público participe en desarrollo de proyectos, no solo antes de emprender el proyecto sino en forma continua. Puede invitarse a miembros del público a presentar comentarios escritos y orales sobre el alcance del proyecto, a sugerir alternativas razonables para su consideración y a expresar su opinión durante la circulación de documentos específicos, como la Manifestación de Impacto Ambiental. Es recomendable responder a los comentarios planteados para despertar confianza y mantener la participación de actores sociales, quienes de otra manera podrían considerar inútiles sus esfuerzos. Las reuniones importantes podrían anunciarse en los periódicos locales para asegurar la máxima participación del público.

- *Reuniones focalizadas con interesados*: pueden incluir reuniones con habitantes de pueblos y zonas vecinos del aeropuerto, sesiones informativas con funcionarios electos y reuniones con representantes de órganos municipales, como los departamentos de planeación urbana y transporte de los municipios y las delegaciones implicadas, grupos con intereses especiales, grupos comunitarios y otras partes interesadas, según sea conveniente.

- *Lista de correo:* puede incluir funcionarios electos, contactos de organismos públicos, grupos de interés y comunitarios, medios de comunicación e individuos. Esta lista podría emplearse para distribuir avisos de las reuniones e información acerca del proyecto. Es conveniente contar con una lista de correo electrónico para enviar una serie de mensajes que anuncien las próximas reuniones y otros datos. Las listas deberán actualizarse con regularidad para mantener su pertinencia. Durante el proyecto *Tappan Zee Bridge/I-287 Corridor Project* se recopiló una lista de correo con más de 5 000 nombres y direcciones. Entre otros esfuerzos anteriores se encuentra la formación de un comité de actores interesados, cinco grupos de trabajo asesores (en finanzas, medio ambiente, uso de suelo, tráfico y tránsito, y problemas del puente), una organización de planeación intermetropolitana y fuerzas de tarea.[23]

- *Materiales informativos:* pueden elaborarse en momentos clave del proceso de desarrollo del proyecto. Podrían contener información escrita sobre el proyecto, así como información visual (fotografías, mapas y gráficas) e información de contacto. Según sea conveniente, tendrán que desarrollarse presentaciones, material para entrega en las reuniones y otros materiales, con el fin de mantener al público totalmente informado de los avances del proyecto. También es recomendable entregar hojas para comentarios en reuniones públicas, con el fin de alentar las aportaciones del público. En este sentido, las redes sociales han abierto también nuevas vías para interactuar con los interesados y obtener su retroinformación de manera eficaz.

- *Enlace con los medios:* es conveniente realizar un esfuerzo de enlace con los medios, que implica entrar en contacto con los medios cuando haya que comunicar nuevos avances en el proyecto, así como emitir boletines de prensa en momentos importantes. Este esfuerzo debería incluir periódicos que den servicio a comunidades minoritarias y de bajos ingresos. El GACM avanza en la dirección correcta, ya que ha celebrado conferencias de prensa para informar acerca de las principales características del NAICM y está planeando otras para, por ejemplo, describir la estrategia de empaquetamiento de contrataciones. No obstante, estos esfuerzos necesitan ligarse a una estrategia de participación más integral.

- *Repositorios:* tener repositorios locales en toda la zona del proyecto permitiría a los miembros del público examinar documentos del proyecto, entre ellos, por ejemplo, la Manifestación de Impacto Ambiental y el Plan Maestro de Infraestructura. Los repositorios podrían incluir bibliotecas, ayuntamientos y centros comunitarios locales.

De igual manera, pueden promoverse diferentes herramientas para motivar la participación ciudadana en la supervisión del proyecto. Los mecanismos más comunes incluyen la gestión de información pública y quejas, así como acuerdos de supervisión con terceras partes (por ejemplo, acuerdos con universidades para vigilar obras públicas y mejorar la supervisión).

Sin embargo, hay otros mecanismos para participaciones más profundas, como supervisores comunitarios, contratos sociales y marcos de participación social (OECD, 2014):

- Los supervisores comunitarios observan los avances y la calidad de los megaproyectos. Pueden ser útiles para crear confianza entre los actores, pero requieren una capacitación adecuada.

- Los contratos sociales se diseñan para aclarar y recoger los compromisos de los actores. Son suscritos por el órgano encargado del proyecto y representantes de los usuarios, contratistas, gobiernos locales y congresistas durante la etapa de implementación del proyecto. Los contratos reflejan los papeles acordados que surgen de procesos de diálogo. Ilustran no solo la adhesión del órgano coordinador a los principios de participación social, sino también las contribuciones de cada actor al proyecto, así como las funciones y conductas de cada parte que contribuye en forma implícita a combatir la corrupción y mejorar el entorno de gobernanza. Los contratos sociales también pueden complementarse con acuerdos bilaterales entre el órgano coordinador y las partes.

- Desde el principio del proyecto se establece un marco de participación social (MPS), cuando aplica. El MPS se utiliza durante la preparación del proyecto y continúa vigente a lo largo de su ciclo. El MPS contempla tres componentes: participación, comunicación, y transparencia y rendición de cuentas. Los principales objetivos generales del MPS son: *i)* garantizar una amplia participación de los diferentes actores dirigida, entre otros objetivos, a establecer sus funciones y responsabilidades en términos realistas y equitativos; *ii)* crear conciencia de la importancia de los gastos y mecanismos de mantenimiento para preservar la condición del proyecto; *iii)* divulgar los objetivos y logros del proyecto, y *iv)* aumentar la transparencia y rendición de cuentas del proyecto a lo largo de su ciclo (véase en el Recuadro 2.15 más información sobre el uso de MPS por parte del Banco Mundial).

Todos los mecanismos mencionados son útiles para no caer en un defecto común de los megaproyectos alrededor del mundo: mantener a los ciudadanos a una distancia significativa de la toma de decisiones. Sin duda, el NAICM es una oportunidad para convertirse en una referencia para la inclusión.

6. Deberán emprenderse revisiones periódicas de finanzas y de contratación para responder a condiciones cambiantes

Es conveniente realizar revisiones recurrentes e integradas de gestión financiera y contratación para confirmar la adecuación de los mecanismos de gestión de contratos. En términos de la gestión financiera, estas revisiones son útiles para analizar aspectos como el gasto programado y la respuesta a los cambios en las condiciones financieras del proyecto (por ejemplo, recortes presupuestarios debidos a la baja en los precios del petróleo y la contracción de los mercados de financiamiento privado). El GACM desarrolló escenarios y estrategias alternativos para afrontar posibles (y probables) recortes presupuestarios. Esas acciones anticipadas deberán seguir respondiendo a cambios en los mercados.

En relación con la contratación pública, se requiere evaluar, por ejemplo, para determinar el logro de los objetivos secundarios de política pública *vis-à-vis* la relación calidad-precio. Es recomendable establecer la planeación adecuada, el análisis de referencia, la evaluación de riesgos, los indicadores clave de desempeño (ICD) y los resultados previstos como la base del desarrollo de planes de acción o directrices de implementación. Será necesario medir los resultados de cualquier uso del sistema de contratación pública del GACM para apoyar los objetivos secundarios de política pública (por ejemplo, formar a empresas mexicanas para participar en megaproyectos en el extranjero) contra puntos de referencia adecuados para brindar a los formuladores de políticas públicas la información necesaria respecto de los beneficios y el costo de dicho uso (OECD, 2015).

Recuadro 2.15. **Uso de los marcos de participación social por parte del Banco Mundial**

El Plan de Mantenimiento de las Carreteras para Paraguay es una iniciativa de la República de Paraguay que recibió apoyo financiero del Banco Mundial a través de un crédito específico de inversión. En el Plan se estableció una estrategia de gestión vial sustentable para garantizar la mejora y el mantenimiento de la red vial mediante un uso racional y equilibrado de los recursos escasos.

Como resultado de diversas consultas con actores clave, se desarrolló un marco de participación social dirigido a determinar la experiencia local en procesos similares. Como parte de este marco, el proyecto implementó las medidas siguientes: *i)* consolidar mecanismos de participación con estrategias de intervención diferenciadas, de acuerdo con las necesidades y capacidades de todos los actores pertinentes —sobre todo los grupos beneficiarios más vulnerables—, desarrollando un cúmulo de mecanismos viables que abarcan desde la comunicación en una vía, como las reuniones informativas, hasta mecanismos de colaboración (control compartido de la toma de decisiones) y empoderamiento para la sustentabilidad del proyecto, de ser posible (transferencia del control de las decisiones y los recursos); *ii)* reforzar las actividades de comunicación con campañas de información pública y formación de diferentes actores, de acuerdo con sus necesidades y características culturales; *iii)* desarrollar medidas de transparencia y rendición de cuentas en un exhaustivo *Marco de Mejora de Gobernanza y Plan de Acción del Proyecto* para garantizar una óptima fluidez de información confiable a los actores pertinentes, retroinformación continua y vigilancia social, así como establecer señales claras del logro de las obligaciones de los titulares del poder de asumir responsabilidad por sus actos, y *iv)* desarrollar un componente de reforzamiento institucional orientado a facilitar el acuerdo institucional para la implementación de estas medidas.

Muchas actividades de este marco se trazaron durante la preparación del proyecto, entre ellas la selección de la Red Vial Rural Básica No Pavimentada en los tres departamentos que serán apoyados por el proyecto. Este componente se diseñó y preparó mediante un proceso participativo con comunidades y gobiernos locales y la sociedad civil, tanto en lo que se refiere a la definición de la red vial básica por incluir en el proyecto como para definir las contribuciones, en especie o monetarias, que la comunidad podría hacer al proyecto. Este enfoque ha tenido la ventaja de involucrar a posibles beneficiarios desde el principio, empoderándolos, animándolos a participar en decisiones que influirán en los resultados finales y también promoviendo la transparencia y el compromiso con el proyecto.

Fuente: OECD (2014), "Good practices for the implementation of an integrity strategy in major infrastructure projects", documento de trabajo.

Al analizar la experiencia de los países miembros de la OCDE y observadores, vemos que la mayoría de ellos no considera los costos de oportunidad y riesgos potenciales al utilizar la contratación pública para apoyar objetivos socioeconómicos. De hecho, el 43% de los países encuestados para evaluar los avances en relación con la publicación de 2008 "Recommendation of the Council on Enhancing Integrity in Public Procurement"[24] (Recomendación del Consejo para Mejorar la Integridad en la Contratación Pública), no requerían en forma sistemática verificación por escrito de que la contratación pública es la mejor herramienta para lograr los objetivos gubernamentales. Es recomendable considerar los costos del logro de estos objetivos y definir con claridad las compensaciones recíprocas para determinar si la contratación pública es una manera más rentable de obtener objetivos socioeconómicos que las políticas sociales directas (OECD, 2012).

La estructura de gobernanza del GACM contempla la realización de estas evaluaciones y tiene una dirección corporativa a cargo de esta tarea. Sin embargo, es posible tomar otras medidas para garantizar que en efecto se lleven a cabo, por ejemplo, el establecer unidades especiales en la SFP y la SHCP para tratar temas relacionados con el NAICM (como la escasez de recursos humanos, la revisión de documentación de licitaciones y la adaptación de la estrategia financiera).

Asimismo, efectuar revisiones periódicas puede servir para valorar la pertinencia del marco de gobernanza y la necesidad de ajustarlo. El gobierno del Reino Unido elaboró la "Guía para la Iniciación de Proyectos", la cual presenta preguntas para completar esta evaluación (véase el Recuadro 2.16).

Recuadro 2.16. **La Guía para la Iniciación de Proyectos**

La Guía para la Iniciación de Proyectos (*Project Initiation Routemap*) fue elaborada por el gobierno del Reino Unido derivada del trabajo en colaboración con la industria y la Universidad de Leeds. Se trata de un auxiliar para la toma de decisiones estratégica y apoya la armonización de las capacidades del patrocinador y el cliente para cumplir los retos que se presentan durante la iniciación y la entrega de un proyecto. Ofrece un enfoque objetivo y estructurado a la iniciación de un proyecto, basado en un conjunto de herramientas de evaluación.

El módulo de gobernanza de la guía contiene las preguntas clave que los líderes de un proyecto deberán formularse al definir y revisar el marco de gobernanza:

- ¿Cubre el marco de gobernanza los problemas identificados en la evaluación de la complejidad y las capacidades?
- ¿Describe formalmente qué partes son responsables de qué aspectos?
- ¿Se asegura de que las personas tengan autoridad suficiente para hacerse cargo de sus responsabilidades?
- ¿Permite que se tomen decisiones eficaces (por ejemplo, decisiones que se mantengan)?
- ¿Permite que se tomen decisiones eficientes (por ejemplo, traza rutas de decisión que no son demasiado onerosas)?
- ¿Da confianza a los actores respecto de la consecución del proyecto?
- ¿Se asegura de asignar los riesgos a las organizaciones participantes de acuerdo con su capacidad y su disposición para asumirlos?

Fuente: Infrastructure UK, HM Treasury and Lord Deighton (2014), "Improving infrastructure delivery, project initiation routemap", octubre, www.gov.uk/government/publications/improving-infrastructure-delivery-project-initiation-routemap.

Notas

1. ASA es un órgano descentralizado del gobierno federal, con patrimonio propio y personalidad jurídica, que opera, gestiona y construye aeropuertos, brinda servicios de abastecimiento de combustible, asesoría técnica y consultoría, así como formación e investigación relacionadas con aeronáutica y aeropuertos; ASA colabora con la SCT en lo que respecta a la regulación, verificación y supervisión aeroportuarias.
2. Como se menciona en el sitio de Internet del GACM en www.aeropuerto.gob.mx/gacm/quienes-somos.php, consultado el 12 de mayo de 2015.
3. Las Directrices modificadas fueron aprobadas por el Consejo de la OCDE el 8 de julio de 2015. En www.oecd.org/daf/ca/guidelines-corporate-governance-soes.htm se proporciona más información.
4. Para fines de las Directrices, cualquier entidad corporativa en la cual tenga participación el Estado debe considerarse empresa de propiedad estatal (EPE).
5. El Artículo 9 de la LFEP establece que la SHCP debe tener representación en los consejos de administración de empresas de participación estatal mayoritaria.
6. Hasta el nombramiento del propio contralor interno del GACM, el OIC de la SCT desempeñó de manera temporal las funciones de auditoría y control.
7. Véase mayor información en el Manual de Organización del GACM.
8. Véase mayor información en el Manual de Organización del GACM.
9. Muchas otras leyes primarias se aplican a actividades y funciones específicas del GACM (por ejemplo, presupuestación y transparencia), pero, para fines prácticos, en esta sección solo se describen las principales y más generales. El Manual de Organización del GACM enlista 72 leyes primarias, 10 códigos, los decretos presupuestales de los años correspondientes, 54 reglamentos, tres decretos, 39 tratados y convenciones internacionales, 30 acuerdos, 10 manuales administrativos de aplicación general, ocho circulares y nueve instrumentos regulatorios de otro tipo. En el siguiente capítulo se analizarán leyes primarias aplicables a la contratación pública.
10. Los resultados preliminares de la encuesta Indicadores de Gestión Regulatoria de la OCDE 2014 muestran que 61% de los países miembros tiene requisitos para la participación de los actores en todos los proyectos de leyes primarias, 15% en solo las principales regulaciones, 18% en algunas regulaciones y únicamente 6% no plantean estos requisitos. Las cifras de las regulaciones secundarias son 52%, 20%, 17% y 11%, respectivamente.
11. En el sitio de Internet del GACM, en www.aeropuerto.gob.mx/gacm/estudios-y-documentos.php, se proporciona mayor información; consultado el 18 de mayo de 2015.
12. LEED es una certificación internacional de diseño y construcción sustentables. La otorga desde 1998 el *Council of Green Buildings* de Estados Unidos de América. Se ha certificado a cerca de 52 000 proyectos en el mundo, 1 700 en América Latina, y 320 en México.

13. Información proporcionada por el GACM.

14. Información proporcionada por el GACM.

15. Véase http://archivo.eluniversal.com.mx/nacion-mexico/2014/encuesta-convence-construccion-de-aeropuerto--1036700.html#encuesta090914. La encuesta se realizó por teléfono del 7 al 14 de septiembre de 2014 y se aplicó a 1 000 residentes del Distrito Federal y su zona metropolitana.

16. En la fecha de la entrevista (julio de 2015), aún no se compartían con el GACM los estudios mencionados.

17. Para mayor información, véase el sitio de Internet del NAICM en www.aeropuerto.gob.mx/fases-del-proyecto-del-nuevo-aeropuerto-de-mexico.php, consultado el 26 de mayo de 2015.

18. La investigación sugiere lazos entre la centralidad en alianzas de líneas aéreas y desarrollo económico. Véase Alberts, Bowen, Jr. y Cidell (2009).

19. Hasta julio de 2015 no se definían las fechas y formas precisas de las "giras".

20. En www.equator-principles.com/ se presenta más información sobre los Principios de Ecuador.

21. Los consejeros independientes (sujetos a definiciones nacionales) son personas que no representan de forma directa los intereses de un actor particular en la EPE, y a quienes se consulta para sumar competencias y capacidades específicas al consejo de administración.

22. El aeropuerto actual de la Ciudad de México cerrará sus puertas al arrancar operaciones el NAICM. Aún no se define qué hacer con esas instalaciones. En tanto el gobierno federal aboga porque se consulte a expertos para tomar la decisión pertinente, el gobierno del Distrito Federal ha promovido la idea de una consulta pública.

23. El Puente Tappan Zee está ubicado en el estado de Nueva York, cruzando el río Hudson, entre la Villa de South Nyack en Rockland County y la Villa de Tarrytown en Westchester County. El proyecto empezó en 2012-2013 y la primera arcada del nuevo puente de dos arcadas está programada para inaugurarse en 2016. El nuevo puente se terminará en 2018.

24. La "Recommendation of the Council on Public Procurement" de la OCDE, adoptada en 2015, remplazó la Recomendación de 2008.

Bibliografía

Alberts, H.C., J.T. Bowen, Jr. y J.L. Cidell (2009), "Missed opportunities: The restructuring of Berlin's airport system and the city's position in international airline networks", *Regional Studies* 43:5, p. 741.

Beria, P. y A.B. Scholz (2010), "Strategies and pitfalls in the infrastructure development of airports: A comparison of Milan Malpensa and Berlin Brandenburg international airports", *Journal of Air Transport Management* 16(2010), pp. 65-73.

Brady, T. y A. Davies (2010), "From hero to hubris – Reconsidering the project management of Heathrow's Terminal 5", *International Journal of Project Management* 28 (2010), pp. 151–157, www.itn.liu.se/mit/education/courses/tnfl05-risk-och-olycksanalys/vecka-47/1.304769/BradyochDavies2010.pdf.

Butcher, L. (2014), *Aviation: London Heathrow Airport*, House of Commons.

Gomes-Casseres, B. (2009), "Outsourcing: Where will you draw the line?", *Harvard Business Review,* https://hbr.org/2009/08/outsourcing-where-will-you-dra.

IMCO *et al.* (2015), *Observatorio Ciudadano del Nuevo Aeropuerto de la Ciudad de México*, disponible en http://imco.org.mx/wp-content/uploads/ 2015/04/2015_NAICM_Ejes_de_monitoreo_Documento_completo.pdf.

Infrastructure UK, HM Treasury y Lord Deighton (2014), "Improving infrastructure delivery, project initiation routemap", octubre, www.gov.uk/government/publications/ improving-infrastructure-delivery-project-initiation-routemap.

OECD (2015), *OECD Territorial Reviews: Valle de México, Mexico*, OECD Publishing, París, http://dx.doi.org/10.1787/9789264245174-en.

OECD (2015), "Recommendation of the Council on Public Procurement", www.oecd.org/corruption/recommendation-on-public-procurement.htm.

OECD (2014), "Good practices for the implementation of an integrity strategy in major infrastructure projects", documento de trabajo.

OECD (2013a), *Corporate Governance and Board Arrangements at* Petroleos Mexicanos, *Evaluation and Recommendations*, OECD Publishing, París.

OECD (2013b), "Balancing commercial and non-commercial priorities of state-owned enterprises", *Working Papers on Corporate Governance*, núm. 6, http://dx.doi.org/10.1787/5k4dkhztkp9r-en.

OECD (2013c), *Boards of Directors of State-Owned Enterprises: An Overview of National Practices*, OECD Publishing, París, http://dx.doi.org/10.1787/ 9789264200425-en.

OECD (2012), *Progress Made in Implementing the OECD Recommendation on Enhancing Integrity in Public Procurement*, OECD Publishing, París.

Raiborn, C.A., J. Butler y M.F. Massoud (2009), "Outsourcing support functions: Identifying and managing the good, the bad, and the ugly", *Harvard Business Review*, https://hbr.org/product/outsourcing-support-functions-identifying-and-managing-the-good-the-bad-and-the-ugly/an/BH337-PDF-ENG.

Wells, J. (2015), "Corruption in the construction of public infrastructure: Critical issues in project preparation", *U4 Issue* núm. 8, U4 Anti-corruption Resource Centre.

Capítulo 3

Estrategias y desafíos de la contratación pública en el proyecto del NAICM

En este capítulo se ofrece una perspectiva general del marco de contratación pública en torno al proyecto del Nuevo Aeropuerto Internacional de la Ciudad de México (NAICM). Se describen las interacciones entre los distintos actores en los procesos competitivos de contratación pública. El análisis se centra en las estrategias y los objetivos de contratación pública definidos por el Grupo Aeroportuario de la Ciudad de México, S.A. de C.V. (GACM) y ofrece recomendaciones sobre la adaptación de los procesos estándar conforme a la envergadura y complejidad del proyecto. Identifica retos y oportunidades en la etapa decisiva de seleccionar a los proveedores que participarán en la construcción del aeropuerto.

Como se comenta en el Capítulo 2, el Grupo Aeroportuario de la Ciudad de México (GACM) se constituyó en 1998 como empresa de participación estatal, conforme a un decreto gubernamental. Con esa personalidad, el GACM está sujeto al marco de contratación pública aplicable a las entidades públicas.

Aparte de estar subordinado a la regulación sobre las contrataciones públicas, la naturaleza del proyecto también afecta su contexto legislativo. La construcción de un aeropuerto, un importante activo de infraestructura, con varios componentes distintos, que incluyen instalaciones militares, también deberá regirse por los marcos legislativos relacionados con las políticas ambientales y las normas de seguridad nacional, aunque de manera más indirecta.

Aunque esas diferentes leyes no enmarquen directamente los procesos de contratación pública para la construcción del aeropuerto, sí tienen efectos sobre algunas de sus características, desde el tipo de proceso de contratación hasta la definición de los criterios de adjudicación.

Sin embargo, este marco regulador no impide que el GACM adapte los procesos estándar de contratación pública para el suministro de obras públicas a la extraordinaria naturaleza y complejidad del proyecto. Por tanto, el GACM debe adaptar su estrategia de contratación a su propósito general de terminar un nuevo aeropuerto internacional en un plazo excepcionalmente corto, el cual generará los beneficios económicos, sociales y ambientales previstos en sus distintas etapas.

Marco de la contratación pública en México: un entorno regulatorio restringido

Un entorno regulatorio fragmentado y detallado aplicable a la contratación pública

En México, todas las entidades contratantes deben acatar diversas normas primarias y secundarias que van desde la Constitución Política de los Estados Unidos Mexicanos (CPEUM) hasta un conjunto de leyes, reglamentos, códigos, decretos, acuerdos institucionales y manuales.

El Artículo 134 de la Constitución establece que la adquisición de bienes y servicios por parte de la administración pública federal, estados, municipios y el Distrito Federal debe realizarse mediante licitaciones públicas para lograr las mejores condiciones en cuanto a precio, calidad, financiamiento y conveniencia. Por consiguiente, la licitación pública será la norma, a menos que circunstancias específicas y justificadas lo impidan.

Cuando el GACM lleva a cabo una contratación pública, se aplica una de las siguientes leyes federales (y sus respectivos reglamentos): la Ley de Adquisiciones, Arrendamientos y Servicios del Sector Público, que cubre la contratación pública de bienes y servicios; la Ley de Obras Públicas y Servicios Relacionados con las Mismas, que comprende la puesta en marcha de obras públicas y servicios relacionados con estas, y la Ley de Asociaciones Público-Privadas. De acuerdo con la elección del gobierno y la naturaleza del proyecto, el principal conjunto de leyes y reglamentos donde se encuentra el marco regulador aplicable son las leyes, reglamentos, códigos, decretos, acuerdos institucionales y manuales que rigen las obras públicas y servicios relacionados.

Los principios expuestos en la Constitución se detallan a continuación en un conjunto de instrumentos normativos, algunos de los cuales se aplican a la administración pública federal en su conjunto mientras que otros son específicos del GACM.

La legislación primaria que rige la contratación pública en este campo es la Ley de Obras Públicas y Servicios Relacionados con las Mismas (LOPSRM). Esta ley entró en vigor en enero de 2004 y desde entonces ha estado sujeta a enmiendas, la última de las cuales se aprobó en noviembre de 2014.

La Fracción V del Artículo 1 especifica que es aplicable a las empresas de participación estatal mayoritaria. Este es el caso del GACM, que en su mayoría es propiedad del gobierno federal por conducto de Aeropuertos y Servicios Auxiliares (ASA) y la Secretaría de Comunicaciones y Transportes (SCT).

Aparte de las obras públicas estrictamente, la Ley también abarca todos los servicios relacionados. El Artículo 4 de la Ley de Obras Públicas define explícitamente los servicios relacionados que contempla esta ley, por ejemplo los estudios preliminares de todo tipo (estructural, ambiental y financiero). Por tanto, todas las operaciones de contratación del proyecto del Nuevo Aeropuerto Internacional de la Ciudad de México (NAICM) se regirán por estas disposiciones y los reglamentos, códigos y manuales respectivos.

La Ley detalla los principios generales que rigen la contratación pública para las obras públicas y servicios relacionados. En particular, define los principales pasos aplicables a los procesos competitivos de contratación, desde el plan de adquisiciones hasta la gestión de contratos. También proporciona los supuestos de excepción para la licitación pública, y las disposiciones sobre la resolución de controversias que surjan durante los procesos competitivos de contratación.

La Ley de Obras Públicas se complementa directamente con el Reglamento de la Ley de Obras Públicas y Servicios Relacionados con las Mismas (ROPSRM). Sus disposiciones describen los procedimientos administrativos y los pasos relacionados con la contratación de obras públicas. Proporciona detalles adicionales sobre aspectos de la contratación pública específicos para la Ley de Obras Públicas, como el Comité de Obras, responsable de conceder excepciones a la contratación pública abierta, la precedencia de los criterios de adjudicación que combinen aspectos cualitativos y cuantitativos (puntos y porcentajes) y los mecanismos para las modificaciones de los contratos durante la etapa de ejecución.

Además, cada institución pública diseña y publica sus propias Políticas, Bases y Lineamientos en materia de Obras Públicas y Servicios Relacionados con las Mismas (POBALINES) para garantizar que los procesos institucionales de contratación se ajusten a la Ley de Obras Públicas y otras leyes aplicables.

Las POBALINES deben incluir divisiones administrativas dentro de cada dependencia pública encargadas de aplicar las leyes de contratación pública y sus reglamentos de aplicación. Asimismo, deben detallar el puesto y nivel jerárquico de los funcionarios de adquisiciones dentro de cada dependencia, responsables de supervisar los distintos procedimientos durante los procesos de licitación, y la forma en que cada una cumple con los términos y condiciones de las leyes y los reglamentos de aplicación. Las POBALINES publicadas por el GACM detallan todos esos elementos.

Por otra parte, el GACM está elaborando más orientación práctica sobre distintos aspectos relacionados con la construcción del NAICM, como el Manual de Procedimientos para la Planeación, Contratación y Ejecución de Obra Pública y Servicios Relacionados con la Misma. En agosto de 2014 se dio a conocer una versión preliminar y debe actualizarse.

Para ayudar más a los funcionarios de contratación pública y describir los diferentes procedimientos de adquisiciones, la Secretaría de la Función Pública (SFP) publicó manuales de adquisiciones: el Manual Administrativo de Aplicación General en Materia de Adquisiciones, Arrendamientos y Servicios del Sector Público (MAAGMAASSP) y el Manual Administrativo de Aplicación General en Materia de Obras Públicas y Servicios Relacionados con las Mismas (MAAGMOPSRM), conocidos comúnmente como Manuales Generales de Adquisiciones. Ambos detallan los procedimientos de adquisiciones paso a paso, proporcionan directrices generales y modelos de documentos, y sustituyen cualquier documento de adquisiciones interno que pueda duplicar su contenido.

Complejidad creciente dentro del marco regulador aplicable a la infraestructura aeroportuaria

Además del conjunto de normas que rigen la contratación pública, la construcción de infraestructura aeroportuaria también debe acatar leyes y reglamentos específicos (en particular, leyes de aviación civil, seguridad nacional, telecomunicaciones, políticas ambientales y todos sus reglamentos respectivos).

Aunque la mayoría de las disposiciones específicas contenidas en esos reglamentos tienen efectos insustanciales sobre las actividades de contratación pública relacionadas con el NAICM, dos componentes intervienen en la configuración de toda la estrategia de contratación.

El primero aparece en el marco regulador ambiental. El Artículo 20 de la Ley de Obras Públicas estipula que antes de la ejecución de obras públicas, el área contratante debe efectuar las evaluaciones de impacto ambiental previstas en la Ley General del Equilibrio Ecológico y la Protección al Ambiente.

Integrar los factores ambientales en los procesos de contratación relacionados con los proyectos de infraestructura es relativamente común en muchos países de la OCDE, por ejemplo, Austria y Francia. Los objetivos ambientales pueden trasladarse a los procesos de contratación, ya sea al exigir certificados de desempeño ambiental de los licitantes o al evaluar el desempeño ambiental de las propuestas recibidas. Por ejemplo, los Países Bajos utilizan una mezcla de ambos componentes (Recuadro 3.1).

El segundo componente importante que influirá en toda la estrategia de contratación se encuentra en la legislación relacionada con la seguridad nacional, pues el aeropuerto debe contar con instalaciones de aviación civil y militar.

El componente militar está sujeto a una legislación específica, que en particular define la seguridad pública o nacional, entendida en términos generales como cualquier acción que cause perjuicio a los intereses estratégicos nacionales. El concepto de seguridad nacional, que en un momento dado podría aplicarse a algunos paquetes de la construcción del NAICM, tiene una consecuencia importante.

Según la Fracción IV del Artículo 42 de la LOPSRM, se autoriza no celebrar licitaciones públicas cuando las obras públicas se realicen exclusivamente con fines militares o si el procedimiento de licitación pública causara un perjuicio importante a la seguridad nacional o la seguridad pública, conforme a sus definiciones en las leyes respectivas. En este caso, el mecanismo de vigilancia *ex ante* previsto en la Ley, el Comité de Obras Públicas, no tiene la obligación de evaluar las justificaciones para la excepción a licitaciones públicas abiertas. Al mecanismo de vigilancia *ex post* —el Órgano Interno de Control— tampoco se le informa de la existencia de los contratos que se derivan.

Recuadro 3.1. **Contratación pública verde en los Países Bajos**

El Departamento de Obras Públicas del Ministerio de Infraestructura y Medio Ambiente (*Rijkswaterstaat*, RWS) creó una metodología para los proyectos de infraestructura, según la cual las especificaciones funcionales de la licitación, junto con los datos de calidad del cliente, garantizan una solución innovadora y de alta calidad. Al licitante también se le solicita que responda a criterios de calidad específicos. El RWS utiliza la metodología de la oferta más ventajosa económicamente (MEAT, por sus siglas en inglés), incluidos criterios de sustentabilidad específicos.

El RWS decidió centrarse en dos criterios al evaluar los atributos de sustentabilidad de las ofertas, los procesos de trabajo y los productos asociados: las emisiones de CO_2 y el impacto ambiental. Así, creó dos instrumentos: la escala de desempeño de CO_2 y "DuboCalc", respectivamente.

La escala de desempeño de CO_2 es un sistema de certificación con el cual el licitante puede demostrar las medidas que tomará para limitar las emisiones de CO_2 en la empresa y los proyectos, así como en otras partes de la cadena de suministro. DuboCalc es una herramienta basada en un análisis del ciclo de vida (ACV) que calcula el valor de la sustentabilidad de un diseño específico a partir de los materiales que se utilizarán. Los licitantes comparan con DuboCalc las diferentes opciones de diseño para sus propuestas. La puntuación DuboCalc del diseño preferido se presenta con el precio de la oferta.

El licitante puede acompañar su oferta de un certificado de escala de desempeño de CO_2, el cual lo obliga a cumplir con una determinada meta de reducción de CO_2, de acuerdo con su método de ejecución y procesos de trabajo. A los titulares del certificado se les disminuye el precio de su propuesta en un valor proporcional al esfuerzo efectuado para reducir las emisiones de CO_2. El certificado de la escala de desempeño de CO_2 puede proporcionarse como prueba en la etapa de presentación de ofertas, pero no es obligatorio siempre y cuando se proporcione en el año siguiente a la firma del contrato.

Escala de desempeño de CO_2

Los contratistas pueden solicitar un certificado de escala de desempeño de CO_2. Para cumplir, los contratistas deben tomar medidas para reducir su huella de carbono. El primer paso (o "categoría" de la escala) es medir las emisiones de CO_2 de la empresa. En otros pasos, también se miden las emisiones de CO_2 de la cadena de suministro y, lo más importante, se fijan metas para reducirlas. Los niveles más altos de la escala de desempeño de CO_2 incluyen pasos para reducir las emisiones de CO_2 en la cadena de suministro.

La escala de desempeño de CO_2 se utiliza en el procedimiento de licitación como sigue: el licitante indica en cuál de las cinco categorías (niveles de ambición) de la escala de desempeño de CO_2 se propone realizar el trabajo; a mayor esfuerzo para reducir las emisiones de CO_2, mayor la categoría. El compromiso con una categoría mayor permite una mayor deducción del precio de la propuesta, lo que aumenta la posibilidad de ganar el contrato. Cada nivel de ambición de CO_2 corresponde a una reducción porcentual diferente del precio de la propuesta. La cantidad final evaluada por el RWS mediante la escala de desempeño de CO_2 es una deducción de 1% por categoría del precio de la propuesta. El nivel más alto es la categoría 5, así que la deducción máxima es de 5%.

DuboCalc

Para cuantificar la sostenibilidad del uso del material, el RWS creó una herramienta informática que calcula el impacto ambiental de los materiales de construcción. Este cálculo se basa en un análisis del ciclo de vida (ACV) del material. La herramienta informática se llama Calculador de Construcciones Sustentables, o "DuboCalc", y puede utilizarse en las licitaciones

Recuadro 3.1. **Contratación pública verde en los Países Bajos (*Continuación*)**

para las obras si la etapa de diseño está incluida en la licitación. DuoCalc se creó como parte de una tendencia general hacia la licitación basada en el desempeño al evaluar el impacto ambiental general de las construcciones en lugar de exigir detalles.

Con DuboCalc se calculan todos los impactos ambientales integrados del uso del material, desde la extracción y producción de material primario hasta incluso la demolición y el reciclado (el ciclo de vida completo). DuboCalc también calcula la energía consumida por las obras de infraestructura durante la etapa de uso.

Para un cálculo con DuboCalc de las obras de infrastructura, el programa requiere información sobre las cantidades de materiales utilizados para un diseño específico. Calcula 11 parámetros de impacto ambiental con datos del ACV, de una base de datos integrada. La herramienta informática se basa en un conjunto de datos independiente (nacional) que contiene información certificada del ACV por cada material.

DuboCalc calcula el valor de esos efectos mediante el llamado "método de precio sombra" para llegar a una sola cifra, el valor del Indicador de Costo Ambiental (valor del ICA). El método del precio sombra se basa en los costos de prevenir el aumento de las emisiones. El valor del ICA indica el impacto ambiental de un determinado diseño para las obras de ingeniería civil. Un valor menor indica un impacto ambiental más bajo. Los diseños que difieren considerablemente entre sí en cuanto al uso del material también difieren en lo referente a la calidad del medio ambiente. DuboCalc permite que los diseñadores calculen los valores del ICA de otros diseños para llegar a un diseño sustentable óptimo.

El valor del ICA se utiliza en el procedimiento de licitación como sigue: la dependencia contratante proporciona al licitante todos los requisitos funcionales y la última versión del programa DuboCalc. El licitante diseña la infraestructura y calcula el precio y el valor del ICA. El valor del ICA se transforma en un valor monetario de acuerdo con una fórmula que ordena el licitante (el valor del ICA y el valor monetario se relacionan inversamente y hay un mínimo y un máximo). Esos dos precios se ofrecen a la dependencia contratante. Esa dependencia selecciona al licitante que ofrezca el precio y el valor del ICA más bajos combinados para emprender la obra.

Fuente: OECD (2014a), "Smart procurement: Best practices for green procurement", www.oecd.org/gov/ethics/best-practices-for-green-procurement.htm (consultado el 30 de septiembre de 2015).

Aunque este entorno regulador proporciona detalles operativos sobre algunos aspectos de la contratación pública, también está muy fragmentado. Las instrucciones, normas y orientación son proporcionados por el gobierno y secretarías de Estado específicas, y además se complementan con las políticas internas del GACM. Sin embargo, este entorno ofrece flexibilidad en algunas áreas, lo que puede aprovecharse para adaptar los procesos estándar de contratación pública a la naturaleza extraordinaria del proyecto.

Sin embargo, hay oportunidades para adaptar los procesos de contratación a la magnitud y complejidad del proyecto

Las leyes, reglamentos y manuales que rigen la contratación pública en México, y de manera más particular en el GACM, causan diversas consecuencias operativas que en conjunto podrían afectar en cierto modo la ejecución de los procesos de contratación pública. Sin embargo, el GACM también puede aprovechar algunas de esas consecuencias para que las operaciones de contratación concuerden con la escala de un proyecto de infraestructura de este tipo.

Apoyar una arquitectura viable de financiamiento

Los elementos financieros de las obras de infraestructura también afectan los procesos de contratación. Al ser el principal método para gastar fondos públicos (OECD, 2015a), la contratación pública debe cumplir intrínsecamente con las orientaciones presupuestarias o las asignaciones de fondos públicos. Al considerar el tamaño y la envergadura de las obras públicas, la Ley de Obras Públicas pone mayor énfasis en las condiciones presupuestarias previas que rodean a la contratación pública.

Sin embargo, la Gráfica 3.1 no hace justicia a la contratación de bienes públicos en México. Aunque México se ubica en la mitad inferior de la contratación pública general como porcentaje del Producto Interno Bruto (PIB) o de los gastos totales del gobierno, esos datos no integran las actividades de contratación que realizan las empresas de propiedad estatal (EPE). En México, las actividades de contratación pública que realizan las EPE son muy importantes. Por ejemplo, una sola EPE, la compañía petrolera nacional Petróleos Mexicanos (PEMEX), representó 26% del gasto total de contratación federal en 2010.

Gráfica 3.1. **Contratación pública como porcentaje del PIB y de los gastos totales del gobierno, 2013**

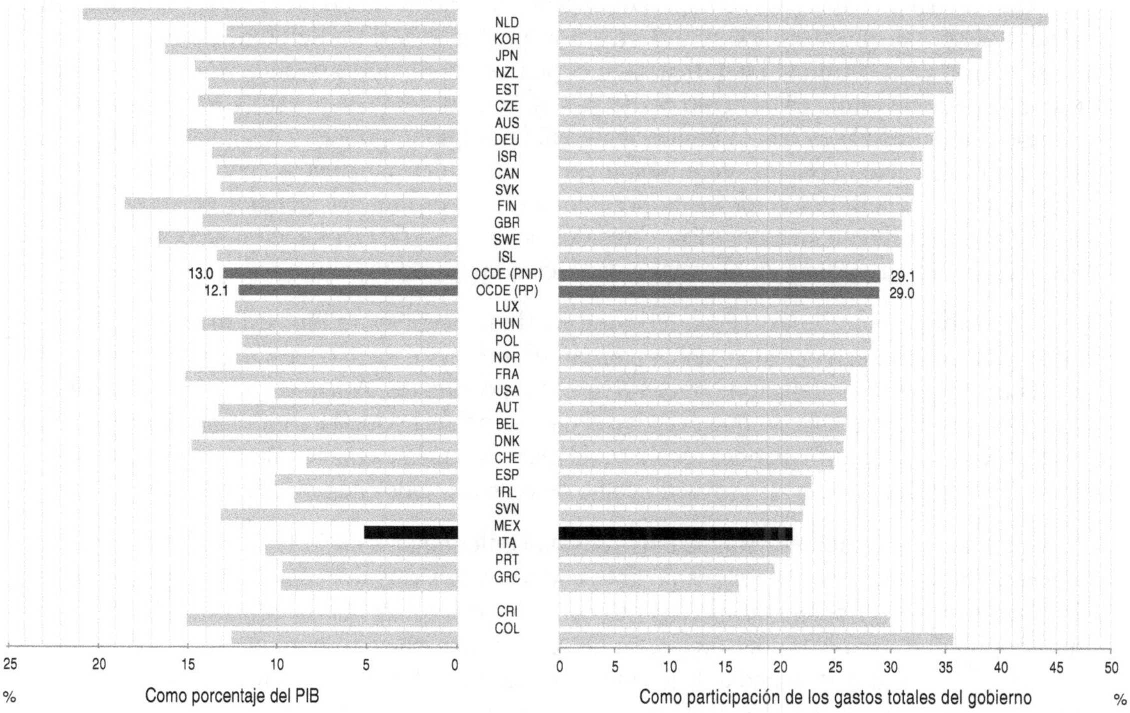

Nota: Los datos de Australia se basan en una combinación de estadísticas de finanzas públicas y datos de las Cuentas Nacionales proporcionados por la Oficina de Estadísticas de Australia.

Fuente: OECD (2015b), *OECD National Accounts Statistics* (base de datos), http://dx.doi.org/10.1787/na-data-en (consultada el 30 de septiembre de 2015).

La contratación pública en México, incluso la del GACM, está sujeta a la disponibilidad previa de recursos financieros y a la convergencia de las obras públicas planeadas con los objetivos estratégicos nacionales. Las leyes relativas al financiamiento público comprenden el Plan Nacional de Desarrollo y las leyes presupuestales anuales, así como la Ley Federal de Presupuesto y Responsabilidad Hacendaria. El Artículo 17 de la Ley de Obras Públicas señala que, antes de iniciar cualquier obra pública, las entidades federales se asegurarán de que la operación prevista se ajuste a los objetivos establecidos en el Plan Nacional de Desarrollo y que los recursos respectivos estén considerados en la ley de presupuesto anual.

Con base en los enunciados generales mencionados en el Plan Nacional de Desarrollo, el programa sectorial de la Secretaría de Comunicaciones y Transportes para 2013-2018 detalla más a fondo la necesidad de modernizar las infraestructuras aeroportuarias y de responder a la creciente demanda de servicios aeroportuarios en el Valle de México y en el centro del país. Por tanto, el NAICM y las correspondientes obras públicas y servicios relacionados necesarios para su construcción se ajustan a lo estipulado en el Artículo 17 de la Ley de Obras Públicas. Además, el Artículo 18 estipula que las obras públicas relacionadas con infraestructuras deberán sujetarse a estudios de viabilidad y a los planes y programas de desarrollo conforme al Plan Nacional de Desarrollo.

El GACM, al igual que otras entidades sujetas a las leyes relativas a la contratación pública, debe entregar sus planes de contratación para el ejercicio fiscal, los cuales se someterán ante la Secretaría de la Función Pública. Esto aplica también para todas las modificaciones posteriores.

Además del presupuesto anual que autoriza la publicación de los procesos de contratación, la naturaleza del proyecto exige autorización presupuestaria adicional. Por ejemplo, la construcción de la terminal identificada en el plan anual de obras públicas (GACM, 2015a) durará más de un daño. El Artículo 50 de la Ley Federal de Presupuesto y Responsabilidad Hacendaria (LFPRH) estipula que las obras públicas que impliquen presupuesto plurianual deberán justificarse debidamente e incluir un desglose del presupuesto por ejercicio fiscal. La propuesta deberá estar aprobada previamente por el director general del GACM. La información pertinente, incluidos los resultados del proceso de contratación, debe presentarse con fines informativos ante la Secretaría de Hacienda y Crédito Público.

El posible efecto de estos requerimientos financieros es doble. En primer lugar, las autorizaciones financieras adicionales podrían influir en el plazo necesario para realizar los procedimientos de contratación competitiva correspondientes. Además, el desglose anual de las obras realizadas en plazos que excedan el ejercicio fiscal podría exigir más esfuerzos en la estructura de las especificaciones técnicas, de manera que la ejecución de las obras y el nivel de inversión requerido de los proveedores no se vean afectados negativamente.

Aunque las condiciones financieras previas contempladas en la ley podrían afectar los procedimientos de contratación, es posible que los resultados de los procesos competitivos de contratación y el potencial incremento de los costos totales de la construcción influyan en la viabilidad financiera del proyecto. De hecho, una parte importante de los costos de construcción se financiará mediante los mercados de capital. Según declaraciones públicas, el GACM se propone financiar la etapa inicial de la construcción del NAICM con hasta 42% de recursos privados, incluso con bonos de largo plazo.

Tener que recurrir al financiamiento privado en proyectos de infraestructura no es raro considerando los escasos recursos públicos y la importancia económica de esos proyectos. Sin embargo, este mecanismo financiero depende de la confianza de los mercados financieros en el proyecto y de los ingresos que este logre generar.

Si las decisiones de inversión se relacionan con proyectos de infraestructura, asegurar el financiamiento privado puede resultar muy difícil, no solo por la falta de planeación en proyectos de infraestructura, sino también por no demostrar la capacidad para prepararlos y ejecutarlos con éxito (OECD, 2015c). Por tanto, los retrasos o problemas en la etapa de construcción podrían complicar la búsqueda del GACM de financiamiento privado, lo que a su vez retrasaría aún más la publicación de los siguientes procesos competitivos de contratación dadas las condiciones previas estipuladas en la ley. O bien, los inversionistas podrían exigir una compensación proporcional ajustada al riesgo o insistir en alguna forma de garantía de ingresos mínimos tan solo para invertir (OECD, 2015d). Así, los resultados deficientes de los procesos de contratación, además de afectar los tiempos de la construcción del aeropuerto o sus costos directos, podrían incrementar drásticamente el costo total para el gobierno mexicano.

Identificar las propuestas que proporcionen la mejor relación calidad-precio

Al igual que en cualquier otro sistema de contratación pública, los criterios de evaluación establecidos en las leyes respectivas o en los documentos de licitación son el principal factor que identifica la propuesta que mejor responda a las necesidades licitadas. En México existen distintos métodos de evaluación, según la naturaleza de las obras, bienes o servicios adquiridos. A partir de la dualidad de las leyes de contratación pública, la primera consecuencia de aplicar un instrumento normativo o el otro se relaciona con el método para evaluar las respuestas a las licitaciones públicas. La Ley de Adquisiciones contempla dos métodos de evaluación: el criterio binario y el criterio basado en puntos. A menos que el área responsable decida lo contrario, la Ley de Obras Públicas favorece la utilización del criterio basado en puntos para las obras públicas y los servicios relacionados e impone su uso para las obras de infraestructura.

El criterio binario adjudica el contrato al proveedor que cumpla con todas las condiciones estipuladas en la convocatoria y ofrezca el precio más bajo. Este criterio se aplica a menudo cuando las características y especificaciones estandarizadas de los bienes y servicios los hacen relativamente intercambiables, lo que da una ventaja decisiva a los aspectos financieros.

El criterio basado en puntos (puntos y porcentajes) proporciona una evaluación multidimensional de los bienes, servicios y obras que presenten características muy especializadas o innovadoras y requieran una evaluación de expertos. Conforme a este mecanismo de evaluación, se consideran factores aparte del precio y se les asigna un valor a cada uno de ellos para determinar la oferta más solvente (las propuestas se califican más alto cuanto más cumplan con los requisitos técnicos y cualitativos estipulados en la convocatoria de la licitación).

En estas situaciones, las entidades compradoras enfrentan la dificultad de diseñar procesos de licitación que identifiquen la oferta óptima. Eso por lo general implica equilibrio entre precio y calidad. Los gobiernos han utilizado diversos mecanismos de adjudicación en un intento por considerar la calidad, como los siguientes: evaluación simultánea de todos los atributos de las ofertas (relacionados y no relacionados con el precio); procedimientos de evaluación en dos etapas; ofertas presentadas por encima de los criterios de precio y calidad; establecimiento de normas de calidad mínimas para participar en la licitación, y negociaciones privadas sobre todos los aspectos con algunas contrapartes seleccionadas (OECD, 2015e). En las obras públicas, México aplica un enfoque de dos etapas en el que solo las ofertas idóneas en los aspectos técnicos se sujetan a una evaluación financiera.

Según la Fracción XXII del Artículo 31 de la Ley de Obras Públicas, los documentos de licitación deberán contener los criterios de adjudicación y sus respectivas ponderaciones de manera que informen debidamente a los posibles licitantes sobre los mecanismos de evaluación de sus propuestas. El Artículo 38 impone, además, que entre los criterios para evaluar la relación calidad-precio general de las propuestas recibidas, se preste atención especial al porcentaje de trabajadores con discapacidad empleados por los licitantes. Así, este requisito introduce aspectos sociales en los procesos de contratación.

Además, la Fracción XX del Artículo 31 estipula que los documentos de licitación, según sea el caso, deben señalar el porcentaje de contenido nacional solicitado en la propuesta. A diferencia de la Ley de Adquisiciones, Arrendamientos y Servicios del Sector Público, la Ley de Obras Públicas no impone límite mínimo alguno para ese contenido nacional, excepto para la mano de obra nacional, que debe ser equivalente al menos a 30% de la mano de obra total. La Ley solo se refiere a las normas definidas por la Secretaría de Economía que ofrecen orientación adicional sobre fórmulas para evaluar el contenido nacional en las obras públicas. Por tanto, el porcentaje de contenido nacional solicitado en las propuestas de los licitantes queda principalmente a criterio de la dependencia contratante.

Al imponer criterios basados en puntos para obras complejas, el marco legislativo mexicano coincide con las mejores prácticas (por ejemplo, la "Oferta más ventajosa económicamente" en los países europeos; el "mejor precio" en Estados Unidos de América y Canadá o la "oferta más conveniente" en Costa Rica). De hecho, los criterios de evaluación focalizados, pertinentes para la naturaleza individual de las obras por licitar y proporcionales a su complejidad, ayudan a identificar las soluciones que mejor respondan a las necesidades descritas en las especificaciones técnicas (OECD, 2014b). Por ejemplo, se supone que los cimientos de la terminal cuya realización se planea licitar en noviembre de 2015 enfrentan dificultades técnicas relacionadas con el hundimiento de la tierra en el Valle de México (*El Debate*, 2015). La la licitación pública correspondiente podría incluir criterios de evaluación específicos que valoren la solidez de las propuestas al abordar esta cuestión.

La combinación de criterios cualitativos y cuantitativos, sin importar el nombre dado al método de valoración (relación costo-beneficio, relación calidad-precio, oferta más ventajosa económicamente) se utiliza en muchos países de la OCDE, aunque con diferencias en cuanto a la cobertura y las ponderaciones asociadas (OECD, 2015e). Como la selección de criterios y sus respectivas ponderaciones a menudo son decisión de la dependencia contratante (excepto para los trabajadores con discapacidad en la Ley de Obras Públicas), a menudo también se acompañan de una guía detallada basada en la naturaleza de los bienes, servicios y obras por licitar.

Esto no es diferente en México. Junto con otra documentación práctica, la Secretaría de la Función Pública publicó una guía detallada sobre los criterios (SFP, 2010) que deben observarse en la contratación de obras públicas, así como la escala de porcentajes que podrían asignarse a cada criterio o subcriterio en la evaluación general de las propuestas recibidas. Sin embargo, esa guía permite desviarse de las ponderaciones y los criterios de evaluación propuestos conforme a la naturaleza del proyecto.

Sin embargo, la identificación de la propuesta con la mejor relación calidad-precio podría malograrse si únicamente se aplican criterios de evaluación multidimensional; también es necesario adaptar el marco de evaluación a las especificaciones de la licitación o a los objetivos de la entidad compradora. La mayor complejidad de este método de valoración al proporcionar la evaluación de los atributos no financieros implica un mayor escrutinio de la claridad y la estructura de las especificaciones técnicas, de manera que las respuestas de los competidores puedan analizarse sin problema respecto de la ponderación y los criterios definidos en los documentos de licitación. Las fórmulas utilizadas para calificar las propuestas también tienen un efecto importante en el resultado de la licitación (Recuadro 3.2).

Aprovechar CompraNet para alertar a los mercados y divulgar información sobre la contratación pública

Diferentes disposiciones de las leyes de contratación pública encargan a las dependencias contratantes (unidades compradoras) difundir información relacionada con la contratación a través de CompraNet, la plataforma electrónica puesta en marcha por el gobierno mexicano. La Secretaría de la Función Pública (SFP) es responsable de administrar este sistema, que incluye información de los planes anuales de obras públicas y contratación de las dependencias públicas, registro de proveedores y contratistas (incluso proveedores sancionados), convocatorias de licitaciones y sus enmiendas, actas de las "juntas de aclaraciones", recepción y apertura de propuestas, declaraciones de los "testigos sociales", información contractual y resoluciones de quejas. En 2014 utilizaron el sistema 3 278 unidades compradoras de los gobiernos federal, estatales y municipales, lo que representa un incremento de 42% en comparación con 2011.

Si bien el primer objetivo de difundir en CompraNet la información relacionada con la contratación es aumentar la transparencia del sistema de contratación pública en todas las etapas del ciclo de adquisiciones y promover la competencia, también puede aprovecharse para alertar al mercado sobre futuras oportunidades de contratación pública y ayudar al GACM a efectuar licitaciones públicas adaptadas a las capacidades del mercado.

Recuadro 3.2. **Fórmulas para identificar la propuesta que ofrezca la mejor relación calidad-precio**

Elegir la mejor oferta es un paso importante en todo proceso de licitación. Si el criterio de adjudicación es la oferta más ventajosa económicamente, eso implica calificar las ofertas por precio y calidad y clasificarlas. Las calificaciones se calculan mediante una fórmula de evaluación de las ofertas que toma el precio y la calidad como datos de entrada, y sus respectivas ponderaciones. La elección de la fórmula influye en forma fundamental en qué oferta gana.

Un estudio de 38 fórmulas, contra una muestra de 382 ofertas reales, ilustra varios aspectos de esas fórmulas y los efectos que se derivan de su aplicación a propuestas reales.

- *Puntuación relativa y absoluta:* en el enfoque relativo se evalúan todas las ofertas con una fórmula que incluye un componente basado en la característica de una oferta o en el promedio de las ofertas (es decir, el precio-calidad mayor o menor o el precio-calidad promedio). Las fórmulas absolutas no integran información de las ofertas presentadas como punto de referencia. La puntuación calculada mediante una fórmula absoluta depende solo de la evaluación de una determinada oferta. Aunque en la mayoría de las fórmulas estudiadas se observó que se utiliza el primer enfoque, el segundo puede apoyar las decisiones de los licitantes para favorecer ciertos criterios.
- *Curvas de indiferencia:* utilizadas en la teoría microeconómica, las curvas de indiferencia representan todas las combinaciones de precio y calidad que recibiría la misma puntuación total con una fórmula. Esta herramienta es útil para evaluar si la sustitución de una unidad de calidad por una unidad de precio tiene un efecto constante (la curva es entonces recta) o si evoluciona con el tiempo (la curva es cóncava cuando el valor de las unidades consecutivas de calidad es creciente o convexa cuando es decreciente).
- *Protección contra un precio muy alto:* si bien un equilibrio prudente entre las ponderaciones correspondientes de los componentes de precio y calidad puede proteger a las entidades compradoras de los precios muy altos, las pruebas en que el precio de la mejor oferta en cuanto a calidad se multiplica 50 veces muestran que algunas fórmulas proporcionan clasificaciones independientes de las evoluciones del precio.

Recuadro 3.2. **Fórmulas para identificar la propuesta que ofrezca la mejor relación calidad-precio (*Continuación*)**

- *Cómo una fórmula refleja las ponderaciones de precio y calidad:* además del método matemático para evaluar las propuestas, la ponderación asociada con cada criterio tiene una función importante al identificar la propuesta que ofrezca la mejor relación calidad-precio. La aplicación de escenarios hipotéticos (dos propuestas con baja calidad y diferencia de precio importante, dos propuestas diferentes en calidad y precio similar, entre otros) permite la definición del punto de inflexión, que se entiende como la ponderación porcentual del precio por encima de la cual la oferta de menor calidad-menor precio se convierte en la mejor oferta.

Aunque en general las entidades compradoras comprenden la definición de criterio de adjudicación, la elección de la propia fórmula a menudo recibe mucho menos atención; es frecuente que las fórmulas se elijan sin un análisis cuidadoso de sus propiedades y eso puede tener efectos importantes en los resultados de la licitación.

Fuente: Stilger, P.S., J. Siderius y E.M. van Raaij (2015), "A Comparative Study of Formulas for Choosing the Economically Most Advantageous Tender", de próxima aparición en el *Journal of Public Procurement*, http://dx.doi.org/10.2139/ssrn.2626934.

De acuerdo con el Artículo 22 de la LOPSRM, las dependencias contratantes pondrán a disposición del público, a través de CompraNet y de su sitio de Internet, a más tardar el 31 de enero de cada año, su programa anual de obras públicas y servicios relacionados, correspondiente al ejercicio fiscal de que se trate. Esto excluye la información que, de conformidad con las disposiciones aplicables, sea de naturaleza reservada o confidencial, en los términos establecidos en la Ley Federal de Transparencia y Acceso a la Información Pública Gubernamental.

Según el Artículo 31 de la LOPSRM para proyectos cuyo monto estimado sea superior a diez mil veces el salario mínimo diario, la convocatoria preliminar debe difundirse a través de CompraNet, al menos durante 10 días hábiles antes de la publicación de la licitación pública. En los casos de monto inferior al señalado, cualquier publicación previa de la convocatoria preliminar es opcional. Esa divulgación tiene como fin que los interesados hagan comentarios sobre la convocatoria preliminar, que incluye información detallada sobre las modalidades de la competencia, especificaciones técnicas o duración de las obras. El ROPSRM (Artículo 35) señala además que los comentarios y respuestas deben documentarse debidamente, incluso las justificaciones para no integrar los comentarios en la convocatoria definitiva.

Esta información puede ayudar a los proveedores a identificar las oportunidades de contratación pública en las que tal vez tengan interés. También puede proporcionar tiempo adicional útil para formar alianzas *ad hoc* con otros proveedores en caso de ofertas que requieran conocimientos especializados distintos o recursos humanos adicionales que un proveedor por sí solo no pudiera proporcionar. Además, le ofrece al GACM la oportunidad de recibir comentarios y opiniones del mercado sobre los documentos de licitación antes de publicar la licitación pública abierta.

Fortalecer la participación de la sociedad civil en el proyecto

Involucrar más a la sociedad civil en el proyecto y, de manera más específica, en los procesos de contratación es un objetivo que puede conseguirse de dos maneras. En primer lugar, los requisitos legislativos imponen la integración de la sociedad civil en los procesos de contratación por encima de un determinado límite. Sin embargo, esos requisitos proporcionan cierta flexibilidad y le ofrecen al GACM la oportunidad de consolidar aún más la participación pública en el proyecto.

El Artículo 27 Bis de la LOPSRM estipula que los testigos sociales deben participar en todas las etapas de los procedimientos de licitación pública abierta, cuyo valor estimado exceda el equivalente a 10 millones de días de salario mínimo vigente en el Distrito Federal, o por decisión de la Secretaría de la Función Pública cuando lo considere oportuno. En términos financieros, eso significa que la participación de los testigos sociales es obligatoria para los procesos de contratación cuyo valor estimado exceda aproximadamente USD 46 millones. El testigo social puede ser una persona física o moral, como cámaras de comercio o asociaciones profesionales. Los testigos sociales, elegidos por la Secretaría de la Función Pública (SFP), deben ser honorables, poseer conocimientos especializados relacionados con la naturaleza de la contratación de las obras o servicios y ser independientes de las partes que intervienen en el proceso.

En los casos de monto inferior al estipulado por la ley, la participación de los testigos sociales es opcional. Además de reforzar la confianza de la ciudadanía en la contratación pública al integrar la supervisión social en los procesos, los testigos sociales también pueden ser útiles al hacer recomendaciones no obligatorias durante el proceso (OECD, 2013a). Por consiguiente, el GACM puede decidir hacer obligatoria la participación de los testigos sociales en todos los procesos de contratación relacionados con la construcción del aeropuerto, independientemente del valor estimado de los paquetes de licitación.

Aparte de incluir el escrutinio externo en los procesos de contratación pública, el GACM también proporciona al público en general información sobre la contratación relacionada con el NAICM a través de su sitio de Internet. Esa información incluye planes de contratación, los últimos contratos importantes adjudicados y los estudios de impacto realizados antes de iniciar el proyecto. En los capítulos sobre integridad y comunicación de este análisis se evalúa la integridad de la información y se abordan recomendaciones fundamentales para mejorar la transparencia general y la rendición de cuentas del proceso de contratación.

Garantizar la transparencia al conceder excepciones en los procesos de contratación pública abierta

Las leyes aplicables a la contratación pública ordenan a las entidades compradoras, incluso al GACM, crear órganos supervisores responsables de evaluar las excepciones a las licitaciones públicas abiertas. Por tanto, el Comité de Obras y el Comité de Adquisiciones son los responsables de conceder excepciones a los procesos de contratación pública abierta. Según el Artículo 26 del ROPSRM, el Comité de Obras debe estar integrado por:

- El director general del GACM
- El titular de la Dirección Corporativa de Administración y Gestión Inmobiliaria
- El titular de la Dirección Corporativa de Finanzas
- Servidores públicos con reconocida experiencia en la materia que no estén adscritos a la Oficialía Mayor

La composición anterior asegura el funcionamiento de este órgano supervisor. Sin embargo, la Ley de Obras Públicas también ofrece más flexibilidad al manifestar que el Comité de Obras puede invitar, pero sin derecho a voto, a cualquier individuo, sujeto a obligaciones de confidencialidad, cuyas aclaraciones se consideren necesarias. Esta posibilidad aumentaría la transparencia cuando se solicite una excepción y garantizaría que el Comité tome una decisión informada al conceder una excepción a una licitación pública abierta.

El Artículo 42 de la Ley de Obras Públicas enumera de manera detallada los motivos de excepción, la mayoría de los cuales se originan en cuestiones técnicas (por ejemplo, imposibilidad de definir con precisión el perímetro y la cantidad del trabajo necesario) o jurídicas (por ejemplo, derechos de propiedad intelectual reservados, fuerza mayor, entre otras). En las POBALINES se señala que la Dirección Corporativa de Infraestructura proporciona las justificaciones técnicas para las excepciones presentadas ante el Comité de Obras.

El Comité de Obras normalmente es responsable de decidir, antes del proceso, si concede excepciones a la obligación de las entidades públicas de adjudicar contratos mediante un procedimiento de licitación pública. Sin embargo, considerando la Fracción IV del Artículo 42 de la LOPSRM, la excepción a las licitaciones públicas basada en temas de seguridad nacional no se propone ante el Comité: a este solo le informa la entidad compradora después de la firma del contrato. Por tanto, no hay control *ex ante* de esta excepción.

Además, en virtud del Artículo 41 de la LOPSRM, debe facilitarse al Órgano Interno de Control una lista de los contratos suscritos por la entidad durante el mes anterior y que fueran objeto de excepciones al procedimiento de licitación pública abierta. Sin embargo, no es necesario reportar los contratos basados en excepciones concedidas por motivos de seguridad nacional.

Un proyecto de infraestructura requiere la participación de diferentes partes interesadas con experiencia distinta y desigual

Varias direcciones dentro del GACM, así como otras secretarías, tienen responsabilidades distintas, pero relacionadas entre sí, durante el ciclo de contratación

Las POBALINES definen las distintas áreas responsables de las diferentes etapas de los procesos de contratación.

La Dirección Corporativa de Planeación, Evaluación y Vinculación es responsable de la coordinación general de las actividades del GACM y, de manera más específica, de la planeación estratégica para el desarrollo de infraestructura aeroportuaria en el Valle de México, y de su evaluación y seguimiento.

La Dirección Corporativa de Infraestructura es responsable de programar y gestionar las evaluaciones de impacto, proyectos, obras y servicios relacionados, elaborar los términos de referencia, gestionar contratos de inversión y supervisar la ejecución de las obras.

La Dirección Corporativa de Finanzas es responsable de planear, establecer y coordinar estrategias y directrices para cumplir con la estrategia financiera, presupuestal y programática.

Por último, la Dirección Corporativa de Administración y Gestión Inmobiliaria es responsable, entre otras cosas, de representar jurídicamente al GACM y de llevar a cabo los procesos de contratación necesarios para las adquisiciones de obras públicas y servicios relacionados.

En el Cuadro 3.1. se resumen las responsabilidades relacionadas con la contratación que recaen en cada dirección corporativa del GACM.

Las entidades son responsables de aspectos específicos integrados en el proceso de contratación, dentro de esas direcciones corporativas. Aunque en los POBALINES se explican con claridad las funciones y responsabilidades de las diferentes áreas, la ajustada secuencia de actividades necesarias para la estrategia de contratación diseñada por el GACM exige una coordinación racional y eficiente.

Desde el plan de contratación inicial hasta la verificación de la ejecución de las obras públicas, un proceso típico de contratación en el GACM involucra a las cuatro direcciones corporativas y a no menos de nueve subdirecciones o unidades. En los procesos de contratación más complejos, como cuando se requiere que los testigos sociales y los periodos contractuales rebasen un año, se incluirá a otras direcciones del GACM y a otras dependencias públicas, por ejemplo, la Secretaría de la Función Pública (SFP), la Secretaría de Hacienda y Crédito Público (SHCP) y la Secretaría de Medio Ambiente y Recursos Naturales (SEMARNAT).

Cuadro 3.1. **Responsabilidades relacionadas con la contratación por dirección corporativa del GACM**

	Dirección Corporativa de Planeación, Evaluación y Vinculación	*Dirección Corporativa de Infraestructura*	*Dirección Corporativa de Finanzas*	*Dirección Corporativa de Administración y Gestión Inmobiliaria*
Responsabilidades	• Coordinación general de las actividades del GACM • Planeación estratégica para el desarrollo de infraestructura aeroportuaria en el Valle de México • Evaluación • Seguimiento	• Planeación y gestión de las evaluaciones de impacto, proyectos, obras y servicios relacionados • Elaboración de los términos de referencia para la construcción del NAICM • Gestión de los contratos de inversión • Supervisión de la ejecución de las obras	• Planeación y establecimiento del financiamiento necesario para el desarrollo del NAICM • Coordinación de estrategias y directrices para cumplir con la estrategia financiera, presupuestal y programática adecuada	• Representación jurídica del GACM • Aseguramiento del cumplimiento de los marcos reguladores aplicables • Realización de los procesos de contratación necesarios para las adquisiciones de obras públicas y servicios relacionados, incluso investigación de mercado • Estrategia inmobiliaria • Planeación, integración, dirección y gestión de recursos humanos, bienes raíces, inmuebles y servicios generales

Fuente: Elaborado por el autor.

Las actividades de contratación del GACM, desde su creación, indican experiencia limitada en la gestión de procedimientos de concurso abierto

Aunque se creó formalmente en 1998, al GACM solo se le concedió estructura orgánica y el presupuesto correspondiente a finales de 2014, cuando el gobierno mexicano aprobó formalmente el proyecto del NAICM. Desde entonces, el GACM ha estado elaborando alguna orientación práctica interna y en particular manuales de contratación para complementar los publicados por la Secretaría de la Función Pública. Deberán seguirse desarrollando otros manuales que orienten sobre cuestiones presupuestales o sobre los Comités de Obras Públicas y Adquisiciones.

Sus actividades de contratación recién empezaron en el mismo año y se relacionan con el proyecto del NAICM. Hasta el 12 de agosto de 2015, el GACM había realizado 36 procesos de contratación directamente relacionados con distintas obras públicas (Gráfica 3.2).

Gráfica 3.2. **Procesos de contratación para obras públicas y servicios relacionados efectuados por el GACM desde su inicio**

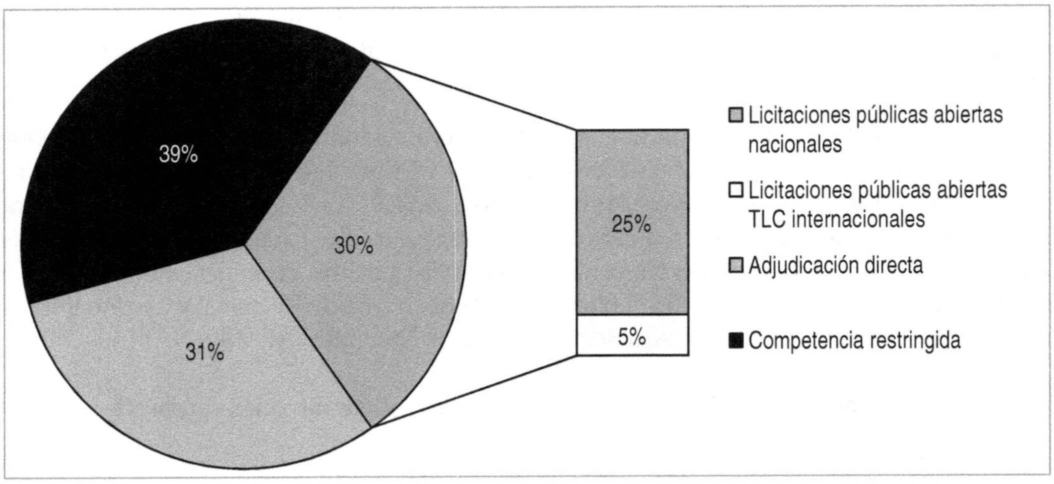

Fuente: Basado en información disponible en CompraNet (consultado el 12 de agosto de 2015).

Esas operaciones de contratación relacionadas casi exclusivamente con diversas evaluaciones de impacto representan las condiciones previas para la ejecución de obras públicas relativas a infraestructura (artículos 18 y 20 de la Ley de Obras Públicas). En vista del carácter extraordinario de los proyectos de infraestructura de esta envergadura y tamaño, y de la desigual experiencia respectiva de los funcionarios públicos involucrados en esos procesos de contratación, el GACM también buscó ayuda para diseñar los términos de referencia.

Más de dos terceras partes de los procesos de contratación realizados por el GACM desde su inicio se llevaron a cabo como excepciones a licitaciones públicas abiertas y, en particular, en condiciones de competencia restringida (invitación a cuando menos tres personas). Al limitar la competencia a licitantes invitados, el GACM incurrió en el riesgo de recibir propuestas que no tuvieran suficiente calidad, y, por tanto, tuvo que cancelar y volver a publicar el proceso correspondiente. Eso sucedió en 21% de los procesos de contratación realizados en condiciones de competencia restringida. Además, cabe señalar que más de 90% de los procesos de contratación solo contemplaba la participación de empresas nacionales.

Con base en la información proporcionada por el GACM sobre los principales paquetes de construcción (véase "Los paquetes de licitación: desde la estrategia hasta la implementación", más adelante), esas tendencias —tanto respecto de los procesos competitivos de contratación como en lo referente a la apertura— cambiarán drásticamente según las declaraciones públicas que se han hecho: todas las actividades de contratación relacionadas con la construcción del NAICM serán mediante licitaciones públicas abiertas.

A lo largo del ciclo de contratación la asistencia externa compensa la experiencia limitada

Además de la asistencia técnica subcontratada *ad hoc* y en vista de la naturaleza del proyecto, el GACM coordinará los datos que proporcionarán un amplio conjunto de entidades del gobierno, el gerente del proyecto (GP) y el arquitecto maestro.

Como ya se mencionó, las secretarías de Comunicaciones y Transportes, de la Función Pública, de Medio Ambiente y Recursos Naturales, de la Defensa Nacional, y de Hacienda y Crédito Público participarán directamente en una etapa del proyecto. Esto es sin considerar otras dependencias públicas, una parte importante del gobierno mexicano, que se verán involucradas de manera indirecta.

Desde que comenzó el apoyo de la OCDE al proyecto, el GACM señaló que ha recibido asistencia técnica de empresas especializadas, de manera particular del GP. A Parsons se le adjudicó la responsabilidad de llevar a cabo la gestión del proyecto; esta empresa, con sede en Estados Unidos de América, posee amplios conocimientos en grandes proyectos de construcción de infraestructura y una experiencia integral en aeropuertos. Parsons proporciona datos sobre el diseño global del proyecto del NAICM, la estructura de la estrategia de paquetes de licitación y el modelo de subcontratación conforme al marco legislativo detallado antes. También participa en la redacción de las especificaciones técnicas que forman las bases de los procesos de contratación y las razones para usar el tipo de procedimiento utilizado. Como gerente del proyecto, Parsons también desempeña una función principal en la supervisión de la ejecución de la obra, la coordinación de los diferentes paquetes y la recepción del trabajo. En tanto oficina de gestión del proyecto (OGP), diseñará el programa de trabajo; planeará y gestionará el proyecto, incluidos ejecución, equipo y sistemas; controlará todas las acciones necesarias para la obtención de permisos; identificará y vigilará los riesgos durante el desarrollo del proyecto; inspeccionará los sistemas de calidad; gestionará el presupuesto asignado y preparará la transferencia del aeropuerto actual al nuevo.

La adjudicación de esta parte del proyecto a Parsons fue dirigida por ASA en 2014, cuando el GACM aún no estaba en funciones. El proceso se celebró en mayo de 2014 y se firmó en octubre del mismo año. Se llevó a cabo una exhaustiva investigación de mercado primero a nivel nacional, sin resultados, y después en el ámbito internacional, para identificar a las firmas más calificadas disponibles para proporcionar la amplia gama de servicios del gerente del proyecto. Conforme a la Ley de Obras Públicas y Servicios Relacionados con las Mismas, se invitó a las siete mejores empresas del mundo, además de la responsable de los estudios iniciales del NAICM, a presentar un presupuesto por sus servicios; sin embargo, hubo pocas respuestas. Parsons es el líder mundial en este tipo de servicio. El precio presentado por Parsons se comparó con la tabla de costos del personal de la unidad de ingenieros civiles en México. La Cámara Nacional de Empresas de Consultoría realizó una evaluación independiente de los costos totales del GP en relación con el monto total del proyecto y el resultado fue de 2% a 5% del valor total del proyecto. Con esa información, ASA estudió la propuesta de Parsons y concluyó que era inferior al precio del mercado. La investigación de mercado también concluyó que no había un número importante de competidores disponibles en el mercado mundial, aparte de los invitados.

Un paso del proceso de contratación donde la participación de Parsons es menos clara es la etapa que se relaciona con el análisis de las propuestas recibidas. Al considerar sus conocimientos técnicos y la experiencia en la contratación de obras públicas para grandes proyectos de infraestructura, los funcionarios del GACM se beneficiarían de los datos de Parsons para identificar las fortalezas y debilidades de las propuestas recibidas en respuesta a las licitaciones públicas. Eso sería especialmente válido si varios criterios constituyen la base para adjudicar los contratos públicos.

Los paquetes de licitación: desde la estrategia hasta la implementación

En una conferencia de prensa celebrada el 8 de junio de 2015, el secretario de Comunicaciones y Transportes (SCT) expuso su visión de las operaciones de contratación pública necesarias para la construcción del NAICM. Ruiz Esparza señaló que el objetivo de las licitaciones es fomentar la participación de las empresas mexicanas, establecer normas claras desde el principio, identificar al mayor número de participantes idóneos y garantizar la transparencia.

El creciente reconocimiento de la participación de la contratación pública en la prestación de servicios para los gobiernos se ha demostrado en una gran cantidad de países y generó la Recomendación del Consejo sobre Contratación Pública (*Recommendation of the Council on Public Procurement*) (OECD, 2015f). El uso estratégico de la contratación también exige la implementación inteligente, la cual asegura que las operaciones de contratación pública sean eficaces, sustentables y brinden la mejor relación calidad-precio desde la perspectiva del gobierno completo.

Por consiguiente, lograr los objetivos estratégicos definidos por el GACM y en mayor medida por las autoridades mexicanas para la construcción del NAICM requerirá que las decisiones de implementación tomadas a lo largo del proyecto concuerden con estos objetivos en mente.

Tanto el modelo de ejecución y la estructura general como la apertura de los procesos de contratación son elecciones estratégicas con diversas consecuencias. Su propósito es generar ciertos beneficios, pero también entrañan desafíos relacionados.

Equilibrar la asignación de responsabilidades y los riesgos entre los sectores público y privado en el proyecto

La primera y principal elección estratégica tomada por el gobierno mexicano se refiere al modo de subcontratar los trabajos de construcción. En los proyectos de infraestructura se utilizan tres procesos principales: la contratación pública, las concesiones y las asociaciones público-privadas (APP). Uno de los rasgos que tienen en común las concesiones y las APP es su enfoque inherente de largo plazo, pues los contratos que se deriven compensan los costos de la inversión inicial con los ingresos de la operación en el largo plazo. En marcado contraste, la contratación pública adopta un enfoque más escalonado (Burger y Hawkesworth, 2011).

Algunos análisis indican que las APP y las concesiones de largo plazo pueden resultar más adecuadas para el diseño, construcción y operación de grandes proyectos de infraestructura, pues si se diseñan correctamente, esos esquemas contractuales tienen la capacidad de transferir gran parte de los riesgos a los agentes económicos. Sin embargo, también abren la puerta a renegociaciones drásticas de los contratos si no se cumplen las suposiciones y proyecciones iniciales. Según un estudio reciente, entre 1993 y 2010, en Chile, Colombia y Perú se renegociaron 50 de 61 contratos de concesiones de autopistas por lo menos una vez (OECD, 2013b).

A la vez que pone la mayor parte de la carga financiera por adelantado en el gobierno, la contratación pública —a menudo limitada a actividades de construcción— también limita el riesgo de relaciones inviables de largo plazo con los agentes económicos basadas en proyecciones o suposiciones iniciales que podrían resultar demasiado optimistas. Conforme a esta elección, el GACM decidió sincronizar las diferentes actividades de construcción en una serie de 21 procesos de contratación consecutivos (GACM, 2015b).

Aparte de la elección estratégica del método de ejecución global, otro factor importante es definir la asignación de riesgos en el proyecto entre el sector público y el privado. Al considerar la complejidad de los grandes proyectos de infraestructura como el Nuevo Aeropuerto Internacional de la Ciudad de México (NAICM), la estrategia de diseño de las licitaciones tiene un papel fundamental en la ejecución del proyecto. Como la estrategia definida por el GACM incumbe a la contratación de obras públicas, esta adopta un enfoque secuencial para la construcción del NAICM con una combinación de modelos diseño-licitación-construcción y diseño-construcción.

Estos dos modelos tienen varias ventajas, pero también entrañan dificultades inherentes que no deben subestimarse. El modelo diseño-licitación-construcción distingue la etapa de diseño de la etapa de construcción; esta última se contempla en los documentos de licitación con los planes y conceptos elaborados por el equipo de diseño. Este enfoque tradicional de la contratación pública para proyectos de infraestructura difiere del enfoque de diseño-construcción, en el que todas las responsabilidades, desde los conceptos arquitectónicos hasta los trabajos de construcción, se delegan en un contratista.

Las principales diferencias entre estos modelos, que solo son dos opciones entre los distintos modelos de ejecución para proyectos de infraestructura (Cuadro 3.2), están en la asignación de riesgos y el control sobre la construcción de la infraestructura.

Cuadro 3.2. **Diferentes tipos de modelos de ejecución de infraestructura**

Modelo	*Responsabilidades y riesgos*
Diseño-licitación-construcción	• La dependencia contratante completa la mayoría del trabajo de diseño (a veces con ayuda de consultores especializados). • El gobierno contrata a un contratista para construir, a partir del diseño proporcionado. • Los riesgos relacionados con las fallas del diseño, requisitos cambiantes y condiciones adversas del sitio normalmente los asume la dependencia contratante.
Diseño-construcción	• La dependencia contratante solo proporciona un resumen del proyecto en los documentos de licitación, a veces con solo necesidades basadas en resultados. • El contratista contrata consultores en diseño. • Los contratistas presentan ofertas de su diseño desarrollado y precio de la construcción a tanto alzado. • Los riesgos asociados con errores y omisiones en el diseño definitivo, y las condiciones latentes normalmente los asumen los contratistas y los consultores en diseño. • Los costos de la variación dirigida normalmente corren a cargo de la dependencia contratante.
Gestión de la construcción o contratista general	• El contratista emprende parte importante de las funciones de gestión del proyecto, como: • Obtener aprobaciones de desarrollo o Hacer investigaciones en el lugar o Finalizar el diseño o Elaborar el programa de construcción, comisiones y mantenimiento • Asume el riesgo de los resultados de la construcción como el equivalente de un contratista general que celebra todos los subcontratos durante la etapa de construcción. • Los contratistas reciben incentivos para gestionar los costos del proyecto al compartir el ahorro en costos.
Contratación en alianza	• Las dependencias contratantes y otros socios en alianza elaboran en forma conjunta el diseño y comparten los riesgos. • Otros socios en alianza pueden ser diseñadores, consultores, proveedores de servicios de gestión, proveedores o contratistas de la construcción. • A menudo se considera de mayor valor cuando la dependencia contratante ha tenido experiencia limitada con los riesgos del proyecto.
Asociación público-privada (APP) y concesiones	• Contrato entre el sector público y el privado, lo que puede reflejar algunos modelos de asociación diferentes. • El sector privado ejecuta la infraestructura y los servicios en el largo plazo. • Cierto nivel de financiamiento privado para el proyecto. • El proyecto puede ser financiado por el gobierno, los pagos de los usuarios o una combinación de ambos.

Fuente: Adaptado de la Comisión Australiana de la Productividad del Gobierno (2014), *Public Infrastructure: Productivity Commission Inquiry Report*, volumen I, núm. 71, www.pc.gov.au/__data/assets/pdf_file/0003/137280/infrastructure-volume1.pdf.

El modelo diseño-licitación-construcción puede implicar varias ventajas, como diversificar el conjunto de proveedores que trabajan en el proyecto, asegurar que las especificaciones técnicas se incluyan en los documentos de licitación para los trabajos de construcción, o ayudar al GACM a calcular las cantidades de los distintos paquetes de licitación, para mantener así una robusta supervisión financiera. Sin embargo, también entraña dificultades, de manera muy señalada los riesgos relacionados con los cambios en el diseño o las inconsistencias que requieran definir con precisión las funciones, responsabilidades y obligaciones contractuales de los distintos consultores y empresas.

Por el contrario, el enfoque diseño-construcción asigna todas las actividades a un contratista. En lo referente a la responsabilidad civil, ofrece más seguridad a la dependencia contratante, pues los riesgos asociados a las fallas del diseño normalmente se delegan al contratista. Sin embargo, también conlleva riesgos relacionados con un menor control por parte de la dependencia contratante sobre las distintas etapas del proyecto y menor visibilidad de la relación general calidad-precio del proyecto, pues las decisiones de diseño que tome el contratista afectarán directamente los costos de construcción que se deriven (CMAA, 2012).

Fomentar la competencia al tiempo que se protege la eficiencia: una evaluación estratégica

A raíz de las estrategias empleadas en otros proyectos de construcción aeroportuaria, la tarea general de la construcción se divide en varios paquetes. El aeropuerto Dulles de Washington y el Aeropuerto Internacional de Doha, entre otros, siguieron la misma lógica. Por ejemplo, la construcción del Aeropuerto Internacional de Doha, que empezó en 2004, se dividió inicialmente en 19 paquetes que se ampliaron a 21 durante la etapa de construcción (GACM, 2014).

Aunque se han diseñado otros proyectos de manera similar al NAICM, también existen otros escenarios; por ejemplo, la ampliación del aeropuerto de Abu Dhabi, donde se nombró un contratista principal con varios subcontratistas (GACM, 2014). Aunque esto limita que los diversos proveedores tengan relaciones contractuales directas con la entidad responsable del proyecto de infraestructura, esta opción también representa inherentemente la dilución de las responsabilidades que se derivan de múltiples contratos interrelacionados entre sí.

Los trabajos de construcción relacionados con el NAICM y efectuados por el GACM se dividen en 21 paquetes principales, los llamados paquetes de licitación. Además, la Comisión Nacional del Agua (CONAGUA) será responsable de publicar los procesos competitivos de contratación de las obras públicas que se relacionen con el sistema de drenaje en el Valle de México y la descontaminación del suelo. Como el NAICM proporcionará infraestructura para aviación tanto civil como militar, la Secretaría de la Defensa Nacional (SEDENA) también será directamente responsable de emprender y supervisar las obras públicas que afecten la seguridad nacional.

Los 21 paquetes principales representan casi 75% (MXN 95 millones) de los MXN 127 millones asignados para infraestructura aeroportuaria. Según declaraciones del GACM, el resto deberá financiar diversos trabajos adicionales, como instalaciones para aerolíneas y de los arrendatarios, o sistemas de tecnologías de la información (TI). Sin embargo, estos no están integrados en la estrategia global definida para los 21 paquetes principales.

Como se anunció en una conferencia de prensa el 8 de julio de 2015, el principio general de la estrategia de empaquetamiento para los 21 paquetes principales (en lo sucesivo llamada "estrategia de empaquetamiento"), es recurrir a licitaciones públicas abiertas para todos los paquetes, lo que contrasta con la experiencia previa del GACM, como lo demuestra la información disponible en CompraNet (véase la Gráfica 3.2).

Según el Artículo 134 de la Constitución, licitación pública abierta es la norma. Sin embargo, en circunstancias específicas pueden concederse excepciones para utilizar ya sea la adjudicación directa o los procedimientos de competencia restringida. Las excepciones deben justificarse debidamente y las obras, realizarse conforme a los mismos principios generales de transparencia, eficiencia y solidez financiera de la operación.

De hecho, más que imponer el concurso abierto, la Constitución promueve el uso del método de contratación, el cual logra mejor los principios antes mencionados, pues la lógica para conceder excepciones es que, en el mejor de los casos, esos objetivos no se conseguirían mediante licitaciones públicas abiertas. Por tanto, conforme a la Constitución, las decisiones del GACM referentes a los métodos de compra (concurso abierto, adjudicación directa e invitación restringida) deben ante todo, y en primer lugar, evaluar sus ventajas relativas para la consecución de esos objetivos.

A menudo se descubre que promover la competencia rinde mejores resultados en la contratación pública y en particular, en los proyectos de infraestructura. De acuerdo con 200 obras de infraestructura licitadas en países en desarrollo, se calcula que fomentar la competencia genera 8.2% de ahorro (Estache e Iimi, 2008). Sin embargo, favorecer la competencia no deberá entenderse solo como la realización de procesos de contratación conforme a licitaciones públicas abiertas.

En efecto, algunos análisis indican que fomentar la competencia depende de tres factores principales: la complejidad del proyecto y el nivel de los detalles incluidos en los documentos de licitación, el número de posibles proveedores en el mercado y los costos de la licitación (Tadelis y Bajari, 2006). En proyectos complejos, la competencia abierta a todos los proveedores interesados —lo cual requiere una inversión importante de los licitantes para preparar una respuesta— tal vez no les ofrezca suficientes incentivos para que presenten ofertas, lo que perjudica la competitividad de las que se reciben. Peor aún, puede influir en gran medida en las decisiones de los licitantes más calificados, pues podrían tener mayor confianza en su capacidad y una mayor experiencia en ganar los procesos competitivos de contratación en otros mercados. Las elecciones sobre la naturaleza de los procesos de contratación a menudo implican un equilibrio entre competencia y eficiencia (OECD, 2015e).

Con base en la información suministrada por el GACM, la estructura exacta y el contenido de los paquetes están, no obstante, todavía sujetos a nuevos análisis de suma y desglose de varios componentes, por ejemplo, las diferentes etapas del trabajo de construcción de la terminal. Las decisiones referentes al tamaño y el alcance de los paquetes afectan inherentemente el resultado de los procesos competitivos de contratación que se deriven.

Aparte de identificar los 21 paquetes principales y de comprometerse a realizarlos conforme a licitaciones públicas abiertas, la estrategia detalla el calendario y los principales objetivos parciales para desarrollar cada proceso de contratación, el nivel de apertura (nacional o internacional) y el monto correspondiente estimado de cada paquete de licitación. Esta estrategia de empaquetamiento debe proporcionar al GACM un tablero de contratación útil para convertir las estrategias y los objetivos antes mencionados en decisiones prácticas, y supervisar la implementación.

Sin embargo, por la complejidad y magnitud de los proyectos de infraestructura, complicados aún más por el enfoque escalonado elegido por el GACM, la estrategia de empaquetamiento debe actualizarse y modificarse periódicamente para evaluar si continúa cumpliendo con los objetivos definidos al principio del proyecto. En el Recuadro 3.3 se muestra una lista que puede servir al GACM para tal efecto.

Recuadro 3.3. **Lista de verificación para evaluar periódicamente una estrategia de contratación en proyectos de infraestructura**

Factor estratégico	*Preguntas para la dependencia contratante*
1. ¿Existe una declaración explícita de los productos que deben comprarse?	• ¿Se especificaron con claridad todos los elementos del producto? • ¿Se tiene claro el precio previsto que tendrá que pagar por los productos?
2. ¿Existe una convergencia clara con los objetivos como se indica en la estrategia de contratación?	• ¿Su enfoque para esta actividad de contratación aún concuerda con sus prioridades estratégicas? • ¿Su enfoque propuesto para la suma y la consolidación (si procede) es compatible con su estrategia de contratación? • ¿Existe alguna razón por la cual esta actividad de contratación ya no deba proseguir? • ¿Los factores económicos, ambientales y sociales identificados aún son pertinentes?
3. ¿Se cuenta con la capacidad de contratación adecuada (sea interna o externa) para emprender la actividad?	• ¿Tiene la capacidad para emprender la actividad de contratación? • Si no es así, ¿dónde están las deficiencias y cómo va a financiarse la capacidad requerida? • ¿Tiene los recursos necesarios para cumplir con el contrato y supervisarlo? • ¿Se entienden y cuantifican los riesgos asociados con la actividad de contratación? ¿Quién es el más indicado para gestionar este riesgo?
4. ¿Cuál es la situación del mercado de proveedores?	• ¿Ha habido cambios importantes y pertinentes en el mercado de proveedores (es decir, número de proveedores, competitividad del mercado) que afectarán el enfoque planeado para la actividad de contratación? • ¿Hay otras organizaciones aprobadas que estén comprando bienes y servicios similares? • ¿El calendario propuesto de su actividad de contratación puede adaptarse al mercado de proveedores?
5. ¿Cuáles son los riesgos y las oportunidades?	¿Los riesgos y las oportunidades identificadas son aún pertinentes?

Fuente: NZ Transport Agency (2009), "Procurement manual", actualizado el 2 de agosto de 2014, www.nzta.govt.nz/ resources/procurement-manual/.

La convocatoria preliminar publicada el 10 de septiembre de 2015 proporciona diferentes elementos. En primer lugar, la licitación está reservada para empresas mexicanas. En segundo lugar, el plazo para llevar a cabo el proceso de contratación se reduce a 69 días. Los principales objetivos parciales afectados por esa reducción se refieren a la fecha límite de presentación de ofertas (reducido en aproximadamente 37%) y la identificación de la propuesta que ofrezca la mejor relación calidad-precio (reducida en alrededor de 57%). Como se explica en este capítulo, estas dos etapas son decisivas para fomentar la competencia y generar la mejor relación calidad-precio.

Promover el contenido nacional, que brinde los beneficios previstos a la sociedad, y mantener al mismo tiempo la competencia

Según lo declarado por el secretario de Comunicaciones y Transportes (SCT), con las licitaciones se busca beneficiar a las empresas mexicanas. El GACM utiliza dos opciones diferentes para conseguir este objetivo. Al considerar el posible efecto sobre el empleo local de un proyecto de infraestructura de este tipo (se calcula que representa 160 000 puestos de trabajo durante la etapa de construcción), México, al igual que otros muchos países, promueve de manera activa requisitos que favorezcan el contenido nacional en la contratación pública. Sin embargo, esos requisitos pueden afectar la competitividad si no se adaptan al contexto del mercado y la experiencia nacionales.

El Artículo 30 de la Ley de Obras Públicas estipula que las licitaciones públicas abiertas pueden ser nacionales y por tanto limitadas a proveedores acreditados en México; internacionales con la cobertura de tratados de libre comercio y en las que solo podrán participar proveedores extranjeros de países con los que se hayan celebrado tratados; o internacionales sin ninguna limitación. El último procedimiento solo se realiza cuando los dos anteriores no pudieran efectuarse por falta de capacidad nacional después de una investigación, o cuando un procedimiento nacional anterior no haya sido fructífero.

El último párrafo del Artículo 30 también contempla otra posibilidad; introducir en las licitaciones públicas abiertas el "requisito de contenido nacional". Este exige que los oferentes presenten propuestas con un determinado porcentaje del valor total de las obras públicas reservado para materias primas, maquinaria o equipo de origen nacional. Además de los productos nacionales, las licitaciones públicas abiertas deben incorporar al menos 30% de mano de obra de nacionalidad mexicana, sin perjuicio de lo dispuesto en los tratados internacionales.

Con base en la información suministrada por el GACM, se tiene el propósito de limitar 42% de las licitaciones públicas abiertas a proveedores nacionales, lo cual equivale a cerca de 47% del monto total estimado de los 21 paquetes. Sin embargo, esa cifra no refleja el requisito de contenido nacional que supuestamente se integrará en las licitaciones públicas abiertas internacionales. Si el GACM establece este requisito en 30% de las licitaciones públicas internacionales, la dimensión nacional total de los paquetes ascendería a cerca de 60% del total del proyecto (Gráfica 3.3).

Gráfica 3.3. **Tamaño de los paquetes de licitación respecto del nivel de competencia previsto a lo largo del tiempo**

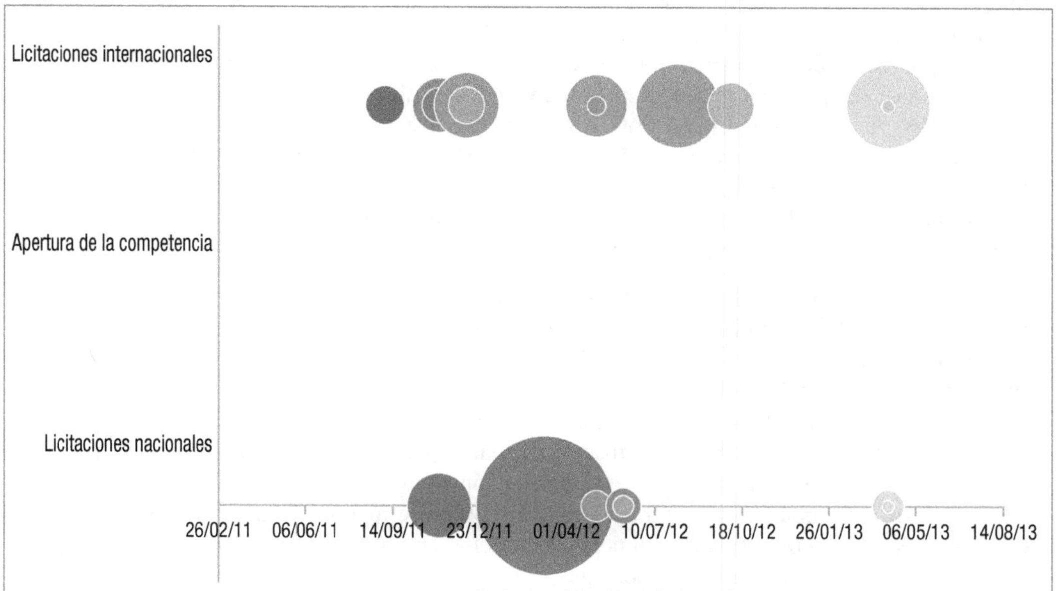

Nota: El primer paquete relativo a la nivelación del terreno se someterá a la licitación pública nacional, conforme a la convocatoria preliminar publicada el 10 de septiembre de 2015.

Fuente: Análisis basado en GACM (2015B), "Estrategia de empaquetamiento", publicado el 24 de julio de 2015.

Posiblemente, esos diversos requisitos pueden enmarcar directamente la participación del sector privado en el proyecto y así generar beneficios económicos para México. Sin embargo, un proyecto de infraestructura de esta magnitud también demanda una evaluación prudente y la implementación de procedimientos que, de manera comprensible, se diseñen para las actividades de contratación cotidianas del gobierno. De hecho, de no utilizarse adecuadamente, esos requisitos podrían ser perjudiciales no solo para la competencia sino también para el bienestar nacional.

En primer lugar, podría tener un efecto perverso sobre la competitividad de los procesos si la capacidad del mercado interno no es capaz de responder a las necesidades expresadas en licitaciones públicas nacionales. La etapa de investigación de mercado, obligatoria antes de cada licitación pública abierta, debe ser decisiva para evaluar la probable competitividad de los mercados internos en cada paquete de licitación. No hacerlo puede causar retrasos adicionales debido a licitaciones fallidas. Los mercados internos muy limitados también pueden abrir la puerta a la colusión en las licitaciones, sobre todo a disfrazarlas o a la asignación de mercados (OECD, 2011) (Recuadro 3.4).

Recuadro 3.4. **Colusión y carteles en las licitaciones en la Unión Europea**

2014 – Cartel de cables de alimentación: en 2014, la Comisión Europea multó a los productores de cables de alimentación de alta tensión con EUR 302 millones por operar un cartel y violar la prohibición del Tratado de la CE sobre prácticas comerciales restrictivas (Artículo 81). Con esos cables se suele conectar la capacidad de generación a la red eléctrica o interconectar las redes eléctricas en distintos países. El comunicado de prensa de la Comisión Europea manifestó: "A partir de 1999 y durante casi diez años, estas empresas compartieron mercados y se asignaron los clientes entre sí en una escala casi mundial. Parte de ese plan era asignar proyectos importantes de cables de alimentación de alta tensión en el Espacio Económico Europeo (EEE), incluso grandes proyectos de infraestructura y energía renovable, como los parques eólicos marinos. La mayoría de los principales productores mundiales de cables de alimentación, es decir, ABB, Nexans, Prysmian (antes Pirelli), J-Power Systems (antes Sumitomo Electric y Hitachi Metals), VISCAS (antes Furukawa Electric y Fujikura), EXSYM (antes SWCC Showa y Mitsubishi Cable), Brugg, NKT, Silec (antes Safran), LS Cable y Taihan, participaron en los acuerdos ilegales. ABB recibió inmunidad total contra las multas conforme a la Notificación de Indulgencia de 2006 de la Comisión, por ser la empresa que denunciara al cartel ante la Comisión".

2007 – Cartel de equipos de conmutación: en 2007, la Comisión Europea multó a los miembros del cartel de equipos de conmutación con aislamiento gaseoso con más de EUR 750 millones. Las empresas multadas fueron ABB, Alstom, Areva, Fuji Electric, Hitachi Japan AE Power Systems, Mitsubishi Electric Corporation, Schneider, Siemens, Toshiba y VA Tech. El comunicado de prensa de la Comisión Europea manifestó: "Entre 1988 y 2004, las empresas se coludieron por los contratos de adquisiciones, fijaron precios, se asignaron proyectos entre sí, compartieron mercados e intercambiaron información confidencial comercialmente importante. ABB recibió inmunidad total contra las multas conforme al programa de indulgencia de la Comisión, por ser la empresa que denunciara al cartel. La multa de EUR 396 millones a Siemens, de Alemania, es la multa más grande que la Comisión haya impuesto a una sola empresa por una infracción única de cartel". La investigación empezó con inspecciones realizadas por sorpresa en mayo de 2004, a raíz de la solicitud de inmunidad presentada por ABB, en virtud de la Notificación de Indulgencia de 2002.

2007 – Carteles de elevadores y escaleras mecánicas: en 2007, la Comisión Europea multó a los miembros de los carteles de elevadores y escaleras mecánicas con más de EUR 990 millones por operar carteles para la instalación y el mantenimiento de elevadores y

Recuadro 3.4. Colusión y carteles en las licitaciones en la Unión Europea (*Continuación*)

escaleras mecánicas en Bélgica, Alemania, Luxemburgo y los Países Bajos. Las empresas multadas fueron Otis, Kone, Schindler y ThyssenKrupp. El comunicado de prensa de la Comisión Europea manifestó: "Al menos entre 1995 y 2004, estas empresas se coludieron en las licitaciones de los contratos de adquisiciones, fijaron precios, se asignaron proyectos entre sí, compartieron mercados e intercambiaron información confidencial comercialmente importante. Los efectos de este cartel pueden continuar durante 20 a 50 años, pues el mantenimiento a menudo lo realizan las empresas que instalaron el equipo al principio; al operar la instalación en cartel, las empresas distorsionaron los mercados para los próximos años. Las filiales de Kone recibieron inmunidad total contra las multas conforme al programa de indulgencia de la Comisión en lo referente a los carteles de Bélgica y Luxemburgo, pues fueron las primeras en proporcionar información sobre ambos carteles. Del mismo modo, en los Países Bajos, Otis recibió inmunidad total en lo referente al cartel respectivo en el país. Las multas impuestas a las empresas ThyssenKrupp se incrementaron 50%, por reincidir".

Fuente: Comunicado de prensa de la Comisión Europea del 2 de abril de 2014: http://europa.eu/rapid/press-release_IP-14-358_en.htm; Comunicado de prensa de la Comisión Europea del 24 de enero de 2007: http://europa.eu/rapid/press-release_IP-07-80_en.htm?locale=en; Comunicado de prensa de la Comisión Europea del 21 de febrero de 2007: http://europa.eu/rapid/press-release_IP-07-209_en.htm?locale=en.

Aunque no distorsionen la competencia, las licitaciones públicas abiertas limitadas a proveedores nacionales simplemente podrían llevar a un resultado inferior a lo óptimo, y no le darían certeza al GACM de que las licitaciones públicas generen la mejor relación calidad-precio. Sin un concurso internacional abierto, las entidades compradoras limitan *de facto* el alcance de los proveedores capaces de responder a la demanda de contratación pública. Véase en el Recuadro 3.5 un caso práctico de Australia que menciona los beneficios de la competencia internacional.

Recuadro 3.5. Competencia internacional en proyectos de infraestructura en Australia

El ministro de Comercio Andrew Robb aclamó la aparición de nueva competencia internacional en la industria local de la construcción como una oportunidad para obtener AUD 125 mil millones en infraestructura construida más barata y más rápido de lo que habría sido hace cinco años.

Robb dijo que la llegada a Australia de seis constructoras españolas para competir por infraestructura en terrenos no urbanizados había roto el duopolio que dominaba el mercado australiano y destacó los beneficios de la liberalización del comercio mundial.

Al concluir las conversaciones de fin de semana con los ministros de comercio en la reunión del G20 de las economías más grandes del mundo, Robb señaló que la competencia había sido atraída a Australia por la perspectiva de que la inversión en infraestructura se revitalizará mediante la venta de activos para financiar nuevos desarrollos.

"Es una gran oportunidad para hacerlo y para que algunas de las mejores constructoras del mundo traigan su experiencia e innovación de vanguardia a todo este despliegue de infraestructura", comentó Robb a The Australian.

"Lo que se consideraba un duopolio en Australia con proyectos importantes se volvió muy competitivo en un lapso de cinco años", agregó Robb. Destacó la construcción de la carretera

Recuadro 3.5. **Competencia internacional en proyectos de infraestructura en Australia** (*Continuación*)

este-oeste en Melbourne, donde había empresas españolas en cada uno de los tres consorcios preseleccionados que se postularon para el proyecto.

La inversión en infraestructura es uno de los principales temas para el G20, con la presidencia de Australia este año, conforme a los esfuerzos nacionales para alentar a los estados a vender activos y reciclar esos recursos en nuevos proyectos.

El tesorero Joe Hockey ofreció a los estados AUD 5 mil millones en pagos complementarios si venden activos como puertos y redes de distribución y transmisión de electricidad, y asignan esos ingresos para construir nuevas carreteras, ferrocarriles y hospitales.

Robb dijo que la aparente certeza del financiamiento para los proyectos a partir de ventas de activos, junto con costos de financiamiento bajos y el déficit de trabajo en otras partes del mundo, habían atraído a los actores internacionales a Australia.

Fuente: White, A. (2014), "More competition in building 'good for infrastructure'", *The Australian*, 21 de julio.

Los requisitos de contenido nacional en las licitaciones públicas abiertas internacionales también deben utilizarse con cuidado y adaptarse a la naturaleza del proyecto. La Ley de Obras Públicas solo exige que los licitantes manifiesten en una declaración solemne que cumplen con las condiciones de contenido nacional estipuladas en la convocatoria, por lo que esa condición es un requisito más que un componente cualitativo de las propuestas recibidas. Así, los proveedores pueden percibirlo como un requisito administrativo y no como un objetivo concreto de política pública.

Tradicionalmente, los grandes proyectos de infraestructura requieren un uso muy intenso de mano de obra y, por tanto, generan empleos. Por consiguiente, exigir a los licitantes que se comprometan a emplear un determinado porcentaje de trabajadores locales puede brindar una oportunidad única al sector de la construcción en México. Aunque la proporción de contenido nacional en cuanto a maquinaria, equipo y materias primas queda a criterio de la entidad compradora, la parte de mano de obra nacional debe ser equivalente al menos a 30% de la mano de obra total empleada para los trabajos.

Sin embargo, las estadísticas muestran que la construcción, junto con la agricultura, es el sector con el mayor porcentaje de empleados poco calificados (76.7% de los trabajadores solo tienen educación primaria o secundaria) (Gráfica 3.4).

Gráfica 3.4. **Nivel educativo de los empleados por sector económico, México**

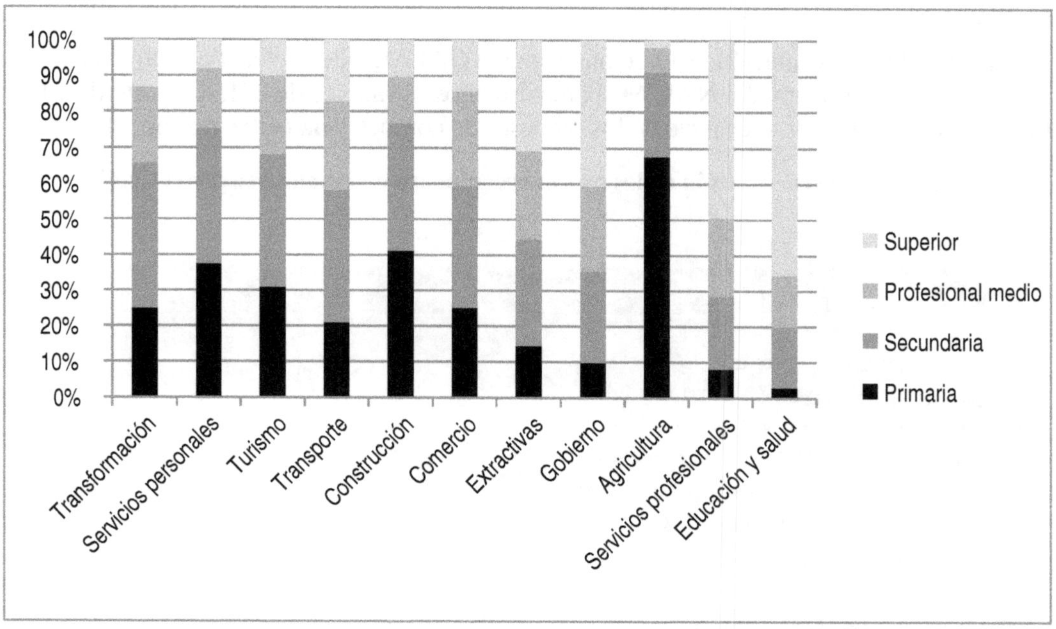

Fuente: Portal del Empleo (2015), "Panorama de ocupación por sector económico", consultado el 10 de agosto de 2015.

Sin orientación adicional en los documentos de licitación, el requisito de contenido nacional podría alentar a los proveedores extranjeros a reclutar a trabajadores poco calificados de origen mexicano. Es probable que a esos trabajadores poco calificados se les remunere conforme al salario mínimo publicado por la Comisión Nacional de los Salarios Mínimos (CONASMI). El salario mínimo en el Valle de México es de MXN 70.10 por día de trabajo. Según estadísticas de la OCDE sobre el empleo, el salario promedio que se paga a los trabajadores mexicanos representa el salario promedio más bajo de los países de la OCDE, basado en la paridad del poder adquisitivo (OECD, 2015g). México también es el país de la OCDE más desigual: las 10 personas más ricas del país ganan 30 veces más que el 10% de los trabajadores más pobres.

Aunque se crean empleos, exigir a los licitantes que incluyan un determinado límite de mano de obra local (mexicana) sin evaluar exhaustivamente sus condiciones laborales, incluso sueldos y prestaciones, podría causar mayor desigualdad. Por el contrario, integrar este elemento en los componentes cualitativos generales de las propuestas recibidas puede ayudar a evaluar las ventajas relativas de cada propuesta, valorar su influencia en otros factores, como el precio, y alcanzar deliberadamente objetivos secundarios de política pública.

Eso haría que este encomiable objetivo coincida con la Recomendación de la OCDE sobre Contratación Pública que, en su Principio IV, señala que "cualquier uso de un sistema de contratación pública para conseguir objetivos políticos secundarios debe equilibrarse con el objetivo primario de la contratación". Para tal efecto, se alienta a los países a utilizar la metodología adecuada de evaluación de impacto para medir la eficacia de la contratación en la consecución de objetivos secundarios de política pública. Cuando se trata de promover el desarrollo del mercado nacional y del empleo local, también deben utilizarse esas evaluaciones de impacto para decidir si es conveniente y eficaz aprovechar la contratación pública para lograr un objetivo de ese tipo.

Diseñar procesos de licitación sustentables para desarrollar eficientemente el proyecto

A partir de la información proporcionada por el GACM, todo el ciclo de contratación para las obras de construcción del NAICM abarca dos años (de agosto de 2015 a agosto de 2017). La Gráfica 3.5 ilustra la secuencia de los procesos de competencia realizados por el GACM.

Gráfica 3.5. **Secuenciación de los procesos competitivos a realizarse por el GACM**

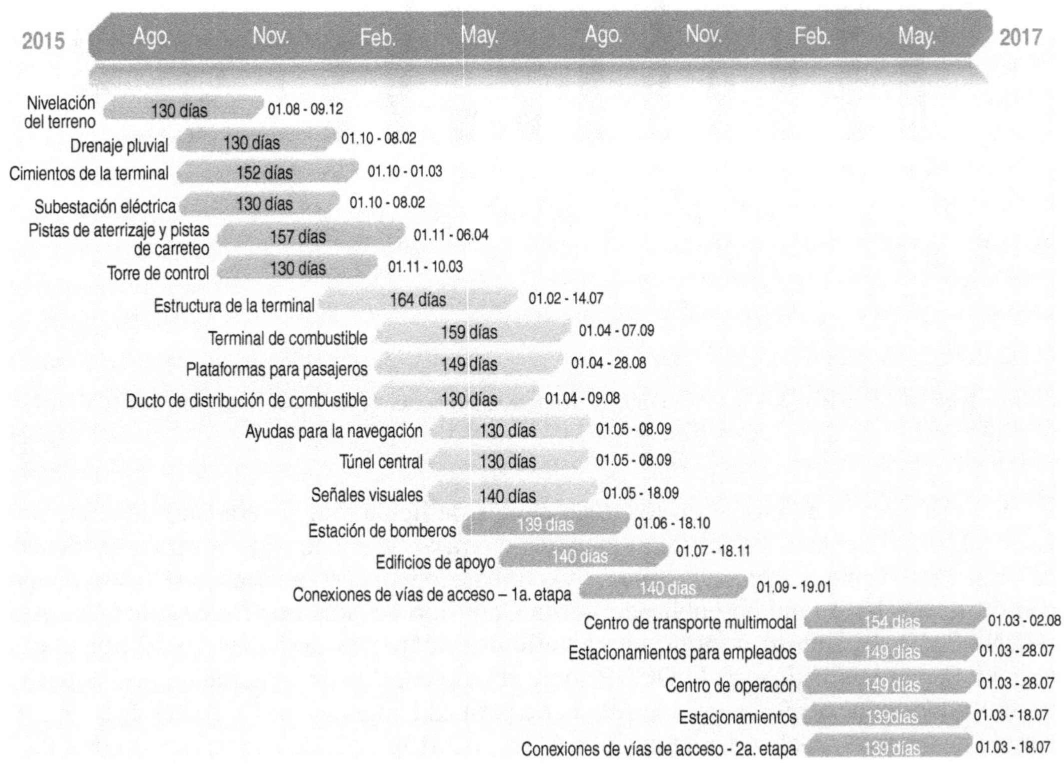

Fuente: Análisis basado en GACM (2015B), "Estrategia de empaquetamiento", publicado el 24 de julio de 2015.

La estrategia de consolidación y la secuencia de los procesos de contratación deben permitir que ciertos trabajos avancen al mismo tiempo, lo que ayudaría al GACM a cumplir con el calendario general. Las actividades de construcción de la primera etapa del aeropuerto deberán haber finalizado en 2018, para permitir dos años de pruebas y certificaciones antes de abrirlo al público en 2020.

Otros ejemplos indican que el plazo total para la construcción del NAICM es muy ambicioso. La ampliación del aeropuerto de Abu Dhabi, con la construcción de una nueva terminal que da servicio a 30 millones de pasajeros, considerablemente menos que los 50 millones de pasajeros proyectados por año del NAICM, empezó a principios de 2012 con una etapa de construcción de cuatro años, y no se pondrá en servicio antes de 2017 (Aeropuertos de Abu Dhabi, 2011).

Esta secuencia también supone que no ocurrirán retrasos importantes en los procesos de contratación. De hecho, algunos paquetes dependen mucho de la finalización exitosa de trabajos previos. Eso implica que los retrasos en áreas específicas no solo afectarán la conclusión oportuna de esas obras, sino que también pueden influir en otras.

La Gráfica 3.5 ilustra la articulación general de los distintos paquetes de licitación. Cabe señalar que una tercera parte de los procesos de contratación se publicarán en un plazo aproximado de tres meses (de marzo de 2016 a junio de 2016). La información suministrada por el GACM indica que las etapas preliminares de dos terceras partes de los 21 paquetes se realizarán en forma simultánea con al menos otro paquete.

Por ejemplo, el análisis de mercado y la finalización de los documentos de licitación se realizarán simultáneamente para el sistema de drenaje pluvial y para los cimientos de la terminal. Estas decisiones sin duda afectarán los recursos asignados a los distintos procesos. Esta etapa resulta crucial para los resultados exitosos de los procesos de licitaciones públicas (OECD, en prensa-a), por lo que la sincronización y la atención que se le dedique debe ser acorde al tamaño relativo y la complejidad de los trabajos empaquetados.

El contacto temprano con los posibles proveedores es vital para entender los principales retos antes de que empiece el proceso de contratación y puede ser fundamental para su éxito. El Principio V de la OCDE, "Recomendación del Consejo sobre Contratación Pública", estipula que los países deben:

> *...entablar diálogos transparentes y periódicos con los proveedores y las asociaciones empresariales para presentar objetivos de contratación pública y asegurar la correcta interpretación de los mercados. Debe mantenerse una comunicación eficaz para ofrecer a los posibles vendedores una mejor comprensión de las necesidades del país y a los compradores del gobierno, información para elaborar especificaciones de la licitación más realistas y eficaces al entender mejor las capacidades del mercado. Esas interacciones deben estar sujetas a las garantías de imparcialidad, transparencia e integridad, las cuales varían en función de que un proceso de contratación activo esté en curso* (OECD, 2015f).

Si bien los intercambios *ex ante* sobre la convocatoria preliminar están previstos en la Ley de Obras Públicas para obras importantes, el GACM optó por realizar giras, ya sea reuniones personales o a distancia, para entender mejor la estructura del mercado y asegurar que las obras públicas por licitar se ajusten en lo posible a las capacidades del mercado. En la medida en que se planeen con suficiente antelación y se divulguen ampliamente para permitir que la comunidad de proveedores se movilice, esas iniciativas deben ayudar a reducir la asimetría en la información a menudo presente en proyectos de contratación complejos (Saussier y Tirole, 2015).

La Fracción III del Artículo 30 de la Ley de Obras Públicas establece que pueden realizarse licitaciones internacionales abiertas si las investigaciones de mercado previas revelan que los proveedores nacionales no tienen la capacidad para ejecutar las obras, y cuando sean convenientes desde una perspectiva financiera. Por tanto, el papel de los análisis de mercado es fundamental para decidir el nivel de apertura del procedimiento de contratación.

Sin embargo, los análisis de mercado tampoco deben limitarse a verificar la existencia de obras similares en CompraNet y a evaluar si los proveedores han respondido antes a este tipo de obras. En vista de la envergadura del proyecto y la cuantía de los recursos necesarios para llevar a buen puerto el trabajo de construcción, el GACM no solo debe evaluar la existencia de proveedores mexicanos en los distintos campos de conocimiento requeridos, sino también su capacidad para desarrollar contratos de esa magnitud. Una decisión reciente de la Contraloría General de Estados Unidos de América destaca la necesidad de que las entidades compradoras evalúen las capacidades del mercado respecto de los requisitos contractuales (Recuadro 3.6).

Recuadro 3.6. **Decisiones de compra guiadas por análisis de mercado**

Se admite la queja cuando la investigación de mercado del organismo no basta para concluir la probabilidad de que dicha dependencia recibiera cotizaciones de al menos dos empresas pequeñas responsables que pudieran cumplir con los requisitos de la solicitud de cotización a un precio justo de mercado, y, por tanto, la decisión de la dependencia de limitar la convocatoria a empresas pequeñas no era razonable.

En virtud de la Regulación Federal de Adquisiciones (FAR, por sus siglas en inglés) § 19.502-2(b), una contratación con un valor en dólares previsto no mayor a USD 150 000 debe reservarse para la participación exclusiva de empresas pequeñas cuando hay una expectativa razonable de que se reciban ofertas de al menos dos empresas pequeñas responsables, y la adjudicación se haga a un precio justo de mercado. El 2 de abril de 2015, el Departamento de Asuntos de Veteranos (DAV) publicó una solicitud de cotización para la fabricación y entrega de radiofármacos y no radiofármacos como contrato gubernamental adjudicado sin concurso y reservado a empresas pequeñas, y designó al código 325412 del Sistema Estadounidense de Clasificación de la Industria (NAICS, por sus siglas en inglés), Pharmaceutical Preparation Manufacturing, que tiene un tamaño estándar correspondiente a 750 empleados, como el tamaño estándar para la participación de empresas pequeñas en la contratación. La solicitud de cotización prevé la emisión de un contrato de precio fijo, para un año base y cuatro opciones de un año.

Sin embargo, la investigación de una dependencia contratante para determinar la disponibilidad de empresas pequeñas para efectos de un contrato gubernamental adjudicado sin concurso a empresas pequeñas no solo debe abordar la existencia de estas empresas que pudieran presentar propuestas, sino también su capacidad para cumplir con el contrato; el hecho de que en el curso de la investigación se identifiquen muchas empresas pequeñas no es necesariamente determinante.

La decisión de reservar esta contratación a empresas pequeñas se debió a una investigación de mercado realizada en noviembre de 2014 que arrojó un resultado de "14 empresas en red". La investigación de mercado también implicó "[una] búsqueda en la Base de Datos Dinámica de la Pequeña Empresa (DSBD, por sus siglas en inglés) de la SBA que arrojó 676 vendedores". En el informe se explicó que la investigación de mercado no se limitó por estado ni ubicación, pues es común que las empresas farmacéuticas que producen radioisótopos tengan instalaciones en otros lugares además de las ubicaciones de sus sedes que se muestran en la DSBD. El informe de la investigación de mercado también tomó nota de los resultados de intentos previos de adquirir esos artículos. Expresamente, el informe consignó que una convocatoria para el mismo requerimiento se publicó el 9 de septiembre de 2014 para la fabricación y entrega de isótopos, con un periodo de cumplimiento de las obligaciones de cuatro meses.

En resumen, Triad sostiene que el DAV no demostró razonablemente que exista siquiera una empresa pequeña que pueda cumplir con el requisito de fabricar sus propios radiofármacos y a la vez cumplir con los breves plazos de entrega planteados en la convocatoria.

La investigación de mercado del DAV no bastó para concluir que la dependencia recibiría cotizaciones de al menos dos empresas pequeñas responsables que pudieran cumplir con los requisitos de la solicitud de cotización a un precio justo de mercado. Por ese motivo, la decisión de la dependencia de limitar la convocatoria a empresas pequeñas no era razonable.

Fuente: Fragmentos de la decisión de la Contraloría General de Estados Unidos de América, United States Government Accountability Office, 16 de julio de 2015, Triad Isotopes Inc., expediente B411360.

Aparte de la etapa inicial, otra área de especial atención es la valoración de las propuestas recibidas para asegurar que los licitantes adjudicados representen no solo la mejor relación calidad-precio general sino que cumplan efectivamente con los compromisos asumidos en sus propuestas. Se calcula que esta etapa, que empieza con la recepción de propuestas y termina con la adjudicación del contrato, dure 30 o 40 días naturales, según la complejidad de las obras. En promedio, el tiempo necesario para llevar a cabo esta etapa es de más o menos 25% de la duración total habitual de un proceso de contratación.

Si bien esta proporción parece acorde con la duración de cada proceso, cabe observar que varios procesos se harán al mismo tiempo, según los análisis anteriores de la secuencia; por tanto, eso limita el plazo efectivo asignado para evaluar las propuestas recibidas por cada paquete. Además, la publicación de la primera convocatoria preliminar el 10 de septiembre de 2015 muestra una disminución importante del tiempo calculado asignado a la evaluación de las propuestas recibidas y a la identificación del mejor oferente para el primer paquete. En la convocatoria preliminar, la etapa que empieza con la apertura de las propuestas y termina con la adjudicación del contrato se redujo a 13 días naturales.

En vista de la magnitud y la complejidad de las obras de infraestructura que se licitarán, el plazo asignado para analizar las proposiciones recibidas, aclarar con los licitantes sus propuestas técnicas y financieras, analizarlas con los criterios de selección predefinidos y documentar el proceso decisorio que respalda todo el ciclo de contratación, son factores que deben tomarse en cuenta prudentemente. Infrastructure Australia llevó a cabo un estudio consultivo con las partes interesadas que suelen participar en proyectos de infraestructura (gobierno, dependencias de contratación, sector de la construcción, etcétera) para identificar el plazo óptimo de cada etapa de la contratación e impulsar resultados eficientes en proyectos de infraestructura que varíen en tamaño y complejidad del modelo de contratación (Cuadro 3.3). Esta evaluación comparativa destaca diferencias importantes respecto de los plazos estimados que se presentaron en la estrategia de empaquetamiento del GACM.

Es fundamental asegurar un nivel adecuado de transparencia, así como un análisis meticuloso de las proposiciones recibidas para lograr resultados eficientes y, a la vez, reforzar la confianza de la ciudadanía.

Los proyectos de infraestructura requieren información de distintas secretarías y dependencias públicas, y la falta de coordinación puede ser el principal origen del fracaso de la implementación acertada de tales proyectos (OECD, 2015d). Por ejemplo, la Secretaría de Medio Ambiente y Recursos Naturales (SEMARNAT) será responsable de evaluar el desempeño ambiental de las propuestas recibidas. Del mismo modo, la Secretaría de la Defensa Nacional debe participar en los procesos de contratación que, aunque no sean exclusivamente para propósitos militares, pudieran afectar la seguridad nacional o el orden público.

Esas distintas interacciones, fundamentales para cumplir con la secuencia prevista y la estructura de los paquetes de licitación, así como la exigencia de recurrir a complejos criterios de evaluación en las obras de infraestructura, deben tomarse en cuenta prudentemente en el tiempo dedicado para cada etapa.

Cuadro 3.3. **Evaluación comparativa de los plazos para los principales objetivos parciales en la contratación de infraestructura en Australia**

Etapa de contratación	Actividad de referencia	Medición	Parámetros temporales (semanas o meses)					
			Diseño y construcción		Etapa de precontratación (FPC)		Alianza	
			Más complejos	Menos complejos	Más compleja	Menos compleja	Más compleja	Menos compleja
Etapa de precontratación	Preaviso inicial del proyecto y participación del mercado	Meses antes de la emisión de la MDI	12	6	24	9	12	6
	Inicio de la interacción del mercado con un aviso específico del probable alcance, valor, funciones, modelos de contratos y empaquetamiento	Meses antes de la emisión de la MDI	6	2	12	6	6	2
	Discusiones formales, detalles específicos del proyecto asesorados en cuanto al alcance, modelos de contratos, riesgo, valor, rotación, funciones, sincronización	Meses antes de la emisión de la MDI	2	2	3	3	2	2
Etapa de MDI	Preparación de la manifestación de interés (MDI)	Semanas desde la publicación del documento de MDI hasta la presentación de respuestas a la MDI	6*	4*	8*	6*	4*	3*
Etapa de la SDC	Duración del periodo de solicitud de cotización (SDC)	Semanas desde la emisión de los documentos de SDC hasta la presentación de las propuestas	12 a 16	8 a 12	24**	18**	12	8
Etapa de evaluación / finalización	Duración de la evaluación	Semanas del cierre de presentaciones hasta la selección	6	4	12	8	4	2
	Duración de la finalización	Semanas (selección hasta la documentación definitiva) suponiendo que todas las cuestiones materiales están resueltas	3	3	4	4	3	3

Nota: * Se supone la participación efectiva durante la etapa de precontratación (FPC).

** Máximo de 34 semanas para la FPC compleja y singular, y sujeto a comentarios específicos del mercado en la etapa de precontratación.

Los proyectos menos complejos son los proyectos de infraestructura valorados en aproximadamente AUD 200 millones (cerca de USD 143 millones) o AUD 1 mil millones (USD 716 millones) para las etapas de precontratación que no requieren experiencia internacional.

Los proyectos más complejos son los valorados por encima de AUD 1 mil millones (USD 716 millones) o AUD 2 mil millones (USD 1.4 mil millones) y requieren la participación de especialistas internacionales.

Fuente: Infrastructure Australia (2012), "Benchmark for efficient procurement of major infrastructure in efficiencies in major project procurement".

Evaluar la eficacia de los procesos de contratación para lograr sus objetivos primarios y secundarios y hacer los ajustes respectivos

El propósito de las decisiones estratégicas que tome el GACM sobre la estructura y el contenido de los procesos de contratación es generar beneficios en diversas áreas: desde una gestión acertada de los recursos financieros y fechas límite para completar el proyecto, hasta desarrollo urbano y social. Por tanto, los resultados de los procesos de contratación pública deben medirse y evaluarse respecto de esos objetivos. Las herramientas para medir el desempeño de la contratación pública generaron mucha atención en los países de la OCDE, y los análisis pusieron de relieve las principales dificultades que implica evaluar el desempeño de un sistema de contratación en su conjunto y, en particular, la escasez de datos estandarizados para mostrar información y análisis valiosos (OECD, 2013c).

Sin embargo, estas dificultades pueden superarse con más facilidad en el nivel micro del proyecto del NAICM. De hecho, aunque diversas partes interesadas participan en el proyecto en su conjunto, los procesos de contratación están relativamente concentrados en las manos del GACM. Por tanto, eso ofrecería una oportunidad única para medir el desempeño de las actividades de contratación en el proyecto. Los indicadores clave de desempeño (ICD) no solo miden el desempeño agregado de la contratación, sino que también son muy útiles para evaluar procesos de contratación específicos y para proporcionar argumentos a los funcionarios respectivos, de modo que orienten sus decisiones futuras en materia de contratación (OECD, 2015f). Al hacerlo, el GACM se transformaría en una organización ágil capaz de adaptarse a entornos cambiantes y de conseguir los objetivos del gobierno.

A partir de la experiencia de distintos sistemas de contratación pública en varios países de la OCDE, la OCDE propuso un primer conjunto de indicadores clave de desempeño dedicados a medir el desempeño de los sistemas de contratación en su conjunto. Aunque todos los ICD identificados pueden ser pertinentes para evaluar el desempeño de los procesos de contratación en la construcción del NAICM en su totalidad, algunos son de interés directo para evaluar el nivel de consecución de los objetivos propios de la estrategia de empaquetamiento.

El primer y principal objetivo de política pública que se busca al construir el NAICM es promover beneficios económicos para la región, y para México en general. De hecho, el objetivo primordial de la construcción de este nuevo aeropuerto es desarrollar aún más el turismo en el país y convertirlo en un *hub* de toda la región. En los países de la OCDE, el turismo contribuye directamente con casi 5% del PIB, 6% del empleo y 21% de las exportaciones de servicios. Aunque las operaciones de contratación pública en este proyecto no se cuentan directamente en el desarrollo del turismo, un área relacionada donde la eficiencia del proceso de contratación está involucrada en forma directa es el costo total de la construcción del aeropuerto. Limitar estos costos hará más rentable la inversión, lo que generará beneficios económicos para el país. En consecuencia, es necesario medir los ahorros en el proceso de contratación (Recuadro 3.7).

Recuadro 3.7. **Indicadores clave de desempeño: ahorros**

Ahorros totales = porcentaje promedio de ahorro por paquete

$$\text{\% de ahorro por paquete} = \frac{\text{Precio histórico - precio pagado por cada paquete}}{\text{Precio histórico}} x\ 100$$

$$\%\ promedio\ de\ ahorro = \frac{\Sigma\ Precio\ histórico - \Sigma\ precio\ pagado\ por\ cada\ paquete}{\Sigma\ Precio\ histórico} x\ 100$$

y/o

Ahorro total = $\sum$ ahorro por paquete

Ahorro por bienes o servicios = Precio histórico de bienes o servicios – Precio pagado por bienes o servicios $x\ Q$

Ahorro por paquete = $\sum$ ahorro por bienes o servicios

Precios históricos: en la primera fórmula, el precio histórico es el valor del paquete calculado por el GACM al principio del proceso. En la segunda, se puede calcular como un promedio de los precios de contratación anteriores para bienes o servicios similares. Si el bien o servicio no se adquiere en el mismo año, se debe calcular y eliminar el efecto de la inflación.

Cantidad (C): es el número de cada uno de los bienes o servicios comprados para el paquete en cuestión.

Fuente: Adaptado de OECD (2014c), "Towards procurement performance indicators: First set of indicators", www.oecd.org/officialdocuments/publicdisplaydocumentpdf/?cote=gov/pgc(2015)12&doclanguage=en.

Los ICD para ahorros, adaptados a los aspectos específicos del proyecto, pueden proporcionar resultados valiosos para evaluar el desempeño de los procesos de contratación al limitar los costos de construcción y lograr la mejor relación calidad-precio. Como el GACM solicita a los oferentes precios a tanto alzado y, a la vez, un desglose detallado por precio unitario, se puede evaluar el desempeño general de la contratación al generar ahorros y obtener información desglosada sobre los precios, lo que puede orientar las decisiones de compra futuras.

Fomentar la competencia también genera ahorros, aunque de manera más indirecta (Estache e Iimi, 2008). Uno de los principales argumentos esgrimidos por el GACM para apoyar la decisión de dividir las obras de construcción en un conjunto de paquetes es la posibilidad de captar más oferentes y de favorecer a nuevos participantes en el mercado. El GACM puede desarrollar una evaluación multidimensional de la competencia que pudiera evaluar la eficiencia de los procesos de contratación para lograr los resultados deseados (Recuadro 3.8).

Recuadro 3.8. **Indicadores clave de desempeño: promover la competencia**

Atractivo de la competencia = Índice de ofertas recibidas

$$\text{Índice de ofertas recibidas} = \frac{\textit{Ofertas recibidas por paquete}}{\textit{Licitantes consultados por paquete}}$$

y/o

Eficiencia de la competencia = Índice de ofertas calificadas recibidas

$$\text{Índice de ofertas calificadas recibidas} = \frac{\textit{Ofertas calificadas}}{\textit{Ofertas recibidas por paquete}}$$

Ofertas recibidas por paquete: indica el número de propuestas recibidas en el plazo de la licitación pública.

Licitantes consultados por paquete: puede indicar el número de posibles licitantes que participaron en las juntas de aclaraciones.

Licitantes calificados: indica los licitantes que se evaluaron y que se considera que tienen la suficiente calidad técnica para justificar la evaluación de su propuesta financiera.

Fuente: Adaptado de OECD (2014c), "Towards procurement performance indicators: First set of indicators", www.oecd.org/officialdocuments/publicdisplaydocumentpdf/?cote=gov/pgc(2015)12&doclanguage=en.

Al utilizar los criterios basados en puntos, el GACM emplea un proceso de evaluación de dos etapas que requiere primero evaluar si la oferta cumple con un límite mínimo de puntos en los componentes cualitativos para calificar a la evaluación de sus componentes financieros. Este mecanismo de evaluación puede ser especialmente útil para evaluar las capacidades del mercado y adaptar los procesos de contratación futuros en caso de que los procesos anteriores no cumplan con un número aceptable de ofertas con suficiente calidad.

Otro elemento fundamental de la estrategia cuya evolución afectaría inevitablemente el éxito del proyecto es la secuencia de los procesos competitivos de contratación. Los retrasos en la realización de esos procesos pueden tener varias consecuencias, desde acelerar los procesos de contratación que de alguna manera afectarían la competencia hasta posponer la fecha prevista para la apertura del aeropuerto, lo que retrasaría los ingresos potenciales generados por su operación. Los retrasos en la realización de los procesos de contratación podrían deberse ya sea a demoras al cumplir con determinadas medidas obligatorias o a procesos de contratación fallidos, que daría lugar a una nueva publicación del paquete de licitación (Recuadro 3.9).

Recuadro 3.9. **Indicadores clave de desempeño: conclusión puntual de los procesos de contratación**

Eficacia de la secuenciación = Nivel de procesos fallidos

$$= \frac{\text{Número de procesos fallidos}}{\text{Número total de contratos adjudicados + número total de procesos fallidos}} \times 100$$

y/o

Eficacia de la planeación = Tiempo de adjudicación de los paquetes

$$\frac{\text{Número total de contratos adjudicados por el GACM, según las directrices de plazos}}{\text{Número total de contratos adjudicados + número total de procesos fallidos}} \times 100$$

Directrices de plazos: indica la fecha de inicio y la final previstas para cada proceso de contratación. Puede hacerse un análisis adicional al comparar la fecha prevista y la real para cada objetivo parcial dentro de cada paquete.

Fuente: Adaptado de OECD (2014c), "Towards procurement performance indicators: First set of indicators", www.oecd.org/officialdocuments/publicdisplaydocumentpdf/?cote=gov/pgc(2015)12&doclanguage=en.

Esos indicadores obviamente pueden complementarse con otros que midan el desempeño de los procesos de contratación para alcanzar los objetivos de contenido nacional ya identificados o el desempeño de la gestión de contratos. Sin embargo, utilizar este primer conjunto de indicadores para los primeros paquetes de licitación que se publiquen podría darle al GACM información detallada del desempeño de la contratación, y dejar margen para una adaptación rápida de la estrategia en caso de que los primeros procesos de contratación no cumplan con los objetivos deseados.

La contratación entraña riesgos que podrían afectar al proyecto

Se supone que la estrategia de empaquetamiento diseñada por el GACM producirá varias ventajas, por ejemplo:

- Diversificar riesgos
- Promover la competencia al proporcionar a los proveedores transparencia y un amplio acceso a los procesos de licitación
- Lograr avances simultáneos en varios trabajos para cumplir mejor con las limitaciones de tiempo
- Acudir a fuentes de conocimientos más diversas
- Ofrecer oportunidades de apertura para las compañías nacionales y las pequeñas y medianas empresas (PYME)

Sin embargo, esta estrategia también implica riesgos que deben considerarse de antemano para prever las medidas de mitigación. Conforme al Principio XI de la "Recomendación del Consejo sobre Contratación Pública" de la OCDE, el GACM implementó una estrategia de gestión de riesgos para mapear, detectar y mitigar los riesgos durante todo el ciclo de contratación. Aunque se identificaron ya algunos riesgos, faltan otros relacionados con la estrategia de contratación y deben integrarse.

Estrategia de gestión de riesgos creada por el GACM

El GACM estableció un registro de riesgos (GACM, 2015c) para identificar y evaluar, en cuanto a gravedad, severidad y probabilidad, los principales riesgos para la finalización exitosa del proyecto, las causas probables y las medidas de mitigación que contribuyan a disminuirlos o aligerarlos.

Falta de transparencia

El GACM identificó riesgos vinculados a los procesos de contratación relativos a la percepción sesgada por parte de la sociedad civil de los procedimientos de adjudicación de contratos. Debido a la falta de claridad en los procesos de contratación, la sociedad civil podría cuestionar los procedimientos y, en consecuencia, poner en entredicho al proyecto en general.

Se ha evaluado que se trata de un riesgo alto en cuanto a gravedad y probabilidad a la vez, aunque la inminencia del mismo es lógicamente menor, pues es más probable que se produzca al final de las operaciones de contratación relacionadas con el proyecto. El GACM considera que la amplia divulgación de la información relacionada con todos los pasos de los procesos de contratación puede constituir una medida de mitigación adecuada.

Sin embargo, la transparencia no se aplica solo a los procesos de contratación en sentido estricto y también podría respaldarse con medidas adicionales que muestren procesos incluyentes, como la difusión de las giras previstas o la divulgación de información detallada sobre las etapas de consultas de mercado. Eso brindaría a la sociedad civil una mayor comprensión de las diferentes etapas de los procesos de contratación.

Además, la transparencia no debe terminar con la firma de un contrato. Mientras no se divulgue información de carácter confidencial que pudiera ser perjudicial para los secretos industriales y los modelos de negocio de los proveedores adjudicados, el GACM puede proporcionar resúmenes de la ejecución de los contratos.

Diseño contractual inadecuado o incompleto

Este riesgo vinculado a la falta de experiencia contractual adecuada puede provocar que se firmen contratos inviables y den lugar a controversias o renegociaciones. Este riesgo tiene el mayor impacto identificado en el registro de riesgos, y también se clasifica como alto en cuanto a probabilidad, calculándose al mismo tiempo que ocurra en el mediano plazo.

Para mitigarlo, la Dirección Corporativa de Administración y Gestión Inmobiliaria, responsable de la gestión de contratos, sugiere confiar en expertos especialistas externos, como abogados especializados o el gerente del proyecto, y en la coordinación interna con otras entidades especializadas, en particular, la Dirección Corporativa de Infraestructura.

Además de la complejidad inherente de los proyectos de infraestructura, la estrategia de empaquetamiento en sí misma y la dilución de responsabilidades que implica exigen una evaluación cautelosa de la robustez contractual. Sin embargo, es frecuente percatarse de que los contratos exhaustivos son inexistentes (Tirole, 2009).

Falta de coordinación interna

El GACM también identificó riesgos relacionados con la falta de coordinación interna. Por ejemplo, deben abordarse temas como la definición inadecuada de responsabilidades y la falta de personal facultado para tomar decisiones con el fin de evitar cuellos de botella que podrían retrasar las decisiones de la licitación. Si bien esos temas atañen a la estructura interna del GACM, pueden amplificarse mediante la participación de otras partes interesadas durante la implementación de la estrategia de empaquetamiento.

La estrategia impone mecanismos de coordinación bien pensados y un entendimiento común entre las partes interesadas. Aunque la propiedad del proyecto recae en el GACM, la estrategia exige una coordinación sólida entre proveedores, consultores, gerente del proyecto, autoridades de control (es decir, SFP) y el mismo GACM.

Riesgos vinculados a los procesos de contratación y ausentes en el registro de riesgos

Además de los riesgos ya identificados por el GACM, otros factores directamente asociados a los procesos de contratación pueden ser perjudiciales para la finalización exitosa del proyecto.

Desempeño de los procesos de contratación inferior a lo óptimo

Este riesgo se vincula de manera estrecha a la estructura de la estrategia de empaquetamiento, y se ve afectado por ella. Dividir la construcción en varios paquetes puede ofrecer oportunidades para atraer a empresas más especializadas que de lo contrario no podrían responder a las licitaciones, lo que aumentaría la competencia y posiblemente aún más la participación de las PyME.

Sin embargo, en esta estrategia también se corre el riesgo de dividir de modo ineficiente algunos trabajos, lo que aumentaría los costos de transacción para el GACM y para los competidores, que tendrían que movilizar recursos y entregar documentos legales en varias ocasiones. También puede causar un incremento en los costos de gestión y coordinación que deberán considerarse cuando se defina el perímetro de cada paquete.

Asimismo, pueden moderarse los costos de transacción totales de los procesos de contratación al estudiar debidamente las posibilidades de incluir en algunas licitaciones actividades posteriores a la construcción, por ejemplo, mantenimiento periódico, como un medio de proporcionar oportunidades de largo plazo a los competidores, lo que refuerza el atractivo de las licitaciones públicas.

Falta de participación de los proveedores

El proyecto solo puede resultar exitoso si los paquetes por licitar satisfacen las expectativas y capacidades del mercado, con lo que por ende se ofrecen incentivos a los proveedores para que respondan. Un riesgo importante es la falta de respuesta a un proceso de contratación, o la deficiencia de las respuestas de modo que satisfagan solo parcialmente las necesidades del GACM; ambos casos tendrían consecuencias directas en el calendario del proyecto. Este riesgo se origina en las diversas etapas de los procesos de contratación.

En primer lugar, al tomar en cuenta los plazos estándar asignados para la consulta de mercado, los proveedores insuficientemente preparados pueden causar una disminución importante en el número de proposiciones recibidas en respuesta a los procesos de contratación pública, lo que afecta el nivel de la competencia.

El GACM señaló que dejaría transcurrir al menos dos meses entre la presentación pública de la estrategia de empaquetamiento y la publicación de las primeras licitaciones.

El periodo entre ambas debe dar a las empresas tiempo suficiente para que preparen sus propuestas, busquen socios en caso de necesitarlos y exploren alternativas de financiamiento, para fomentar la competencia tanto como sea posible. El tiempo insuficiente entre estos dos objetivos parciales puede obstaculizar el ingreso y dificultar la recepción de ofertas competitivas u obligar al GACM a realizar procedimientos no competitivos.

En segundo lugar, la falta de adecuación entre la naturaleza del procedimiento de contratación y sus requisitos y las capacidades de los proveedores puede resultar perjudicial para el atractivo de los procesos. Por ejemplo, el porcentaje de contenido nacional solicitado en la propuesta tal vez afecte negativamente el nivel de competencia, si no concuerda con las capacidades del mercado nacional. El tipo de procedimiento aplicado para cada paquete debe ser proporcional al tamaño y estructura del mercado, promover la transparencia y lograr la mejor relación calidad-precio. Los análisis de mercado deben ayudar a definir el nivel de apertura de los procesos de contratación.

De acuerdo con los principios generales expuestos en la Constitución, los procedimientos de contratación deben primero lograr el mejor resultado posible en transparencia, calidad y eficiencia. La elección del procedimiento (licitaciones públicas abiertas, invitación restringida o adjudicación directa) se desprende de esta evaluación. Al considerar la magnitud de esta infraestructura y la duración de los trabajos de construcción, el GACM y otras partes interesadas deben realizar una minuciosa investigación de mercado antes de decidir el tipo exacto de proceso de contratación, y tomar en cuenta la situación de los competidores tanto en el ámbito nacional como en el internacional.

Herramientas insuficientes o inadecuadas para generar la mejor relación calidad-precio

Aunque limitada por el calendario general del proyecto, la estrategia debe prever un plazo específico para la terminación de cada proceso de contratación acorde con su naturaleza y complejidad. En vista de la naturaleza de la infraestructura del proyecto y los aspectos técnicos de los paquetes, es probable que se requieran conocimientos especializados de partes ajenas al GACM. Un riesgo que puede surgir de las limitaciones excesivas a los plazos para terminar los procesos de contratación se relaciona con criterios de adjudicación inadecuados. La mayor complejidad de los criterios basados en puntos exige la atención directa y una sólida experiencia para diseñar de manera adecuada los términos de referencia, y dejar margen para una evaluación multidimensional de las propuestas recibidas, lo que llevaría a identificar la que ofrezca la mejor relación calidad-precio.

El plazo asignado para analizar las propuestas recibidas, analizarlas con los criterios de selección predefinidos y documentar el proceso decisorio que respalda todo el ciclo de contratación debe definirse caso por caso, tomando en cuenta, al menos, tanto la amplitud de conocimientos requeridos para evaluar las propuestas como la competitividad del mercado, pues ambos elementos tienen un efecto directo sobre el tiempo necesario para evaluar las respuestas. Es fundamental asegurar un nivel adecuado de transparencia, así como un análisis meticuloso de las proposiciones recibidas para lograr resultados eficientes y, a la vez, reforzar la confianza de la ciudadanía.

La identificación fundamentada de las propuestas que ofrezcan la mejor relación calidad-precio debe traducirse en una gestión contractual robusta, al asegurar que el desempeño de los contratistas se evalúe periódicamente respecto de los compromisos precisados en sus propuestas. Aunque no lo elimina, la gestión de contratos ayuda a moderar el riesgo de renegociaciones de los contratos que aumenten el costo total de la infraestructura.

Propuestas de acción

La culminación satisfactoria de la construcción del NAICM representará un logro importante para el gobierno mexicano y para el desarrollo de México. Incrementará la competitividad del país y al mismo tiempo mostrará transparencia y eficiencia en sus diferentes etapas de desarrollo. Para llevar a cabo la construcción se eligió la contratación pública, a diferencia de otros modos de ejecución como la concesión o la alianza público-privada.

Esta elección inicial y la respectiva distribución de riesgos ofrecen varias ventajas y, en particular, ayudan a evitar costos de explotación de largo plazo (pagados por los gobiernos o los contribuyentes) basados en proyecciones excesivamente optimistas que resultan inviables y, por tanto, sujetas a renegociación. Sin embargo, la elección también implica dificultades ya que, de no prepararse con cuidado, podría ser menos adaptable a proyectos de infraestructura complejos y no ofrecer la mejor relación calidad-precio.

Aunque la contratación pública estratégica no garantiza el éxito, es un requisito previo para la realización del proyecto. La contratación inteligente exige una organización ágil capaz de conciliar los entornos reguladores, las distintas partes interesadas, la estructura del proyecto, las necesidades de la sociedad civil y las expectativas del gobierno para lograr la mejor relación calidad-precio.

Adaptarse a la naturaleza del proyecto

La propia esencia del proyecto —la construcción de un importante activo de infraestructura— genera diversas consecuencias que deben integrarse en la estrategia de contratación y en la gobernanza, desde la naturaleza de los bienes y servicios adquiridos hasta el tiempo necesario para realizar el proyecto.

Los conocimientos expertos en coordinación permiten tomar decisiones informadas

Al crear un comité consultivo del proyecto que aglutine los distintos conocimientos expertos, el GACM podría fomentar la participación directa, transparente y eficaz de las partes interesadas para garantizar un enfoque coordinado al proyecto.

Aunque la propiedad del proyecto recae en el GACM, otras partes serán responsables de publicar paquetes específicos.[1] Por consiguiente, para el éxito del proyecto es indispensable secuenciar de manera adecuada las acciones y la coordinación entre los distintos actores.

Además, tomando en cuenta la naturaleza de los trabajos por realizar, el entorno regulador circundante impone interacciones tanto dentro del GACM como con otras entidades públicas. Se requiere el trabajo complementario de diferentes áreas especializadas del GACM, y no solo de este, en cada paso del proceso de contratación.

Esas aportaciones no son simplemente asesoría o autorizaciones *ad hoc* que justifiquen interacciones irregulares. Como lo demuestran algunos ejemplos, interactuar más bien sugiere fortalecer lazos entre las partes interesadas del sector público. En los aspectos ambientales, se requerirá la autorización de la Secretaría de Medio Ambiente y Recursos Naturales para las evaluaciones de impacto obligatorias previas, conforme a lo previsto en el Artículo 20 de la Ley de Obras Públicas. Sin embargo, la Secretaría también tiene poderes discrecionales de investigación para evaluar el cumplimiento efectivo de las obras públicas con los compromisos ambientales.

Las interacciones con la Secretaría de la Función Pública también serán frecuentes, desde elaborar materiales de orientación sobre los procesos de contratación pública hasta el uso de testigos sociales o la participación en el Comité de Obras Públicas.

La Oficina del Consejo de Ministros del Reino Unido identificó que la falta de contacto eficaz con las partes interesadas es una de las causas más comunes del fracaso de los proyectos. La Oficina sugiere que, para aumentar la eficiencia en la ejecución de infraestructura, los proyectos a gran escala que movilizan un cúmulo de experiencia sin precedentes donde los aspectos fundamentales de los requerimientos o de la contratación no son del todo definitivos, conviene incluir una estructura de gobernanza formalizada que permita a las partes interesadas compaginar sus objetivos (Infrastructure UK, HM Treasury y Lord Deighton, 2014) (Recuadro 3.10).

Recuadro 3.10. **Hoja de ruta para la contratación de infraestructura en el Reino Unido**

El gobierno, a través del programa de Análisis de los Costos de Infraestructura, ha trabajado con los principales clientes de infraestructura, la industria y académicos para crear una Hoja de Ruta para la Contratación de Infraestructura, que es una guía para mejorar la capacidad de ejecución. Está dirigida principalmente a las organizaciones patrocinadoras y de clientes que realizan proyectos y programas importantes, planes de inversión de capital a largo plazo y megaproyectos contratados por el sector público.

Los principales componentes y aplicaciones de la hoja de ruta se basan en lo siguiente:

- Un paquete de herramientas de evaluación creado como parte de la hoja de ruta para que patrocinadores, clientes y la cadena de suministro armonicen sus conductas e identifiquen brechas de capacidades.
- El uso de herramientas de evaluación de la "complejidad" para determinar la naturaleza del entorno de ejecución.
- Facilitación de la adopción de las características y conductas comunes relacionadas con la ejecución de programas y proyectos de infraestructura exitosos, incluidos, entre otros los siguientes aspectos:
- Visibilidad temprana y compromiso con la etapa de desarrollo de oportunidades del programa o proyecto específico
  - Articulación clara de los requerimientos de los patrocinadores al adoptar principios de ciclo de vida relacionados con los resultados del servicio que definen los requisitos del proyecto o programa
  - Gobernanza eficaz, rendición de cuentas y toma de decisiones oportuna
  - Participación temprana de los proveedores en todos los niveles de la cadena de suministro
  - Utilización y estructuración eficaz de contratos estándar, como el paquete NEC, para compaginar riesgos, recompensas y comportamientos en una cadena de suministro integrada
  - Enfoques adecuados impulsados por incentivos que propicien una mayor integración de la cadena de suministro
  - Un ambiente que fomente la innovación y se aparte de las normas que incorporen costos y no añadan ningún valor al resultado o la seguridad
- Enfoques pragmáticos para el cumplimiento de la legislación sobre contratación de la Unión Europea
- Un papel permanente para los líderes de la industria y expertos en el sector de infraestructura para identificar, desarrollar y difundir las mejores prácticas

Fuente: HM Treasury and Infrastructure UK (2013), "Infrastructure procurement routemap: A guide to improving delivery capability", enero, www.gov.uk/government/uploads/system/uploads/attachment_data/file/329052/iuk_procurement_routemap_guide_to_improving_delivery_capability_280113.pdf.

El proyecto aplica mecanismos de coordinación cuidadosamente concebidos y un entendimiento común entre los actores. El GACM podría sopesar formar un comité consultivo del proyecto para reunir los diferentes conocimientos necesarios para la ejecución exitosa del NAICM, ya sea creando un nuevo órgano o ampliando su actual consejo de administración para incluir a todos los actores pertinentes del sector público.

Un órgano de ese tipo fomentaría la participación de todas las partes interesadas en los procesos de contratación que se efectúen para la realización del proyecto. Aparte de la gobernanza general de la contratación pública del proyecto, el enfoque escalonado adoptado por el GACM para desarrollar los procesos de contratación en distintos paquetes podría apoyar la integración de equipos multidisciplinarios dedicados a cada uno de los paquetes. Eso reforzaría aún más los procesos de toma de decisiones.

Diseñar criterios de adjudicación eficientes

Al diseñar criterios de adjudicación adecuados y marcos idóneos acordes con las necesidades, el GACM podría facilitar el acceso a oportunidades de contratación a competidores de todos los tamaños, y ayudar a identificar propuestas que ofrezcan la mejor relación calidad-precio.

En los procesos competitivos de contratación para obras de infraestructura y considerando su magnitud y complejidad, la Ley de Obras Públicas impone la aplicación de criterios basados en puntos para la evaluación multidimensional de las propuestas (Artículo 38 de la Ley de Obras Públicas y Artículo 63 del ROPSRM). Los criterios y sus respectivas ponderaciones deben incluirse en los documentos de licitación (Artículo 39 de la Ley de Obras Públicas).

En abril de 2015, la OCDE publicó una encuesta (OCDE, 2015E) realizada en 56 jurisdicciones, donde se plantearon preguntas sobre los criterios de adjudicación usados en las licitaciones. Casi todos los participantes indicaron que usaban criterios híbridos para ciertos procesos de contratación, con el fin de justificar el precio y la calidad de las propuestas. La encuesta demuestra también que la elección de los criterios no relacionados con el precio y sus respectivas ponderaciones a menudo quedan a juicio de la dependencia contratante.

El GACM tiene menos flexibilidad en la selección y las ponderaciones de los criterios de adjudicación pertinentes. El marco regulador de obras públicas establece que se tomen en cuenta dos objetivos secundarios de política pública al utilizar los mecanismos de puntos para evaluar las propuestas. En la evaluación se considerará el porcentaje de trabajadores con capacidades diferentes empleados por el licitador y el porcentaje de convenios de subcontratación con PyME. Sin embargo, no cuentan para criterios únicos, sino para factores de ponderación de los subcriterios.

La Secretaría de la Función Pública ofrece orientación práctica para identificar y ponderar los criterios de selección en los "Lineamientos para la aplicación del criterio de evaluación de proposiciones a través del mecanismo de puntos o porcentajes en los procedimientos de contratación". La Sección 1.7 permite la derogación de estos lineamientos cuando las características específicas de las obras así lo requieren, previa autorización de la unidad responsable de las contrataciones públicas (Unidad de Normatividad de Contrataciones Públicas).

Usar esta flexibilidad le permitirá al GACM adaptar los criterios de adjudicación a los puntos específicos de cada paquete, incluidos los objetivos secundarios de política pública. Por ejemplo, las obras públicas podrían incluir criterios de adjudicación específicos cuando *i)* el plazo para la conclusión pudiera ser un factor de competencia a razón de otras posibles metodologías, o *ii)* la cadena de suministro de materias primas es de fundamental importancia, considerando las consecuencias que tendría una interrupción del suministro, o *iii)* el análisis de mercado previo indica un gran potencial para desarrollar capacidades locales.

Sin embargo, el diseño de criterios de adjudicación estratégicos sin evaluaciones eficientes e imparciales solo lograría resultados parciales. Es necesario adaptar los marcos de evaluación a los puntos específicos de las licitaciones o a los objetivos de la dependencia contratante. La mayor complejidad de este método de evaluación al aportar la valoración de los atributos no financieros implica mayor escrutinio de la claridad y la estructura de las especificaciones técnicas. Los criterios de adjudicación complejos requieren que se proporcione orientación adicional a los licitantes. Para asegurar una evaluación perfecta y transparente de las propuestas, hay que exigir a los licitantes que entreguen sus propuestas en un formato estandarizado; así se facilitan los análisis comparativos y se asegura que los proveedores estén en igualdad de condiciones.

Es recomendable que el GACM movilice los conocimientos expertos necesarios para diseñar criterios de adjudicación y ponderaciones eficientes en los procesos competitivos de contratación, que permitan optimizar la identificación de la mejor relación calidad-precio, y ofrezcan a los competidores sistemas de respuesta estandarizados y adecuados para garantizar evaluaciones comparativas simplificadas, justas y transparentes.

La contratación eficaz en infraestructura derivará en una gestión eficaz de los contratos

El diseño adecuado de los contratos, incluidos los mecanismos de renegociación, y la gestión contractual posterior a la implementación permitirían que el GACM impulse la eficiencia durante todo el ciclo de contratación

Si bien una competencia amplia que incluya criterios de adjudicación eficientes permite identificar la propuesta que ofrezca la mejor relación calidad-precio, el proceso en sí mismo sería poco pertinente si posteriormente no hay una ejecución de contratos y gestión contractual que sean sólidas.

El GACM necesita asegurarse de que los contratistas cumplan efectivamente con lo que prometieron en sus propuestas. Eso presupone un diseño de contratos eficiente y, a la vez, una gestión contractual eficaz para evaluar en forma periódica el desempeño de los contratistas y verificar que sigan cumpliendo con sus compromisos iniciales (Recuadro 3.11).

Recuadro 3.11. **Retrasos y sobrecostos en determinados aeropuertos de la Unión Europea**

Los auditores de la Unión Europea examinaron los proyectos de inversión de 20 aeropuertos —en España, Estonia, Grecia, Italia y Polonia— que recibieron más de EUR 600 millones de fondos de la UE entre 2000 y 2013. Los auditores detectaron que solo la mitad de esos aeropuertos podían demostrar que necesitaban la inversión financiada por la UE; la infraestructura financiada a menudo era subutilizada, y una parte equivalente a EUR 38 millones no se utilizaba en absoluto.

En la auditoría se encontró que en 17 de los 20 aeropuertos había retrasos. En 14 casos, el retraso era de más de un año; con un retraso promedio de 23 meses. En el 45% de los casos, la construcción del aeropuerto tuvo sobrecostos por varios millones de euros.

En solo la mitad de los aeropuertos auditados aumentó el número de pasajeros, mientras que en más de la mitad de ellos, los pronósticos de tránsito aéreo calcularon los incrementos en forma exagerada. Por ejemplo, en Córdoba, viajaron menos de 7000 pasajeros en 2013, contra los 179000 previstos. Además, en la mayoría de los aeropuertos hubo pocas pruebas de mejoras en el servicio a clientes o de beneficios socioeconómicos regionales, como la creación de empleos.

Siete de los aeropuertos, principalmente los que tienen menos de 100000 pasajeros por año, no son autosuficientes financieramente y pasarán apuros para seguir operando sin más fondos públicos. Algunos de los aeropuertos ya no dan servicio.

Fuente: European Court of Auditors (2014), "EU-funded airport infrastructures: Poor value for money", comunicado de prensa.

El entorno regulador del proyecto concede gran importancia a la ejecución de los contratos generados por la adquisición de obras públicas. En ellos se detallan los mecanismos de supervisión de la ejecución de las obras y también se incluye orientación sobre los métodos de cálculo para las ampliaciones no previstas de estos instrumentos.

El primer factor importante que define los resultados de los procesos de contratación es la gestión de contratos. Una vez que a un proveedor se le adjudica un contrato, una evaluación detallada, rigurosa y regular de la ejecución del contrato contra los criterios u objetivos predefinidos puede crear un entorno propicio para el desempeño (OCDE, 2013a) (Recuadro 3.12).

Recuadro 3.12. **Fraude durante la construcción: pilotes cortos (Hong Kong, China)**

En 1997, Zen Pacific Civil Contractors Ltd. (Zen Pacific) fue el adjudicatario de los trabajos para hincar los pilotes de los cinco edificios del Proyecto de Departamentos en Propiedad Yuen Chau Kok (HOS, por sus siglas en inglés) que se estaban construyendo para el Departamento de Vivienda (HD), un organismo del gobierno de Hong Kong. Los cinco inmuebles debían ser dos edificios de 41 pisos, tres edificios de 33 pisos y un centro de servicios de cuatro pisos con estacionamiento. A raíz de la adjudicación del contrato y sin informar al Departamento de Vivienda, Zen Pacific subcontrató los trabajos de piloteado con Hui Hon Contractors Ltd., que no figuraba en la lista de contratistas aprobados por el Departamento de Vivienda. Durante todo el periodo de construcción, se ocultó el papel de Hui Hon como subcontratista. El personal de Hui Hon fue presentado como personal de Zen Pacific, y el representante de Hui Hon en el emplazamiento le escribía al Departamento de Vivienda en papel membretado de Zen Pacific.

Durante 1998, Hui Hon realizó trabajos defectuosos de piloteado para dos de los bloques de departamentos. Sin embargo, los directores del subcontratista tomaron medidas para asegurarse de que se ocultaran esos defectos. Algunas de las irregularidades y engaños en la construcción encontrados durante la invesdtigación posterior fueron los siguientes:

- Se hincaron las camisas provisionales a una profundidad de solo 20-30 metros por debajo de la tierra, en lugar de llegar al nivel del basamento.
- Se utilizó Super Mud para estabilizar las paredes de los pozos excavados sin instalar camisas provisionales.
- Se hicieron los pozos de los pilotes más cortos de lo especificado de modo que no podían contener la cantidad de concreto requerida.
- Se dejaron caer las camisas provisionales dentro de los pozos de los pilotes en vez de instalarlas de manera adecuada.
- Limpiaron los pozos de los pilotes llevando los tubos solo hasta la mitad del pozo, para asegurarse de que la descarga de agua del pozo saliera clara y se diera la impresión de que el proceso de limpieza se había completado de manera adecuada, cuando en realidad no era así.
- Se falsificaron las muestras de los centros para las pruebas principales llevadas a cabo para probar la longitud de los pilotes y la integridad del hormigón.
- Se acortó la cinta de medir que se utilizaría para medir la verdadera longitud del pilote. Eso se conoció como “la cinta de medir mágica”.
- Se acordó que el trabajo de hormigonado se realizaría bastante después de las 7:00 p.m., asegurando así que el hormigonado de 30 de los 36 pilotes escapara a la supervisión del personal del Departamento de Vivienda.

Recuadro 3.12. **Fraude durante la construcción: pilotes cortos (Hong Kong, China)** (*Continuación*)

En 1999, el HD realizó una inspección de las condiciones del asentamiento y encontró que dos de los edificios de HOS eran anormales, dificultando la instalación de cubos para los elevadores. Una investigación independiente confirmó que el fundamento de esos dos edificios se debía a los pilotes cortos y de hecho era grave. Solo cuatro de los 36 pilotes colados de diámetro amplio para dos edificios cumplían con los requisitos. Veintiuno eran de menor longitud —entre 2 metros y 15 metros— que la estipulada, mientras que 11 descansaban sobre barro blando en vez de hacerlo sobre el lecho de roca. Eso significó que cerca de 90% de los pilotes colados en esos dos edificios no cumplían con las normas, y la ya extensa superestructura se apoyaba únicamente en el 10% de los pilotes colados que cumplían plenamente con las normas. Cuando se descubrieron los pilotes cortos, ya se habían construido los dos edificios de HOS hasta los pisos 33 y 34, respectivamente. Por fin, el 16 de marzo de 2000, el Departamento de Vivienda anunció la demolición de los dos edificios en aras de la seguridad.

Se llamó a la Comisión Independiente contra la Corrupción (ICAC) de Hong Kong, para que investigara. Hubo actos procesales penales y civiles con los siguientes resultados:

- Los dos ex directores y el representante de Hui Hon en la obra fueron acusados de defraudar dolosamente al Departamento de Vivienda. El representante se declaró culpable y fue sentenciado a tres años y medio de cárcel. Los dos ex directores de Hui Hon fueron condenados y después de una apelación los sentenciaron a 10 años de cárcel.
- El Departamento de Vivienda presentó una demanda contra Zen Pacific por pérdidas equivalentes a HKD 650 millones. Eso incluía los costos de demolición de los dos edificios y la indemnización pagada al contratista de la superestructura. Después de cuatro años de arbitraje, de 2000 a 2003, y costos legales por aproximadamente HKD 40 millones, el HD llegó a un acuerdo con Zen Pacific, quienes pagarían una indemnización por HKD 80 millones.
- Zen Pacific fue eliminado en forma definitiva de la lista de contratistas aprobados por el HD para la construcción de pilotes colados de gran diámetro y para demolición, y a una empresa hermana de Zen Pacific se le prohibió emprender obras para el HD durante dos años.
- Nueve empleados del Departamento de Vivienda fueron acusados de no cumplir con sus obligaciones y tres de ignorar el incumplimiento de los trabajos de cimentación. Se descubrió que habían autorizado los trabajos sin revisarlos debidamente, y no informaron del avance al ingeniero del proyecto. La Oficina de Administración Pública tomó medidas disciplinarias contra esos tres empleados. Los otros seis fueron transferidos a otros puestos.

En el informe de la ICAC se declaró: “Si la colocación de pilotes cortos no hubiera salido a la luz, se habría puesto en grave peligro a no menos de 656 familias. A la larga, el sitio se convirtió en un parque recreativo”.

Medidas preventivas recomendadas: el Departamento de Prevención de la Corrupción de la ICAC, junto con el Departamento de Vivienda y oficinas gubernamentales relacionadas, formularon posteriormente medidas preventivas contra la corrupción, incluidas las siguientes (tomado del informe de la ICAC):

- **Reforzar la supervisión de las obras:** antes de comenzar las obras, debe formularse un plan de supervisión de los trabajos que establezca la intervención de profesionales en el control de los principales procedimientos y especificarse la frecuencia de las inspecciones. Es necesario mantener todos los registros relacionados con las obras.

Recuadro 3.12. **Fraude durante la construcción: pilotes cortos (Hong Kong, China)** (*Continuación*)

- **Supervisar los trabajos en horarios nocturnos:** cuando sea necesario realizar trabajos de noche, deberá nombrarse a personal supervisor adecuado para que permanezca en el lugar y vigile su calidad.
- **Especificar los procedimientos de prueba:** hay que especificar con claridad los procedimientos de pruebas: la manera de controlarlos, la frecuencia de su realización y la naturaleza detallada de las muestras que se utilizarán en ellos. En especial, aplicar controles estrictos durante la extracción de muestras, su almacenamiento y transporte seguros.
- **Evitar la alteración de informes:** para evitar su alteración, pedir a los laboratorios que entreguen los informes directamente a las empresas consultoras. Estas realizarán revisiones aleatorias independientes para verificar la confiabilidad de las pruebas.
- **Supervisar a los subcontratistas:** los contratos deben incluir cláusulas de probidad que incluyan temas como códigos de conducta y directrices sobre conflictos de interés. Los términos de los contratos se formularán de modo que disuadan a los principales contratistas y subcontratistas de recurrir a la corrupción y las malas prácticas.
- **Crear mayor conciencia entre el personal sobre la prevención de la corrupción:** debe mejorarse la comprensión del Reglamento de Prevención de Sobornos entre los supervisores de la obra, así como sus normas éticas.

Investigación adicional de la ICAC: para resolver la sucesión de estafas en los pilotes cortos que salió a la luz desde 1999, el 1 de febrero de 2000 la ICAC creó un grupo de trabajo con 45 personas encargado de investigar las denuncias de corrupción que implicaban pilotes cortos y obras mal construidas. La cantidad de denuncias de corrupción recibidas por la ICAC relacionadas con la industria de la construcción se redujo desde 2002, de un máximo de 295 denuncias en 2001 a 114 en 2007. Esta disminución indica que se han hecho avances positivos para crear una cultura de integridad en la industria de la construcción.

Fuente: Short Piling report by the ICAC: www.icac.org.hk/new_icac/eng/cases/piling/p03b.html.

La naturaleza inherente de las obras de infraestructura —magnitud y complejidad de los trabajos, interdependencia de algunos paquetes y duración de los contratos— abre la puerta a la renegociación de contratos. En un estudio sobre los contratos de obras públicas adjudicados por el Gobierno Federal de Brasil entre 2002 y 2007, se calcula que alrededor de 30% de los mismos se renegociaron, y que los precios finales fueron 40% más altos en promedio que los precios adjudicados iniciales (Fiuza y Rezende, 2012).

La mayoría de las veces, la renegociación de contratos se debe a especificaciones técnicas incompletas en los documentos de licitación, lo que a su vez influye en las estrategias de los licitantes (Bajari, Houghton y Tadelis, 2014). La posibilidad de renegociaciones *ex post* puede alentar a los licitantes a presentar propuestas anormalmente bajas, a sabiendas de que, en caso de renegociar, las condiciones serán a su favor (OCDE, 2015e). Esta posibilidad se acentúa aún más por la estructura escalonada del proyecto, ya que la estrategia de empaquetamiento podría aumentar exponencialmente los costos para el GACM en el caso de interrupción de actividades.

Según han informado algunos países como Suecia, asignar un valor más bajo al componente financiero del análisis costo-beneficio ayuda a disminuir los incentivos para que los licitantes presenten licitaciones anormalmente bajas, que saben se renegociarán. Sin embargo, fuera de la conducta intencional de los competidores, las renegociaciones ocurren debido a circunstancias verdaderamente imprevistas.

Como primera medida, el GACM podría actualizar sus directrices y manuales de contratación para incluir orientación más detallada sobre la gestión del desempeño del proveedor, aprovechando las disposiciones vigentes en el ROPSRM. Por ejemplo, podría proporcionarse orientación adicional sobre evaluaciones regulares de trabajos en curso e implementar la programación de reuniones de avance periódicas para vigilar que las obras se realicen en el plazo acordado.

En términos más generales, el GACM podría incluir en los contratos acuerdos del nivel de servicios (ANS) sobre los principales factores que contribuyen a la realización exitosa de las obras. Al incluir un marco de evaluación del desempeño del contratista también se apoyaría la evaluación objetiva de la necesidad de ampliar los contratos.

Para disminuir el poder de negociación de los contratistas, el GACM podría desarrollar aún más mecanismos de gobernanza en los contratos, en situaciones que permitan las renegociaciones (convenios modificatorios). Por ejemplo, en el contrato podrían detallarse las funciones y responsabilidades de las partes y los mecanismos de distribución de riesgos ante diversas situaciones (desastres naturales, cambios en el diseño, etcétera) que pudieran dar lugar a renegociaciones. Esto determinaría los límites del proceso de negociación.

Adaptarse al ambiente del proyecto

Considerando una muestra de 200 obras de infraestructura licitadas en países en desarrollo, el simple hecho de promover la competencia en proyectos de infraestructura genera cerca de 8.2% de ahorro (Estache e Iimi, 2008). En un periodo relativamente corto, el enfoque escalonado en la estrategia de empaquetamiento para la construcción del NAICM crearía un gran entorno competitivo para los proveedores de México y del extranjero. Sin embargo, debe prestarse atención específica a las medidas que afecten la competitividad y a las que podrían fomentar ese entorno.

Incentivar la participación de los competidores

Implementar estrategias de contratación acordes con la magnitud del proyecto y cuyo objetivo sea facilitar el acceso a las operaciones de contratación pública y aumentar su atractivo, al tiempo que se consiguen otros objetivos de política pública

La participación de los competidores podría estimularse mediante la eliminación de obstáculos para entrar a la competencia y facilitar el acceso a las oportunidades que ofrece el proyecto. Por ejemplo, la entidad compradora podría decidir que la presentación de las propuestas se hiciera en forma remota por medios electrónicos o por correo en sobres sellados, evitando así tener que hacerlo en persona (Artículo 28 y Fracción VIII del Artículo 31 de la LOPSRM, Fracción VII del Artículo 34 del ROPSRM). En última instancia, eso estimularía la participación de los competidores que no estén razonablemente cerca de la sede del GACM.

El requisito de contenido nacional estipulado en la Ley de Obras Públicas y que la dependencia contratante podría incluir como un criterio de calificación en las licitaciones públicas también puede resultar perjudicial para la competencia y su objetivo subyacente. La Ley de Obras Públicas solo exige que los licitantes entreguen una declaración solemne manifestando que cumplen con las condiciones de contenido local estipuladas en la convocatoria; por lo anterior, esa condición es un requisito, más que un componente cualitativo de las propuestas recibidas.

Debe prestarse mucha atención a la estructura y la diversidad del mercado al definir ese porcentaje, ya que un valor alto podría tener diversas consecuencias sobre la eficacia del proceso de contratación. El requisito de contenido nacional podría afectar la base de suministro al reducir la competencia, si no eliminarla del todo. También es capaz de afectar negativamente al elemento financiero de las propuestas. Por último, podría ser contraproducente si no se evalúa de manera exhaustiva.

Además de las medidas que faciliten el acceso a las oportunidades públicas para los competidores de todos tamaños y orígenes, la participación de los proveedores podría estimularse al disminuir los costos de transacción o aumentar los posibles ingresos.

Aunque el acceso a las licitaciones públicas y la presentación de propuestas es gratuito, los competidores incurren en costos relacionados con la movilización de recursos para responder a las necesidades detalladas en los documentos de licitación y para entregar los documentos legales exigidos para cada proceso de contratación (por ejemplo, constancias de pago de impuestos y alta en el Seguro Social). Disminuir el costo de participar en la contratación resultaría útil para aumentar el nivel de la competencia y generar ahorros tanto para el sector público como para el privado (Recuadro 3.13).

Recuadro 3.13. **Reducir los costos de transacción para los proveedores**

El sistema de contratación electrónica de Corea (KONEPS, por sus siglas en inglés) incluye herramientas que disminuyen la carga sobre los proveedores al eliminar la necesidad de presentar constancias y otros documentos en duplicado; eso ayuda a asegurar que el alcance y la complejidad de la información solicitada en los documentos de licitación y el tiempo asignado a los proveedores para responder sean acordes con el tamaño y la complejidad de la contratación.

Las empresas que antes tuvieron que registrarse en forma individual para cada licitación de contratación pública ahora podrían registrarse solo una vez en el Servicio de Contratación Pública, y participar en todas las licitaciones de dependencias del gobierno central, de los gobiernos locales y de empresas públicas.

A través del uso compartido de datos del gobierno al intercambiar datos entre KONEPS y otras bases de datos de dependencias públicas, KONEPS permitió que se eliminara la entrega en papel del certificado de inscripción en el registro mercantil y la constancia del pago de impuestos. En el caso de licitaciones públicas para construcción, los oferentes ya no están obligados a presentar certificados de experiencia anterior, ya que esa información se recabó electrónicamente al intercambiar datos con asociaciones de la industria de la construcción.

Según un estudio realizado en 2009, los ahorros anuales en costos de transacción propiciados por KONEPS ascienden a KRW 9.5 billones. De este monto, el ahorro de KRW 1.6 billones se genera en el sector público, al reducirse el tiempo laboral y de procesos por la simplificación y digitalización de los procesos de trabajo. En el sector privado el ahorro fue de KRW 7.9 billones, principalmente de la reducción de costos por tener que trasladarse a dependencias públicas para tramitar los certificados y constancias requeridas. La simplificación y estandarización de los procesos redujo el tiempo y el trabajo, lo que también contribuyó al ahorro.

Fuente: OECD (de próxima publicación-b): *Public Procurement Review of the Public Procurement Service, Korea*, OECD Publishing, París.

Agrupar obras públicas de naturaleza similar en el mismo proceso de contratación podría ser otra forma de reducir el costo de los concursos públicos para los proveedores. Eso evitaría la duplicación de procesos, lo que reduciría los costos de transacción tanto para los proveedores como para el GACM.

Sin embargo, este ejercicio no debe hacerse a costa de la eficiencia. Estudios realizados en países de la OCDE sobre la división de contratos en lotes destacan que, aunque este sería un medio para fomentar la competencia, la estrategia podría inducir una compensación entre la pérdida de eficiencia y los beneficios potenciales de la competencia. Para evitar esta situación, es importante ofrecer a los proveedores la posibilidad de presentar sus ofertas en paquete (OCDE, 2015e).

Por ejemplo, las licitaciones públicas abiertas para construir las pistas de aterrizaje y de carreteo se agrupan en el mismo proceso de contratación. Para no perjudicar la competencia, el GACM podría considerar ofrecer a los proveedores la opción de presentar una propuesta para uno de los lotes, o para ambos. Si un proveedor presenta una oferta para ambos lotes, se le podría pedir que demuestre en su propuesta el alcance de las eficiencias adicionales que se derivarían al adjudicar los dos lotes al mismo licitante. Al hacerlo, el GACM exploraría otras posibilidades y sinergias que pudiera ofrecer el mercado.

La estrategia de empaquetamiento parece centrarse estrictamente en la etapa de construcción para todos los lotes. Aunque esto es comprensible en la mayoría de los lotes y el mandato del GACM de poner en servicio el nuevo aeropuerto, algunos lotes parecen incluir obras públicas que requerirían mantenimiento más constante, ya sea para remplazar refacciones en los trabajos iniciales o para mantenerlos en condiciones idóneas de funcionamiento operativo.

Por ejemplo, las ayudas visuales que permiten a los aviones despegar y aterrizar requerirían mantenimiento periódico después de su instalación para garantizar la seguridad permanente de las operaciones aéreas. Este consiguiente mantenimiento obviamente estará sujeto a algún tipo de pago, ya sean sumas totales anuales periódicas o pagos basados en precios unitarios. Incluir este trabajo en la oferta empaquetada podría fomentar la competencia al proporcionar a los licitantes fuentes de ingresos adicionales. En caso de que la instalación de las señales visuales iniciales se base en técnicas o materiales patentados, también evitará una innecesaria excepción futura a la licitación pública según la Fracción I del Artículo 42 de la LOPSRM.

El GACM podría implementar una estrategia de contratación adaptada para cada paquete que permita tanto a la oferta como a la demanda explorar diferentes posibilidades y escenarios para la construcción del proyecto del NAICM. Por tanto, el GACM podría evaluar cautelosamente los obstáculos existentes para entrar a la competencia, los que la disminuirían o afectarían el resultado del proceso de contratación.

Satisfacer las capacidades del mercado

Al considerar el papel decisivo de la etapa de consultas de mercado, el GACM necesita entablar diálogos transparentes y periódicos con proveedores, asociaciones empresariales y expertos para decidir el proceso de contratación más eficiente, su apertura, así como especificaciones técnicas eficaces de diseño y criterios de adjudicación adecuados.

El tipo de procedimiento utilizado para cada paquete deberá ser acorde con el tamaño y la estructura del mercado, promover la transparencia y lograr la mejor relación calidad-precio. Como tal, el principal factor que contribuye a decidir qué procedimiento adoptar tendría que ser la comprensión de la estructura y las capacidades del mercado. Conviene llevar a cabo una evaluación similar sobre la dimensión nacional o internacional del proceso, lo que incluye verificar su cumplimiento con los tratados de libre comercio. Como se explica antes, la dimensión nacional de los paquetes podría ser no menos del 60% del proyecto total, con base en la decisión inicial tomada por el GACM.

Las grandes empresas constructoras en México capaces de satisfacer las necesidades de la construcción del NAICM son escasas (GACM, 2014). Por consiguiente, es imprescindible diseñar procesos de contratación congruentes con las capacidades del mercado. Del mismo modo, las consultas adecuadas y planeadas son un factor importante para fomentar la competencia y beneficiarse de los conocimientos expertos de los proveedores para reducir la asimetría en la información antes de publicar las licitaciones (Recuadro 3.14).

Al amparo de la Dirección Corporativa de Administración y Gestión Inmobiliaria y ante testigos sociales designados para el paquete, la Dirección Corporativa de Infraestructura podría reunirse con posibles proveedores para entender mejor las capacidades del mercado.

Como parte del esfuerzo para dar a conocer aún más la construcción del NAICM y aumentar la participación del sector privado en el proceso de contratación, el GACM también podría sopesar anunciar las oportunidades de contratación fuera de CompraNet, en especial en las plataformas especializadas de construcción o de ingeniería civil.

Recuadro 3.14. **Contacto temprano en Canadá**

En su Manual de Suministro, la Oficina de Obras Públicas y Servicios Gubernamentales de Canadá (PWGSC, por sus siglas en inglés) alienta el contacto temprano entre las áreas del cliente y los posibles proveedores para asegurarse de que las licitaciones públicas respondan a las capacidades del mercado.

Se invita a las áreas del cliente a comunicarse con los funcionarios de contratación de PWGSC al principio del proceso. El contacto puede centrarse en distintos temas e incluir diversos niveles de participación. Puede ser mucho antes de que se reciba una solicitud firmada en PWGSC.

El contacto temprano con la industria también puede adoptar muchas formas, como la emisión de Cartas de Interés, Solicitudes de Información, consulta personal con los proveedores, la celebración del día de la industria, etcétera. Al atraer a clientes y proveedores mediante la consulta y el diálogo tempranos y permanentes, los funcionarios de contratación están en mejor posición para identificar las distintas complejidades y riesgos relacionados con el requerimiento de un cliente, lo que permite formular estrategias de mitigación. Conocer el requerimiento y sus respectivas complejidades y riesgos posiciona mejor a todas las partes interesadas para una contratación exitosa que cubra las necesidades del cliente.

Se cuenta con varias herramientas para facilitar ese contacto temprano. A continuación se mencionan algunas:

- El **Paquete de la Política del Programa de Adquisiciones**, que proporciona instrumentos de política pública sobre temas como participación y comunicación, gobernanza, objetivos socioeconómicos, gestión de riesgos, entre otros.
- La **Biblioteca de Adquisiciones**, que incluye herramientas de evaluación de la complejidad, así como copias de evaluaciones de riesgos para niveles de complejidad del 1 al 3 inclusive.
- Las **Pepitas de Oro de la Contratación**, que proporcionan referencias rápidas sobre diversos temas de la contratación.

Fuente: Government of Canada (2014), "Early engagement with clients, suppliers and Public Works and Government Services Canada (PWGSC) contracting officers", https://buyandsell.gc.ca/policy-and-guidelines/supply-manual/section/2/26.

Al considerar la magnitud de esta infraestructura y la duración de los trabajos de construcción, es conveniente que el GACM y otras partes interesadas realicen un minucioso análisis de mercado antes de decidir la naturaleza exacta del proceso de contratación, y tomen en cuenta tanto la situación nacional como la internacional en cuanto a los competidores.

Alentar la participación de las PyME

El GACM debe activar todos los medios disponibles para fomentar la participación de las PyME en el proyecto del NAICM

La Ley de Obras Públicas prevé la posibilidad de reservar una parte de la contratación pública para las PyME, como se hace en muchos otros países, por ejemplo, Estados Unidos o China. Sin embargo, esa parte de la contratación pública reservada para las PyME no aparece en los proyectos de infraestructura. Dada la naturaleza, tamaño y mano de obra necesaria para realizar las obras públicas relacionadas con el proyecto del NAICM, es probable que la participación de las PyME se produzca en los acuerdos de subcontratación.

La Fracción II del Artículo 63 del Reglamento de la Ley de Obras Públicas promueve que se integre la participación de las PyME en la ejecución de obras públicas asignando un factor de multiplicación a las propuestas, que incluye los acuerdos de subcontratación con las PyME que superen el porcentaje indicado en los documentos de licitación.

La Secretaría de la Función Pública presentó una guía minuciosa sobre los criterios de adjudicación y sus respectivas ponderaciones, los *Lineamientos para la aplicación del criterio de evaluación de proposiciones a través del mecanismo de puntos o porcentajes en los procedimientos de contratación*.

Sin embargo, el GACM tiene la posibilidad de desviarse de estas instrucciones si fuera necesario. Como primer paso, podría aumentar el factor multiplicador en sus procedimientos de licitación (licitación pública abierta o invitación restringida) para las propuestas que se comprometan a subcontratar parte del trabajo con PyME. A diferencia del requisito tradicional de contenido nacional, los puntos adicionales dados a las propuestas que incluyan PyME promueven un enfoque positivo para la inclusión de las PyME sin prejuzgar las capacidades del mercado.

En consecuencia, se requiere difundir ampliamente una estrategia de ese tipo para los criterios de adjudicación en las redes de PyME con bastante antelación, para que tengan tiempo suficiente de explorar las opciones con consorcios o negociar los acuerdos de subcontratación. Para hacerlo, el GACM podría beneficiarse de las entidades públicas especializadas existentes.

Mapear y evaluar los riesgos del proyecto

Las estrategias de gestión de riesgos acordes con la magnitud y complejidad del NAICM deben ser parte integral de los procesos de contratación y de la estrategia de empaquetamiento, para garantizar que las amenazas de todo tipo que afecten al proyecto se identifiquen debidamente y se implementen medidas de mitigación.

Los riesgos son inherentes a un proyecto de infraestructura de esta magnitud y con el tiempo podrían evolucionar. Por tanto, su probabilidad y severidad deberán evaluarse periódicamente, al igual que la existencia de medidas de mitigación y su eficacia (Cuadro 3.4).

Cuadro 3.4. **Riesgos y medidas de mitigación**

Riesgo	*Medidas de mitigación*
Fallas de coordinación	• Actualizar el Manual de la Organización y los manuales de procedimientos para resolver problemas de coordinación interna y toma de decisiones • Definir con claridad las funciones, responsabilidades y facultades decisorias tomando en cuenta a todos los actores (Direcciones Corporativas del GACM, Oficina de Gestión del Proyecto (OGP), etcétera) • Trazar un mapa de los consultores que presten servicios al GACM en los documentos de la licitación, que serán la base de las especificaciones técnicas para las obras de construcción • Crear en la SFP una unidad exclusiva dedicada específicamente a revisar los documentos y la preparación de licitaciones del NAICM. En el Anexo A se detalla el caso práctico del modelo Expo Milano 2015 establecido por la autoridad italiana contra la corrupción (ANAC, Autorità nazionale anticorruzione)
Desempeño inferior a lo óptimo en procesos y resultados	• Definir una ruta crítica clara para cada elemento de cada paquete al evaluar el plazo de contratación contra las fechas de conclusión previstas, y su interdependencia con otros paquetes • Establecer un esquema de rendición de cuentas que requiera justificación del más alto nivel para los retrasos y ajustes a la ruta crítica • Definir criterios de adjudicación pertinentes y sus respectivas ponderaciones, acordes con la naturaleza de las obras de cada paquete. Evitar la tendencia a adjudicar contratos basándose únicamente en el criterio del precio más bajo • Diseñar un tablero de control con indicadores clave de desempeño (ICD) • Incluir actividades posteriores a la construcción en algunas licitaciones • Equilibrar los objetivos secundarios contra la obtención de la mejor relación calidad-precio al aplicar metodologías de evaluación de impacto para medir periódicamente la eficacia en la consecución de los objetivos secundarios
Uso limitado de procedimientos competitivos	• Realizar investigación de mercado para recabar información sobre la situación nacional e internacional y poder justificar las decisiones • Mostrar transparencia total en cuanto a cómo se toman las decisiones, lo que implica la divulgación plena de la información sobre contratación en el sitio web del GACM • Utilizar testigos sociales y observadores sociales • Hacer un uso documentado de las excepciones a la licitación competitiva • Analizar periódicamente el uso de excepciones a la licitación competitiva para identificar oportunidades de reducir al mínimo las adjudicaciones directas
Tiempo insuficiente para que los posibles proveedores preparen sus ofertas y para que el GACM las revise	• Establecer contacto temprano con los proveedores • Consultar a los principales actores (es decir, Cámara Mexicana de la Industria de la Construcción [CMIC], el Colegio de Arquitectos de la Ciudad de México, cámaras de la industria, etcétera) sobre el tiempo necesario para que las compañías estén listas • Calcular el tiempo necesario para revisar las propuestas con base en otros megaproyectos (en México y el extranjero)
Falta de propuestas adecuadas	• Establecer contacto temprano con los proveedores para examinar el contenido y la estructura de las especificaciones técnicas y los criterios de adjudicación • Realizar investigación de mercado para tomar decisiones informadas • Crear una metodología y un plan de inteligencia de mercado, evaluando los recursos humanos y materiales necesarios e incluir las variaciones del método conforme a la complejidad • Reforzar a la Subdirección de Contrataciones al formalizar un equipo de inteligencia de mercado • Trabajar con otras instituciones (es decir, Secretaría de Economía, la Comisión Federal de Competencia Económica [COFECE], ASA, AICM) para consolidar el conocimiento • El objetivo de la investigación de mercado es recabar información sobre los bienes y servicios que se contratarán, cuando menos: i) tamaño del mercado y volumen de contratación respecto del tamaño del mercado; ii) estructura del mercado (porcentaje de PyME en el segmento del mercado o concentración por grandes empresas); iii) los proveedores más importantes del mercado; iv) madurez de los productos o servicios, modelos de fijación de precios y distintas condiciones ofrecidas por los proveedores, así como sus actividades comerciales, y v) perspectivas de desarrollo del mercado para los próximos años
Diseño inadecuado de los documentos de licitación por parte de los consultores	• Establecer mecanismos de rendición de cuentas mediante los cuales el GACM revise y dé seguimiento al trabajo de los consultores • Asegurar que el diseño y las especificaciones estén redactadas de manera bastante amplia para que un gran grupo de contratistas pueda presentar sus ofertas (es decir, que el diseño o las especificaciones no estén limitadas para favorecer a un contratista) • Evitar que se nombren productos específicos (o decir "o equivalente", si se hiciera para fines ilustrativos)
Secuenciación inadecuada de las operaciones	• Evaluar la gestión de la cadena de suministro y los proceso de garantía de calidad de los competidores para identificar la menor posibilidad de interrupción de las actividades de construcción • Realizar una gestión contractual eficaz • Revaluar constantemente la secuenciación de los procesos de contratación

Notas

1. La Secretaría de la Defensa Nacional (SEDENA) se encargará de los componentes militares de las obras públicas que afecten la seguridad nacional y los supervisará. La Comisión Nacional del Agua (CONAGUA) será responsable de publicar los procesos competitivos de contratación de las obras públicas que se relacionen con el sistema de drenaje y la descontaminación del suelo.

Bibliografía

Abu Dhabi Airports (2011), "Abu Dhabi Airports releases the General Contractor Tender for the Midfield Terminal Building", 28 de febrero de 2011, www.adac.ae/english/mtp/MTP/latest-news/2011-02-2-abu-dhabi-airports-company-releases-the-general-contractor-tender-for-the-midfield-terminal-building.

Australian Government Productivity Commission (2014), *Public Infrastructure: Productivity Commission Inquiry Report*, vol. I, núm. 71, www.pc.gov.au/__data/assets/pdf_file/0003/137280/infrastructure-volume1.pdf.

Bajari, Houghton y Tadelis (2014), "Bidding for incomplete contracts: An empirical analysis of adaptation costs", *American Economic Review* 2014.

Burger, P. e I. Hawkesworth (2011), "How to attain value for money: Comparing PPP and traditional infrastructure public procurement", *OECD Journal on Budgeting*, vol. 11/1, http://dx.doi.org/10.1787/budget-11-5kg9zc0pvq6j.

CMAA (Construction Management Association of America) (2012), *An Owner's Guide to Project Delivery Methods*, CMAA, https://cmaanet.org/files/Owners% 20Guide%20to%20Project%20Delivery%20Methods%20Final.pdf.

El Debate (2015), *NAICM: viene la técnica de cimentación*, 2 de junio, www.debate.com.mx/opinion/NAICM-viene-la-tecnica-de-cimentacion-20150601-0223.html.

Estache, A. y A. Iimi (2008), "Procurement efficiency for infrastructure development and financial needs reassessed", *Policy Research Working Paper* 4662, World Bank.

Esteves, A.M. y M.-A. Barclay (2011), "Enhancing the benefits of local content: Integrating social and economic impact assessment into procurement strategies", *Impact Assessment and Project Appraisal* 29:3, pp. 205-215, http://dx.doi.org/10.3152/146155111X12959673796128.

European Court of Auditors (2014), "EU-funded airport infrastructures: Poor value for money", comunicado de prensa.

Fiuza, E. y L. Rezende (2012), "Renegotiation of public work contracts: An empirical assessment", ww.webmeets.com/files/papers/earie/2012/651/FiuzaRezende%202012-03-15%20earie%20final.pdf.

GACM (Grupo Aeroportuario de la Ciudad de México) (2015a), *Programa Anual de Obra*, www.aeropuerto.gob.mx/gacm/programas-anuales.php (consultado el 30 de septiembre de 2015).

GACM (2015b), "Packaging strategy", publicada el 24 de julio de 2015.

GACM (2015c), "Registro de Riesgos NAICM", publicado el 19 de marzo de 2015.

GACM (2014), "Contract packaging strategy", análisis basado en información tomada de "Empresas de la construcción más grandes de México Obras, Julio 2014".

Government of Canada (2014), "Early engagement with clients, suppliers and Public Works and Government Services Canada (PWGSC) contracting officers", https://buyandsell.gc.ca/policy-and-guidelines/supply-manual/section/2/26.

HM Treasury e Infrastructure UK (2013), "Infrastructure procurement routemap: A guide to improving delivery capability", enero, www.gov.uk/government/uploads/system/uploads/attachment_data/file/329052/iuk_procurement_routemap_guide_to_improving_delivery_capability_280113.pdf.

Infrastructure Australia (2012), "Benchmark for efficient procurement of major infrastructure in efficiencies in major project procurement".

Infrastructure UK, HM Treasury y Lord Deighton (2014), "Improving infrastructure delivery, project initiation routemap", octubre, www.gov.uk/government/publications/improving-infrastructure-delivery-project-initiation-routemap.

NZ Transport Agency (2009), "Procurement manual", actualizado el 2 de agosto de 2014, www.nzta.govt.nz/resources/procurement-manual/.

OECD (próxima publicación-a), *Public Procurement Review of the Instituto de Seguridad y Servicios Sociales de los Trabajadores del Estado* (ISSSTE), OECD Publishing, París.

OECD (próxima publicación-b): *Public Procurement Review of the Public Procurement Service, Korea*, OECD Publishing, París.

OECD (2015a), *Government at a Glance 2015*, OECD Publishing, París, http://dx.doi.org/10.1787/gov_glance-2015-en.

OECD (2015b), *OECD National Accounts Statistics* (base de datos), http://dx.doi.org/10.1787/na-data-en (consultado el 30 de septiembre de 2015).

OECD (2015c), "Updated report on G20/OECD checklist on long-term investment financing strategies and institutional investors", https://g20.org/wp-content/uploads/2015/05/G20-OECD-Report-on-Checklist-on-Long-Term-Investment-Financing-Strategies-and-Institutional-Investors-April-2015.pdf.

OECD (2015d), "Towards a framework for the governance and delivery of infrastructure", documento no clasificado, GOV/PGC/SBO(2015)6, www.oecd.org/ officialdocuments/publicdisplaydocumentpdf/?cote=GOV/PGC/SBO(2015)6&docLanguage=En.

OECD (2015e), "Hearing on auctions and tenders: Further issues", documento no clasificado, DAF/COMP/WP2(2015)1, www.oecd.org/officialdocuments/publicdisplay documentpdf/?cote=daf/comp/wp2(2015)1&doclanguage=en.

OECD (2015f), "Recommendation of the Council on Public Procurement", www.oecd.org/corruption/recommendation-on-public-procurement.htm.

OECD (2015g), *OECD Employment Outlook 2015*, OECD Publishing, París, http://dx.doi.org/10.1787/empl_outlook-2015-en.

OECD (2014a), "Smart procurement: Best practices for green procurement", sitio web, www.oecd.org/gov/ethics/best-practices-for-green-procurement.htm.

OECD (2014b), "Hearing on the use of tenders and auctions", documento no clasificado, DAF/COMP/WP2(2014)15, www.oecd.org/officialdocuments/publicdisplaydocumentpdf/?cote=daf/comp/wp2(2014)15&doclanguage=en.

OECD (2014c), "Towards procurement performance indicators: First set of indicators", www.oecd.org/officialdocuments/publicdisplaydocumentpdf/?cote=gov/pgc(2015)12&doclanguage=en.

OECD (2013a), *Public Procurement Review of the Mexican Institute of Social Security: Enhancing Efficiency and Integrity for Better Health Care*, OECD Public Governance Reviews, OECD Publishing, París, http://dx.doi.org/10.1787/9789264197480-en.

OECD (2013b), "Opening the black box of contract renegotiations: An analysis of road concessions in Chile, Colombia and Peru", documento no clasificado, DEV/DOC(2013)2, www.oecd.org/officialdocuments/publicdisplaydocumentpdf/?cote=DEV/DOC(2013)2&docLanguage=En.

OECD (2013c), "Towards procurement performance indicators: Stocktaking report on procurement information collected in countries", documento desclasificado, GOV/PGC/ETH(2013)9, www.oecd.org/officialdocuments/publicdisplaydocumentpdf/?cote=GOV/PGC/ETH(2013)9&docLanguage=En.

OECD (2011), "Competition and Procurement: Key Findings", www.oecd.org/regreform/sectors/competitionandprocurement-2011.htm.

Portal del Empleo (2015), "Panorama de ocupación por sector económico", consultado el 10 de agosto de 2015.

SFP (Secretaría de la Función Pública) (2010), "*Lineamientos para la applicación del criterio de evaluación de propuestas a través del mecanismo de puntos o porcentajes en los procedimientos de contratación*", DOF, septiembre 9.

Saussier, S. y J. Tirole (2015), "Renforcer l'efficacité de la commande publique", *Conseil d'analyse économique* 2015/3, núm. 22, http://dx.doi.org/ 10.3917/ncae.022.0001.

Stilger, P.S., J. Siderius y E.M. van Raaij (2015), *A Comparative Study of Formulas for Choosing the Economically Most Advantageous Tender*, http://dx.doi.org/10.2139/ssrn.2626934.

Tadelis, S. y P. Bajari (2006), "Incentives and award procedures: Competitive tendering vs. negotiations in procurement", en Dimitri, Piga, y Spagnolo (eds.), *Handbook of Procurement*, Cambridge University Press.

Tirole, J. (2009), "Cognition and incomplete contracts", *American Economic Review*, vol. 99, núm. 1, marzo.

White, A. (2014), "More competition in building 'good for infrastructure'", *The Australian*, julio 21.

Capítulo 4

Mejorar la integridad y la transparencia en los procesos de contratación del proyecto del NAICM

La experiencia mundial ha demostrado que los proyectos de infraestructura son especialmente vulnerables a la corrupción, debido en gran parte a las cuantiosas sumas implicadas y a la complejidad del sector. La construcción del nuevo aeropuerto de México no está exenta de este riesgo; sin embargo, en México no se ha puesto en marcha estrategia integral alguna para evitarlo.

A pesar de las medidas recientes que instituyó el Gobierno mexicano para promover la integridad en el sector público y reforzar la lucha contra la corrupción, queda mucho por hacer en el Grupo Aeroportuario de la Ciudad de México, S.A. de C.V. (GACM), la entidad responsable de la construcción del aeropuerto. Esto pone en alto riesgo la credibilidad y la eficacia del proyecto.

En este capítulo se evalúa la vulnerabilidad del GACM y sus procesos de contratación a la corrupción, y se aportan opciones de política pública y las buenas prácticas de los países de la OCDE para mitigar los riesgos y evitar la corrupción en la construcción del aeropuerto.

Es indispensable concientizar sobre los riesgos de corrupción para el éxito de la construcción del aeropuerto

Los proyectos de infraestructura son especialmente vulnerables a la corrupción y la gestión deficiente

El sector de infraestructura, en particular, es vulnerable a la corrupción y al abuso de influencia por la amplia discrecionalidad de los funcionarios públicos sobre las decisiones de inversión, las múltiples etapas, las cuantiosas sumas de dinero y los actores involucrados, incluyendo funcionarios públicos electos y no electos, cabilderos, organizaciones de la sociedad civil, sindicatos gremiales, autoridades, contratistas, consultores, ingenieros y proveedores.

El ciclo de la inversión pública es vulnerable a la corrupción en todas sus formas y en distintas etapas, bien sea que se abuse de la influencia que se tiene o que el proyecto de inversión sea presa de intereses específicos, conflicto de intereses o soborno. La etapa de evaluación de necesidades y la selección del proyecto es decisiva, ya que marca la pauta para todo el proyecto de construcción, y puede abrir oportunidades para la corrupción en etapas posteriores. Es perjudicial, en particular, porque puede desviar fondos públicos a proyectos con pocas ventajas sociales y baja rentabilidad, así como favorecer nuevas construcciones a costa del mantenimiento (Kenny, 2009).

En la etapa de diseño del proyecto y la de implementación o ejecución a menudo la corrupción aparece en forma de soborno (influir en el trámite de los documentos de licitación para obtener un contrato, etcétera), favoritismo hacia determinados oferentes, conflictos de interés, fraude, colusión o carteles. En este contexto, se reconoce a la contratación pública como una de las actividades gubernamentales más vulnerables a la corrupción, en vista de las estrechas interacciones entre representantes públicos y privados con niveles discrecionales relativamente altos, así como importantes implicaciones financieras.

Los pasos posteriores a la adjudicación propiamente dicha del contrato son tan vulnerables a la corrupción como las etapas previas del ciclo, y es indispensable establecer mecanismos para garantizar que el contrato se ejecute correctamente, sin cambios de costos o de nivel de calidad. La corrupción durante la etapa de ejecución o implementación del proyecto puede arrojar como resultado una infraestructura de mala calidad y deficiencias en la construcción. Eso generará costos de mantenimiento adicionales en etapas posteriores, o en un futuro próximo, y, por consiguiente, reducirá considerablemente la tasa de rentabilidad económica (Kenny, 2009).

Por último, la etapa de evaluación también puede ser terreno fértil para prácticas corruptas que encubran abusos y fraudes cometidos con anterioridad. Durante esta etapa, los contratistas, evaluadores y funcionarios públicos pueden tergiversar las actividades y los resultados mediante discrepancias en la información financiera, incumplimiento de las normas y condiciones financieras y no financieras, y rendimiento deficiente.

La corrupción causa costos altos y ejerce efectos importantes sobre la sociedad

La corrupción es difícil de medir y cuantificar; en consecuencia, calcular los costos de esas prácticas sigue siendo un reto. La corrupción en el sector de la construcción es considerable y costosa; se calcula que el costo general promedio de la corrupción en infraestructura, exclusivamente por sobornos, oscila entre 5% y 20% de la inversión (Kenny, 2009). Transparencia Internacional, la OCDE y la Sociedad Estadounidense de Ingenieros Civiles calculan que los costos de la corrupción ascienden a entre 10% y 30% de la inversión en infraestructura pública (Hawkins, 2013). Según otros estimados, "las pérdidas anuales en la construcción mundial por gestión deficiente, ineficiencia y corrupción podrían llegar a USD 2.5 billones para 2020" (COST, 2012).

En efecto, la corrupción es muy costosa. Los costos directos incluyen transferencias de sobornos, mayores gastos, escasez de servicios indispensables, menor calidad y asignación indebida de recursos públicos (OCDE, 2015). Cuando hay pago de sobornos que forman parte del proceso de inversión, quienes hacen esos pagos buscan recuperar su costo de varias maneras: inflan los precios, facturan trabajo no realizado, no cumplen con las normas contractuales, reducen la calidad del trabajo o usan materiales inferiores. Una de las consecuencias comunes de la corrupción en el sector de infraestructura es la compra de materiales de menor calidad para compensar la parte del presupuesto utilizada para sobornar a los funcionarios. En las situaciones más extremas, construir infraestructura de menor calidad puede tener consecuencias mortales, como el derrumbe de un edificio o de un puente. Una consecuencia menos trágica de una infraestructura de baja calidad es la molestia diaria de recorrer una carretera demasiado angosta. El material de mala calidad acarrea costos altos a la larga, ya que se requerirá trabajo de mantenimiento antes de lo usual y con mayor regularidad.

Una de las consecuencias más graves de la corrupción en infraestructura es elegir proyectos que sean "elefantes blancos" durante la etapa de valoración. El término "elefantes blancos" se aplica a proyectos de infraestructura muy costosos sin un uso social en particular, y a menudo con tasas de rentabilidad negativas (Wells, 2015).

Es más, los costos de la ineficiencia en el gasto público en infraestructura no son solo de índole económica. La evidencia de despilfarro de los recursos públicos puede costarle muy caro a los gobiernos en pérdida de credibilidad y confianza por parte de la ciudadanía. A los gobiernos se les confía gastar el dinero de los contribuyentes con eficiencia, y destinarlo al bienestar económico y social de la economía y de la sociedad. En vista del margen fiscal cada vez más reducido que muchos gobiernos afrontan, las decisiones de gasto en infraestructura que no se basan en la evaluación estricta de una necesidad y en un análisis de costo-beneficio pueden perjudicar los presupuestos de los gobiernos y también la confianza de los ciudadanos en las instituciones públicas.

Por consiguiente, promover la integridad en el ciclo de contratación contribuye a bajar los costos generales de construcción y operación, y alentar inversiones eficientes. Al reconocer estos riesgos, México reforzó recientemente su marco jurídico para contrarrestar la corrupción, sobre todo durante el proceso de contratación.

Esfuerzos recientes para contrarrestar la corrupción conforme al marco jurídico mexicano

El marco jurídico mexicano aplicable a la contratación pública se basa principalmente en la Ley de Adquisiciones, Arrendamientos y Servicios del Sector Público (LAASSP) y en la Ley de Obras Públicas y Servicios relacionados con las Mismas (LOPSRM). Aunque ambas leyes incluyen diversos requisitos y normas para estructurar y orientar las actividades de contratación pública, no abordan de manera específica los temas de integridad ni riesgos de corrupción.

La sanción administrativa a los servidores públicos que participan en prácticas corruptas está contemplada principalmente en la Ley Federal de Responsabilidades Administrativas de los Servidores Públicos (LFRASP). El objetivo de este instrumento es aumentar la legalidad y la integridad del desempeño de los servidores públicos en sus obligaciones administrativas, al establecer las faltas administrativas, el procedimiento para emprender acción legal, así como la modalidad y la magnitud de la sanción que se les impondrá. Expresamente, la LFRASP prohíbe a los funcionarios de adquisiciones:

- Celebrar contratos con cualquier persona que desempeñe una función pública o con cualquier empresa en que participe dicha persona
- Celebrar contratos con cualquier persona inhabilitada para ocupar un empleo, cargo o comisión en la administración pública
- Intervenir en cualquier situación que pueda crear un conflicto de intereses personales o comerciales
- Participar en cualquier acto o procedimiento que ponga en riesgo la integridad
- Ejercer cualquier forma de influencia a favor de ex servidores públicos, hasta un año después de que concluyan su función pública
- Inhibir denuncias o trámites de inconformidades (OCDE, 2013a)

Además, y relacionado de manera más específica con el proceso de contratación, México aprobó la Ley Federal Anticorrupción en Contrataciones Públicas (LFACP), que aborda directamente los problemas de corrupción y fraude en la contratación pública (Recuadro 4.1).

Por otra parte, a principios de 2015, el Presidente de México emitió un conjunto de decretos presidenciales para reforzar la integridad del sector público, que se centran primordialmente en la prevención y gestión de los conflictos de interés, incluso la divulgación de un posible conflicto de interés del servidor público y sus familiares en su declaración patrimonial anual. Los decretos presidenciales también exigen la emisión de un Código de Ética para todos los servidores públicos del gobierno federal (véase el Cuadro 4.1 en la siguiente sección) y orientación[1] para los funcionarios de contratación pública al interactuar con los proveedores (Protocolo de actuación de los servidores públicos en contrataciones públicas); la creación de una clasificación y padrón de los funcionarios de contratación,[2] la certificación de los funcionarios de contratación; la publicación en línea de los proveedores sancionados; mayor colaboración con las cámaras de comercio; una ventanilla única electrónica para transacciones con el gobierno que reduzca las posibles oportunidades de soborno, y la creación de una Unidad Especializada en Ética y Prevención de Conflictos de Interés.

Recuadro 4.1. La Ley Federal Anticorrupción en Contrataciones Públicas (LFACP)

La Ley Federal Anticorrupción en Contrataciones Públicas (LFACP), aprobada en junio de 2012, contiene las siguientes disposiciones para atacar los problemas de corrupción y fraude en la contratación pública:

- Las responsabilidades y sanciones que deban imponerse a las personas físicas y morales, mexicanas y extranjeras, por infringir la ley con motivo de su participación en las contrataciones públicas, así como a otras profesiones afines que puedan influir en la integridad del proceso de contratación pública (lo que incluye pero no se limita a los servidores públicos).
- Las personas y entidades mexicanas que participen en actos de corrupción en transacciones comerciales internacionales son igualmente responsables.
- Se consideran infracciones los actos como el uso de influencia, cohecho, colusión, simulaciones, omisión, evasión, presentación de información falsa y falsificación (Artículo 8).

Recuadro 4.1. **La Ley Federal Anticorrupción en Contrataciones Públicas (LFACP) (*Continuación*)**

- Los castigos por infringir la ley incluyen multas e inhabilitación del sector laboral pertinente por un periodo no menor de tres meses ni mayor de ocho años para las personas físicas, y de tres meses a diez años para las entidades (Artículo 27).
- Declararse culpable y cooperar con la investigación reduce las sanciones hasta en un 50%, si la petición se hace dentro de los 15 días hábiles siguientes a la notificación del procedimiento administrativo sancionador (Artículos 20 y 31).
- La identidad de los denunciantes debe mantenerse con carácter confidencial (Artículo 10).

Fuente: OECD (2013), *Public Procurement Review of the State's Employees' Social Security and Social Services Institute in Mexico*, OECD Public Governance Reviews, OECD Publishing. http://dx.doi.org/10.1787/9789264197305-en

La gobernanza de las políticas de integridad en México

La gobernanza de las políticas de integridad en México está pasando por un periodo de cambio importante. Eso se debe principalmente al *Decreto por el que se reforman, adicionan y derogan diversas disposiciones de la Constitución Política de los Estados Unidos Mexicanos, en materia de combate a la corrupción*, que entró en vigor en mayo de 2015 e implicó una reforma constitucional.

Muy en particular, el Artículo 113 Constitucional enmendado presenta el Sistema Nacional Anticorrupción de México, que se enmarca como el mecanismo de coordinación para todas las autoridades de cualquier orden de gobierno responsable de las políticas anticorrupción y del control de los recursos públicos.

La reforma establece dos nuevos actores institucionales que participarán en el combate a la corrupción: en primer lugar, la Fiscalía Especializada en Combate a la Corrupción, cuyo titular será designado por el Senado; en segundo lugar, un Comité de Participación Ciudadana, integrado por cinco ciudadanos de trayectoria distinguida por su contribución a la transparencia, vigilancia o combate a la corrupción.

Al mismo tiempo, la reforma anticorrupción amplía el mandato de dos instituciones existentes: el Tribunal Federal de Justicia Administrativa y la Auditoría Superior de la Federación (ASF). El nuevo Tribunal Federal de Justicia Administrativa también será el encargado de resolver las controversias entre la administración pública y los particulares, así como de imponer sanciones a funcionarios públicos por responsabilidades administrativas graves (Artículo 109 [3]).

El Artículo 113 Constitucional enmendado también define la organización del Sistema Nacional Anticorrupción, en virtud del cual un Comité Coordinador agrupará a las siguientes instituciones: la Auditoría Superior de la Federación, la Secretaría de la Función Pública, el Tribunal Federal de Justicia Administrativa, el Consejo de la Judicatura Federal, la Fiscalía Especializada en Combate a la Corrupción, el Instituto Nacional de Transparencia, Acceso a la Información y Protección de Datos (INAI) y el Comité de Participación Ciudadana. El Comité Coordinador será responsable de establecer mecanismos de coordinación, diseñar políticas integrales, gestionar la información pertinente, elaborar un informe anual sobre las actividades generales de combate a la corrupción y el control de los recursos públicos.

Promover la apertura y una cultura de integridad

El GACM necesita crear una cultura de integridad

Un importante proyecto de infraestructura pública gestionado con integridad y eficiencia puede mandar una fuerte señal a la opinión pública de que el Gobierno gasta el dinero de los contribuyentes con eficiencia, toma sus preocupaciones en serio y se compromete a mejorar las normas de integridad. Sin embargo, a pesar de que México ha reforzado continuamente su marco jurídico y de políticas públicas contra la corrupción, el GACM no promueve de manera activa una cultura de integridad y tampoco ha instituido medidas ni programas de integridad y anticorrupción específicos en su función de contratación, más allá de lo que exige la Ley Federal y las disposiciones federales. En entrevistas con funcionarios de contratación del GACM, mostraron un estricto enfoque en el cumplimiento jurídico y limitada sensibilización a los riesgos de corrupción y las herramientas y mecanismos para moderarlos.

El GACM se beneficiaría mucho al crear conciencia sobre la corrupción y promover una cultura de integridad, en particular en sus procesos de contratación. Los beneficios abarcan tres aspectos: económicos, relacionados con el espíritu de la institución y externos con la sociedad.

Evidentemente, una fuerte cultura institucional de integridad que prevenga con éxito la corrupción ofrece ventajas desde una perspectiva económica. Contribuye a bajar costos de operación ya que los posibles costos en que se incurra por actos de corrupción son múltiples: *i)* los costos reales del soborno; *ii)* el tiempo de personal necesario para mantener ciertos contactos; *iii)* el riesgo de sanciones legales incurridas, y *iv)* el riesgo de daño a la reputación que podría desalentar a futuros proveedores de colaborar con la institución. Sin embargo, la corrupción también tiene un efecto negativo sobre el bienestar del personal. Según una investigación reciente, la repercusión más importante del soborno para una institución es su efecto negativo sobre la motivación de los empleados, en tanto que otros estudios señalan que el cohecho afecta dicha motivación incluso en los casos en que nadie fuera de la institución se entera (Forbes, 2013). Por el contrario, las prácticas y normas éticas claras mejoran la satisfacción laboral al fomentar la confianza entre los empleados, quienes pueden tene la certeza de que su institución actuará de manera expedita y sistemática respecto de las conductas poco éticas verificadas o probadas; asimismo, alientan a los miembros del equipo a expresar sus preocupaciones y comprometerse con normas clara y justas aplicables a todos (CEB, 2015). Una investigación reciente muestra que una cultura de integridad fuerte reduce las conductas indebidas del personal en casi 70% (CEB, 2015).

Es más, promover una cultura de integridad fuerte no es solo beneficioso en el ámbito interno, también puede tener un efecto importante sobre la sociedad en general. Los proyectos de infraestructura de gran envergadura, como el nuevo aeropuerto de México, son muy visibles y ofrecen al Gobierno la oportunidad de mostrar un enfoque innovador y "limpio" que beneficie al interés público.

Establecer reglas y normas comunes

La corrupción y los actos ilícitos pueden deberse a una conducta deshonesta intencional, pero a menudo surgen por ignorancia de las leyes y reglas o como corolario de una cultura institucional. Por consiguiente, establecer normas claras para la conducta que se espera de los funcionarios públicos es la primera medida necesaria. Se ha demostrado que los códigos de conducta son decisivos para promover la integridad en cualquier institución, ya que son un punto de referencia explícito para la conducta y las normas éticas aceptables contra las cuales el personal y la propia institución deben rendir cuentas. Un código de conducta puede considerarse como una especie de contrato entre los empleados y la institución, así como una declaración para terceros sobre las normas éticas que se esperan y respetan (CCAB, 2014).

En México, según el *Acuerdo que tiene por objeto emitir el Código de Ética de los servidores públicos del Gobierno Federal, las Reglas de Integridad para el ejercicio de la función pública, y los Lineamientos generales para propiciar la integridad de los servidores públicos y para implementar acciones permanentes que favorezcan su comportamiento ético, a través de los Comités de Ética y de Prevención de Conflictos de Interés* (DOF, 20/08/2015[3]), cada entidad debe aplicar a sus servidores públicos el Código de Ética de los Servidores Públicos del Gobierno Federal y tener, entre otros, un código de conducta y un Comité de Ética. De hecho, el GACM incluyó en su Manual de la Institución el Código de Ética para los Servidores Públicos del Gobierno Federal de 2012 y el código de conducta del GACM. El 1° de julio de 2015, el GACM envió por correo electrónico el código de conducta a todo su personal, después de su aprobación por el Comité de Ética. Sin embargo, según las directrices antes mencionadas, el código de conducta debe publicarse en línea e imprimirse. A partir de septiembre de 2015, no es posible encontrar en línea el código de conducta del GACM. Además, el GACM no pudo proporcionar información sobre cómo se elaboró dicho código, ni sobre los funcionarios públicos del GACM que intervinieron en su elaboración.

Además, el código de conducta actual sigue siendo muy general: estipula lo que se espera de los funcionarios públicos en términos generales, citando los valores y normas de la institución (similares a los del código de ética) y no aborda situaciones especiales, por ejemplo, de conflictos de interés o qué hacer en caso de soborno. El código mencionado no hace referencia específica alguna a la contratación pública ni a reglamentar o limitar el uso de información confidencial, o ambos (Cuadro 4.1).

Cuadro 4.1. **Código de ética de los servidores públicos del gobierno federal y código de conducta del GACM**

Código de ética de los servidores públicos del gobierno federal	*Código de conducta*
Principios constitucionales que deben observar todos los servidores públicos en el curso de su trabajo, cargo, comisión o función:	En el cumplimiento de sus obligaciones, los funcionarios públicos del GACM deben comportarse conforme a lo siguiente:
1) Legalidad Los servidores públicos solo hacen lo que las normas estipulan expresamente y siempre someten su actuación a las facultades que las leyes, regulaciones y otras disposiciones jurídicas atribuyen a su empleo, cargo o comisión, por lo que conocen y acatan las disposiciones que regulan el ejercicio de sus funciones, facultades y obligaciones.	1. Obligación de actuar conforme al marco normativo aplicable a la misión y visión de la institución, en un marco de responsabilidad social.
2) Honradez Los servidores públicos se conducen con rectitud sin utilizar su empleo, cargo o comisión para obtener o pretender algún beneficio, provecho o ventaja personal o a favor de terceros; tampoco buscan ni aceptan compensaciones, prestaciones, dádivas, obsequios o regalos de cualquier persona u organización porque son conscientes de que eso compromete sus obligaciones, y que el ejercicio de cualquier cargo público implica un alto sentido de austeridad y vocación de servicio	2. Proporcionar asistencia a los ciudadanos, guiados por los principios de respeto, eficacia y vocación de servicio.
3) Lealtad Los servidores públicos responden a la confianza que el Estado ha depositado en ellos, tienen el compromiso absoluto de servir a la sociedad y de satisfacer los intereses colectivos por encima de intereses individuales, personales o ajenos al interés y bienestar generales.	3. Cumplir con sus obligaciones con eficiencia y eficacia para lograr los objetivos establecidos.
4) Imparcialidad Los servidores públicos dan a los ciudadanos y a la población en general el mismo tratamiento, sin conceder privilegios o preferencias a organización o persona alguna, ni permiten que influencias, intereses o prejuicios indebidos afecten su compromiso de tomar decisiones y ejercer sus funciones de manera objetiva.	4. Enmarcar sus acciones dentro de los principios de transparencia y rendición de cuentas.
5) Eficiencia Los servidores públicos actúan conforme a una cultura de servicio orientada a resultados, en todo momento procuran mejorar el desempeño de sus funciones para lograr las metas institucionales según sus responsabilidades y mediante el uso responsable y transparente de los recursos públicos, eliminando cualquier ostentación excesiva y discrecionalidad indebida en su aplicación.	5. Administrar con eficiencia y honestidad los recursos asignados exclusivamente para la consecución de los objetivos del GACM.
Valores que todos los servidores públicos deben anteponer en el desempeño de su empleo, cargo, comisión o funciones:	
1) Interés público Los servidores públicos actúan buscando siempre la máxima atención a las necesidades y demandas de la sociedad por encima de los intereses y beneficios, ajenos a la satisfacción colectiva.	6. Cumplir con sus obligaciones con honestidad, sin utilizar su posición para tener gratificación, beneficio, ventaja o privilegios.
2) Respeto Los servidores públicos se conducen con austeridad y sin ostentación, dan un trato digno y cordial a todas las personas en general y a sus colegas, superiores y subordinados, tomando en cuenta sus derechos, de modo que se aliente el diálogo civil y la aplicación coordinada de los instrumentos que lleven al entendimiento, a través de la eficiencia y el interés público.	7. Promover un ambiente de comunicación, respeto e igualdad en el que todo mundo pueda desarrollarse de manera integral, sin ser objeto de discriminación.
3) Respetar los derechos humanos Los servidores públicos respetan los derechos humanos, y en el ámbito de sus atribuciones y competencias, los garantizan, promueven y protegen conforme a los principios de: universalidad, que establece que los derechos humanos pertenecen a todos; interdependencia, que significa que los derechos humanos están estrechamente vinculados entre sí; indivisibilidad, que significa que los derechos humanos son complementarios e inseparables, y progresividad, que prevé que los derechos humanos están en constante evolución y bajo ninguna circunstancia se justifica un retroceso en su protección.	8. Buscar continuamente la innovación de los procesos y actividades para ofrecer un mejor servicio y realizar su trabajo con más eficacia.

Código de ética de los servidores públicos del gobierno federal	*Código de conducta*
4) Igualdad y no discriminación Los servidores públicos prestan servicios a todas las personas sin distinción, exclusión, restricción o preferencia basada en el origen nacional o étnico, color de la piel, cultura, sexo, género, edad, discapacidades, condición socioeconómica, de salud o jurídica, religión, aspecto físico, características genéticas, situación migratoria, embarazo, idioma, opiniones, preferencia sexual, identidad o filiación política, estado civil, situación familiar, responsabilidades familiares, antecedentes penales o cualquier otra razón.	
5) Igualdad de género Los servidores públicos, en el ámbito de sus atribuciones y competencias, garantizan que tanto hombres como mujeres acceden con las mismas condiciones, posibilidades y oportunidades a los bienes y servicios públicos, programas y beneficios institucionales, y a los empleos, cargos y comisiones gubernamentales.	
6) Entorno cultural y ecológico Al realizar sus actividades los servidores públicos evitan la afectación del patrimonio cultural de cualquier nación y de los ecosistemas del planeta; asumen una férrea voluntad de respeto, defensa y preservación de la cultura y del medio ambiente; y en el ejercicio de sus funciones y de acuerdo con sus competencias, promueven en la sociedad la protección y conservación de la cultura y del medio ambiente, como el principal legado para las generaciones futuras.	
7) Integridad Los servidores públicos siempre actúan de manera congruente con los principios que deben observarse en el cumplimiento de un empleo, cargo, comisión o función, convencidos del compromiso de ajustar su conducta para que en su desempeño impere una ética que responde al interés público y generen certeza absoluta sobre su conducta en todas las personas con las que se vinculen o que observen su actuación.	
8) Cooperación Los servidores públicos trabajan juntos y promueven el trabajo en equipo para la consecución de los objetivos comunes de los planes y programas de gobierno, generando así una plena vocación de servicio público para el beneficio de la comunidad y la confianza de los ciudadanos en sus instituciones.	
9) Liderazgo Los servidores públicos son guía, ejemplo y promotores del Código de Ética y las Normas de Integridad; en el ejercicio de sus funciones fomentan y aplican los principios que la Constitución y la ley les imponen, así como aquellos valores adicionales que por su importancia son intrínsecos en el servicio público.	
10) Transparencia En el ejercicio de sus funciones, los servidores públicos protegen los datos personales que tienen en custodia, favorecen el principio de divulgación máxima de la información pública, atendiendo con diligencia los requerimientos de acceso y proporcionando la documentación que generan, obtienen, adquieren, transforman o conservan; y en el ámbito de su competencia, difunden de manera proactiva la información gubernamental como un elemento que genera valor para la sociedad y promueve un gobierno abierto.	
11) Rendición de cuentas Los servidores públicos asumen plenamente su responsabilidad ante la sociedad y sus autoridades por el ejercicio de su empleo, cargo o comisión; informan, explican y justifican sus decisiones y actos, y están sujetos a un sistema de sanciones, evaluación y escrutinio público de sus funciones por parte de la ciudadanía.	

Fuente: Código de Ética de los Servidores Públicos del Gobierno Federal, disponible en http://dof.gob.mx/nota_detalle.php?codigo=5404568&fecha=20/08/2015 y el *Manual de Organización de la Empresa de Participación Estatal Mayoritaria Denominada Grupo Aeroportuario de la Ciudad de México*, S.A. de C.V.

El GACM podría volver a redactar su actual código de conducta tomando en cuenta que en este se tendrá que: *i)* explicar al personal y socios del GACM lo que se espera de ellos en cuanto a conducta; *ii)* contribuir a reforzar la integridad en la cultura de la institución al establecer nuevas normas; y *iii)* proporcionar un marco disciplinario para sancionar las conductas que se aparten de la norma. Por ejemplo, un código de conducta integral podría incluir:

1. La misión clara de la institución, así como sus valores y principios y los vínculos con las normas de conducta profesional
2. Directrices visibles sobre probidad
3. Definiciones claras sobre lo que constituye un riesgo de corrupción
4. Lineamientos sobre cómo los servidores públicos podrían resolver dilemas éticos, prejuicios y áreas poco definidas ("zonas grises") con las que se topan en el trabajo diario
5. Sanciones por infracciones a la integridad, incluidas las administrativas, disciplinarias y penales

Es más, al reconocer que los funcionarios de contratación tienen una responsabilidad importante de mantener la integridad y garantizar el uso adecuado de los recursos públicos, el GACM podría elaborar normas concretas para esos funcionarios; por ejemplo, mediante un código de conducta específico, como se realiza en otros países de la OCDE, entre ellos Canadá (Recuadro 4.2) o España (Recuadro 4.3).

Recuadro 4.2. **Código de conducta para la contratación en Canadá**

El Gobierno de Canadá es responsable de mantener la confianza de la comunidad de proveedores y público canadienses en el sistema de contratación, al hacer las adquisiciones en forma responsable, ética y transparente.

El Código de Conducta para la Contratación ayudará al Gobierno a cumplir su compromiso de reformar la contratación pública, garantizar mayor transparencia, rendición de cuentas y las normas más altas de conducta ética. El Código consolida los actuales requerimientos jurídicos, normativos y de política pública del gobierno en una declaración concisa y transparente de las expectativas del Gobierno sobre sus empleados y proveedores.

El Código de Conducta para la Contratación proporciona a todos los participantes en el proceso de contratación —servidores públicos y proveedores por igual— una declaración clara de las expectativas mutuas para asegurar un entendimiento básico común entre todos los que participan en la contratación.

El código refleja la política del Gobierno de Canadá y está enmarcado por los principios establecidos en la Ley de Administración Financiera y la Ley Federal de Rendición de Cuentas. Consolida las medidas del gobierno federal sobre conflictos de interés, medidas posteriores al empleo y combate a la corrupción, así como otros requerimientos legislativos y de política pública relacionados de manera específica con la contratación. El código se propone resumir la ley existente al proporcionar un punto de referencia único para las principales responsabilidades y obligaciones tanto de los servidores públicos como de los proveedores. Además, describe las quejas de estos y las garantías procesales.

El Gobierno espera que todos los involucrados en el proceso de contratación acaten las disposiciones de este código.

Fuente: Public Works and Government Services Canada (PWGSC), *The Code of Conduct for Procurement*, www.tpsgc-pwgsc.gc.ca/app-acq/cndt-cndct/contexte-context-eng.html (consultado el 17 de junio de 2015).

Recuadro 4.3. **Principios y Código de Conducta para la Contratación en España**

Con el objetivo de contribuir a la excelencia en las actividades administrativas en el área de contratación, la Oficina de Supervisión y Evaluación de la Contratación Pública compiló en este código los principios básicos y las buenas prácticas que ya se han integrado en las actividades cotidianas de los ministerios de la Administración de la Generalidad de Cataluña y las entidades que forman parte del sector público. También contiene nuevo material para establecer el código de conducta y recomendaciones, aportado por el Grupo de Trabajo para la Promoción y Mejora de los Procesos de Contratación, constituido dentro de la Junta Consultiva de Contratación Administrativa de la Generalidad de Cataluña, la Oficina Antifraude de Cataluña, la Autoridad Catalana de la Competencia, la Asociación de Secretarios, Interventores y Tesoreros de la Administración Local Catalana, así como organizaciones empresariales y sindicales. El objetivo del código es consolidar el código de ética en la contratación como parte de la cultura y los valores de los órganos de contratación. La buena práctica de la contratación incluida en el Código se estructura en las siguientes secciones:

1. La especificación de los principios básicos y los valores éticos que deben regir el proceso de contratación
2. La identificación de conductas de interés específicas con miras a redactar las directrices que deben seguirse en una variedad de posibles circunstancias específicas reales
3. La especificación de las prácticas contractuales especialmente interesantes
4. La sensibilización, capacitación y verificación del compromiso ético

Con la creación del Comité de Ética en la Contratación de la Generalidad de Cataluña, integrado por representantes de los ministerios y entidades de la Generalidad y adscrito al Departamento de Presidencia, se llevará a cabo el seguimiento y actualización continuos del Código en la Administración de la Generalidad y las entidades del sector público.

Fuente: Principles and Code of Conduct for Procurement, Codi de principis i conductes recomanables en la contractació pública, http://transparencia.gencat.cat/en/indicadors/contractacions_serveis/contractacio/codi_de_ principis_i_conductes_recomanables_en_la_contractacio_publica/ (consultado el 17 de junio de 2015).

Invertir en capacitación y orientación

La aprobación de un código de conducta tiene un aspecto de comunicación, ya que manda una fuerte señal de que la institución se compromete a observar las normas de integridad más altas, y de la conducta ética que se espera de todos los empleados (Transparencia Internacional, 2014a). Ahora bien, aprobar un código de conducta y normas éticas es un paso necesario pero no basta. Sin apoyo y capacitación, una institución corre el riesgo de hacer de su código una herramienta vacía y en gran medida inútil. Al capacitar en cuestiones de ética e integridad a los funcionarios públicos, y a los funcionarios de contratación en particular, se puede crear conciencia y compromiso con los elementos fundamentales de una cultura de integridad en las instituciones públicas, y adquirir conocimientos al respecto.

El apoyo de la dirección para capacitar en temas de integridad es clave para su éxito y ofrece una fuerte motivación al personal. Ese apoyo debe demostrarse en las acciones del liderazgo que da el ejemplo y asigna los recursos adecuados para la capacitación. La capacitación en ética deberá diseñarse para responder a las necesidades del público previsto y orientarse a la práctica lo más posible, para que los participantes entiendan los principios, los valores y las áreas poco definidas ("zonas grises") (OCDE, 2013b).

A partir de septiembre de 2015, el GACM no ha proporcionado a su personal o funcionarios de contratación capacitación alguna sobre el código de conducta ni sobre las normas éticas. Eso crea una brecha considerable de conocimientos en cuestiones de integridad en el GACM. Por consiguiente, el GACM podría capacitar a sus funcionarios de contratación en aspectos específicos de integridad, ética y herramientas contra la corrupción, siguiendo la práctica de otros países de la OCDE, como Alemania (Recuadro 4.4) y Francia (Recuadro 4.5).

Recuadro 4.4. **Capacitación en integridad en Alemania**

La Agencia Federal de Adquisiciones es una dependencia del gobierno que administra las compras de 26 distintos organismos federales, fundaciones e instituciones de investigación que son responsabilidad del Ministerio Federal del Interior. Es la segunda agencia de adquisiciones federal más grande, después de la Oficina Federal de Defensa, Tecnología y Contrataciones.

La Agencia de Adquisiciones ha tomado varias medidas para promover la integridad entre su personal, incluyendo el apoyo y asesoría de un funcionario de prevención de la corrupción ("Persona de Contacto para la Prevención de la Corrupción"), la organización de talleres y cursos de capacitación sobre la corrupción y la rotación de sus empleados.

Desde 2001, es obligatorio que el nuevo personal participe en un taller de prevención de la corrupción. En él aprenden acerca de los riesgos de involucrarse en sobornos y de las posibles estrategias del sobornador. Se aborda también cómo comportarse en esas situaciones; por ejemplo, alentándolos para que lo denuncien ("dar el pitazo"). En los talleres se destaca el papel central de los empleados cuya conducta ética es parte esencial en la prevención de la corrupción. Cerca de diez talleres se llevaron a cabo con 190 personas que aportaron comentarios positivos sobre el contenido y la utilidad de la capacitación. La participación en los talleres de la Agencia mediante la "Persona de Contacto para la Prevención de la Corrupción" y del jefe del Departamento de Servicios Centrales demostró a los asistentes que la prevención de la corrupción es una de las prioridades de la agencia. En 2005, el grupo objetivo de los talleres se amplió para incluir no solo un curso de inducción sino también capacitación continua para todo el personal. Desde entonces, se realizan de manera periódica de seis a siete talleres por año, y se capacita aproximadamente a 70 empleados, nuevos y existentes, por año.

Otra medida clave para prevenir la corrupción es la movilización de personal después de un periodo de cinco a ocho años para evitar el contacto prolongado con los proveedores, así como para aumentar la motivación y hacer el trabajo más atractivo. Sin embargo, en la agencia hay aún dificultades para la movilidad de los empleados. Debido al alto nivel de especialización, muchos funcionarios no pueden cambiarse de unidad en la institución, ya que sus conocimientos son indispensables para el trabajo de la unidad. En esos casos se toman otras medidas, por ejemplo, se intensifica el control (de supervisión).

Fuente: Federal Procurement Agency, Alemania.

Recuadro 4.5. **Capacitación especializada para la contratación pública en Francia**

El Servicio Central de Prevención de la Corrupción, órgano interministerial adscrito al Ministerio de Justicia de Francia, elaboró material de capacitación para la contratación pública, con el fin de ayudar a los funcionarios a identificar irregularidades y actos de corrupción en la contratación. A continuación se presenta un caso práctico tomado de dicho material, que ilustra las dificultades que enfrentan diversos actores en los distintos pasos del procedimiento. También destaca la dificultad de reunir pruebas de irregularidades y corrupción.

El asunto en cuestión

A raíz de una convocatoria abierta a licitar, un licitante no seleccionado presenta una inconformidad ante el alcalde de una comuna; acusa a la comisión licitadora de irregularidades porque su oferta fue inferior a la presentada por el adjudicatario. ¿Cómo debe tratar el alcalde el problema?

Etapa 1: Verificar el cumplimiento de los procedimientos de contratación pública

La empresa inconforme es muy conocida y no se le considera "contenciosa". Por tanto, el alcalde atiende la queja y solicita al servicio de auditoría interna que verifique las condiciones de la adjudicación del contrato; en especial, si el procedimiento acató las regulaciones (la oferta más baja no necesariamente es la mejor) y las convocatorias publicadas en el diario oficial. Por el informe preparado por la comisión licitadora, el alcalde se entera de que, si bien el procedimiento cumplió con las regulaciones, la oferta de la empresa en cuestión había sido ajustada al alza por el servicio técnico responsable de comparar las ofertas. Al parecer, la empresa había omitido ciertas partidas de gastos que se agregaron a su oferta inicial.

Etapa 2: Responder al licitante perdedor

El alcalde informa al licitante perdedor exactamente por qué no se eligió su oferta. Sin embargo, a vuelta de correo, recibe una carta señalando que nadie le comunicó a la empresa el cambio hecho en su oferta, el cual, en realidad, era injustificado, ya que el gasto supuestamente omitido de hecho estaba incluido en la oferta bajo otro rubro.

Etapa 3: Las sospechas

El servicio de auditoría interna confirma la inconformidad del licitante no seleccionado, y señala que en el informe no se justifica el cambio hecho por el servicio técnico. Agrega que sería difícil que un funcionario con alguna experiencia, por poca que fuera, no se hubiera percatado de que los gastos estaban registrados bajo otro rubro. En seguida, el alcalde solicita a auditoría interna que investigue si el servicio técnico acostumbra hacer esos cambios, si ya ha tramitado ofertas del adjudicatario, y si se han adjudicado contratos a este último con frecuencia. También solicita que verifique los antecedentes de los funcionarios involucrados. ¿Tienen experiencia? ¿Se les ha capacitado? ¿Tienen vínculos con el contratista seleccionado? ¿Podrían haber tenido vínculos con ellos en sus puestos anteriores? ¿Qué hacen sus esposas y sus hijos? La revisión de los expedientes personales de los funcionarios y las acciones de la empresa que ganó el contrato no encuentra nada concluyente: los únicos vínculos entre los funcionarios o sus familias y el adjudicatario son indirectos.

Etapa 4: Someter el caso a las autoridades el Ministerio de Justicia

Con sospechas, pero sin pruebas, el alcalde entrega la información para que puedan empezar las investigaciones. Los investigadores ahora tienen que encontrar pruebas de que se haya cometido un delito penal (favoritismo, corrupción, ventaja indebida, entre otros) y, haciendo uso de su autoridad, revisar las cuentas bancarias, celebrar audiencias, vigilancia, etcétera. El caso ahora pasa de la esfera de la normativa de contratación pública a la de los actos penales.

Recuadro 4.5. **Capacitación especializada para la contratación pública en Francia (*Continuación*)**

Conclusión

Sin posibilidad de reunir pruebas y sin autoridad para llevar a cabo una investigación exhaustiva o cuestionar a las partes implicadas, el alcalde toma la única decisión dentro de su competencia: hacer una reorganización interna y cambiar las funciones de los dos empleados involucrados. Sin embargo, debe proceder con cautela al dar las razones de su decisión para evitar exponer a personas inocentes a la condena pública, o exponerse él mismo a acusaciones de difamación mientras la investigación penal está en curso.

Decide también que, a partir de esa experiencia, el informe de los servicios técnicos a la comisión licitadora deberá explicar más a fondo sus cálculos y cualquier cambio que haga en las ofertas, e informar sistemáticamente a los licitantes sobre este.

Fuente: OECD (2007), *Integrity in Public Procurement: Good Practice from A to Z*, OECD Publishing, París, http://dx.doi.org/10.1787/9789264027510-en.

Fortalecer la gobernanza de la integridad dentro del GACM

De acuerdo con los Lineamientos Generales para el Establecimiento de Acciones Permanentes que Aseguren la Integridad y el Comportamiento Ético de los Servidores Públicos en el Desempeño de sus Funciones, tanto el código de ética como el código de conducta deben ser elaborados entre funcionarios públicos y el Comité de Ética del GACM.

Los Lineamientos Generales estipulan que todas las entidades mexicanas deben constituir un Comité de Ética integrado por el Oficial Mayor como presidente, un secretario ejecutivo y funcionarios públicos. Esos funcionarios deberán ser elegidos por los empleados y tener cuando menos un año de antigüedad en la dependencia en el momento de la elección. El Director General del GACM deberá determinar el número de funcionarios públicos que deben elegirse y su nivel jerárquico, en función de la estructura de la entidad. El Comité de Ética es el órgano de consulta y asesoría encargado de ayudar en la elaboración, aplicación y cumplimiento del código de conducta. Celebró su primera sesión el 1° de julio de 2015, cuando se aprobó el código de conducta, entre otros asuntos.

Un comité de ética como el del Reino Unido (Recuadro 4.6) sería un paso esencial para fortalecer la estructura de integridad del GACM.

Tener a un grupo de empleados o incluso a uno solo plenamente identificado, a cargo de mantener las normas, vigilar su aplicación, organizar los cursos de capacitación, la comunicación sobre el código de conducta y los riesgos de corrupción es una garantía adicional contra la corrupción y la conducta indebida. El GACM podría incrementar, lo más rápido posible, la visibilidad y el reconocimiento del Comité de Ética para lograr una mejor difusión y cumplimiento del código de conducta y la posterior adaptación de normas a los nuevos riesgos.

Recuadro 4.6. **Comité de Normas de la Vida Pública, Reino Unido**

El Comité de Normas de la Vida Pública es un órgano consultivo público no ministerial (NDPB, por sus siglas en inglés), patrocinado por la Oficina del Consejo de Ministros. El presidente y los miembros son nombrados por el Primer Ministro. El comité fue constituido en octubre de 1994 por el entonces Primer Ministro, confiriéndole el siguiente mandato: "examinar las preocupaciones actuales sobre las normas de conducta de todos los titulares de cargos públicos, incluidos acuerdos relacionados con actividades financieras y comerciales, y hacer recomendaciones respecto de cualquier cambio en los acuerdos actuales que pudiera ser necesario para asegurar las normas más altas de decoro en la vida pública."

El Comité de Normas de la Vida Pública (CSPL) asesora al Primer Ministro en materia de normas éticas en todo el sector público en el Reino Unido. Supervisa e informa sobre las cuestiones relativas a las normas de conducta de todos los titulares de cargos públicos.

El Comité es permanente. No solo puede realizar indagaciones en áreas de interés sobre las normas de la vida pública, sino que también puede reexaminar esa área y supervisar en qué grado se han aplicado sus recomendaciones.

Fuente: Committee on Standards in Public Life, www.gov.uk/government/organisations/the-committee-on-standards-in-public-life (consultado el 13 de junio de 2015).

Establecer políticas de conflicto de interés para servidores públicos, licitantes y proveedores

Los proyectos de infraestructura pública, como el nuevo aeropuerto de México, deben servir al interés público y los ciudadanos esperan que todo funcionario público que intervenga en proyectos de este tipo ejerza sus funciones con integridad, en forma justa e imparcial. Por consiguiente, los funcionarios tendrán que garantizar que sus intereses y filiaciones particulares no comprometan su toma de decisiones, por ejemplo, en la adjudicación de contratos.

El GACM no ha formulado una política específica para identificar y gestionar el conflicto de interés de sus funcionarios, lo que crea un riesgo considerable de que se tomen decisiones a favor de individuos y no en el mejor interés del proyecto ni del público. Sería muy provechosa una política integral sobre el conflicto de intereses que observe, por ejemplo, las Directrices y Herramientas de la OCDE para la Gestión de Conflictos de Interés en el Sector Público.

Asimismo, el GACM podría crear un Sistema de Gestión de Contrataciones que enumere las situaciones que se considerarían como un conflicto de interés y ofrezca orientación sobre los pasos a seguir (Recuadro 4.7).

Recuadro 4.7. **Gestión del conflicto de interés durante la evaluación de ofertas en Australia**

El Departamento de Planeación, Transporte e Infraestructura (DPTI, por sus siglas en inglés) del Gobierno de Australia del Sur, a través del Sistema de Gestión de Contrataciones, examina formas de solucionar casos de conflictos de interés posibles y existentes durante el proceso de contratación. Establece que el personal del DPTI debe notificar al presidente de la Comisión de Evaluación en cuanto se percate de alguna situación de aparente conflicto de interés. Aunque un posible conflicto de este tipo no necesariamente impedirá que una persona participe en el proceso de evaluación, se declara y puede evaluarse en forma independiente.

También enumera las situaciones que se considerarían como un importante conflicto de interés del personal respecto de una empresa licitante, incluyendo: *i)* tener una participación accionaria importante en una pequeña empresa privada que presente una oferta; *ii)* tener un pariente inmediato (por ejemplo, hijo, hija, cónyuge o hermano) empleado en una empresa que esté licitando, aunque esa persona no intervenga en la preparación de la oferta; y que de ganar la licitación, tendría un efecto material en la compañía; *iii)* tener un pariente que intervenga en la preparación de la oferta presentada por una empresa; *iv)* mostrar sesgo o parcialidad a favor o en contra de un licitante (por ejemplo, debido a acontecimientos ocurridos durante un contrato anterior); *v)* que una persona, obligada mediante contrato a ayudar al DPTI con la valoración, evalúe a un competidor directo que presente una oferta; *vi)* socializar de manera periódica con un empleado del licitante que intervenga en la preparación de la oferta; *vii)* haber recibido regalos, atenciones o beneficios similares de un licitador en el periodo previo a la convocatoria de la licitación; *viii)* haber dejado de trabajar recientemente con un licitador, o *ix)* considerar una oferta de empleo futuro o algún otro incentivo de un licitante.

Fuente: Procurement Management Framework. Confidentiality and Conflict of Interest, PR115, http://dpti.sa.gov.au/__data/assets/pdf_file/0015/114351/PR115Confidentiality_and_Conflict_of_Interest.pdf, consultado el 16 de junio de 2015.

Es más, en la etapa inicial del proceso de contratación, la verificación del conflicto de interés podría no solo incluir a los funcionarios públicos, sino también aplicarse a los licitantes. Eso ayudará a reducir el riesgo de corrupción y favoritismo en el proceso de contratación. El GACM podría revisar cualquier posible conflicto de interés antes de empezar el proceso de contratación, y los licitantes podrían revelar cualquier posible conflicto de interés que tuvieran con la institución contratante o con otros licitantes (Recuadro 4.8).

Recuadro 4.8. **Declaraciones de interés financiero y conflictos de interés: estado de Illinois, Estados Unidos**

Se requiere que el vendedor, las empresas matrices y los subcontratistas completen con precisión el formato de Declaraciones de Interés Financiero y Conflictos de Interés ("formato") y lo entreguen. El formato comprende ocho pasos, cada uno de los cuales se completa como se indica en el encabezado y en el texto de la sección. Se considerará que la propuesta u oferta que no incluya este formato no cumple con los requisitos estipulados. El organismo o universidad tomará en cuenta este formato al evaluar la propuesta u oferta o al adjudicar el contrato. El formato se divide en los siguientes ocho pasos:

- Paso 1. Presentación de los documentos justificativos
- Paso 2. Declaración del interés financiero o del Consejo de Administración
- Paso 3. Declaración del cabildero o representante

Recuadro 4.8. **Declaraciones de interés financiero y conflictos de interés: estado de Illinois, Estados Unidos (*Continuación*)**

- Paso 4. Conflictos de interés prohibidos
- Paso 5. Posibles conflictos de interés vinculados con relaciones personales
- Paso 6. Explicación de las respuestas afirmativas
- Paso 7. Posibles conflictos de interés relacionados con procedimientos de inhabilitación y jurídicos
- Paso 8. Declaración de los contratos actuales y pendientes

El requisito de declarar los intereses financieros y conflictos de interés es una obligación permanente. Si las circunstancias cambian y la declaración ya no es exacta, los sujetos deben entregar un formato actualizado. Se requieren formatos diferentes para el vendedor, las empresas matrices y los subcontratistas.

Fuente: Financial Disclosures and Conflicts of Interest, State of Illinois, www.uocpres.uillinois.edu/UserFiles/Servers/Server_7758/file/UI/ProjDocs/forms/findisclosure.pdf (consultado el 13 de junio de 2015).

Con el fin de evitar los conflictos de interés y garantizar la integridad de los procesos de contratación del GACM, la Secretaría de Comunicaciones y Transportes (SCT) elaboró los siguientes prototipos de documentos:

- *Declaración de posible conflicto de interés:* este documento debe ser presentado y firmado por el funcionario público encargado del proceso de contratación.
- *Encuesta sobre prácticas de combate a la corrupción en los contratos de obras públicas:* este documento debe ser completado y firmado por el licitante. Incluye preguntas sobre los conocimientos que se tienen del marco legal anticorrupción; las investigaciones y sanciones al licitante, si se han aplicado; la existencia de una política interna de combate a la corrupción, y el pago de sobornos por parte del licitante para participar en la licitación.
- *Prototipo para la declaración de integridad:* este documento debe ser firmado por el licitante.

Si bien estos documentos son un avance para promover la integridad entre los funcionarios públicos y las empresas, en septiembre de 2015 seguía analizándose si deberían hacerse extensivos a todos los contratos, no solo a las obras públicas. Es importante que estos documentos estén listos antes de la apertura de propuestas. Deben ser obligatorios y estar a disposición del público.

En la prevención eficaz de la corrupción influyen los controles y las políticas puestos en marcha por la institución, así como su cultura y las iniciativas de prevención. La participación activa y el compromiso de los servidores públicos son imperativos para mantener un entorno que estimule la integridad y rechace los actos ilícitos.

Una cultura orgánica abierta que pueda fomentar la denuncia interna y facilite la detección de altos ilícitos

En vista de los altos riesgos que implica la construcción del aeropuerto, el GACM podría beneficiarse al aumentar lo más posible las oportunidades de detectar actos ilícitos. Alentar la denuncia interna puede impedir y disuadir la corrupción, y evitar pérdidas importantes en el proyecto. Sin embargo, la experiencia ha demostrado que quienes denuncian actos ilícitos no son bien vistos en la mayoría de las instituciones, y son objeto de represalias de directivos y compañeros de trabajo. El riesgo de que haya represalias después de una denuncia puede ser alto en las instituciones donde no se alienta un entorno propicio para ello.

Los denunciantes corren un alto riesgo personal y pueden ser víctimas de diversas medidas de represalia, como despido, marginación profesional, descenso de categoría, pruebas o exámenes médicos y transferencia o reasignación. A todos los que realicen actividades pertinentes para la misión de la organización deberá brindárseles protección en caso de denuncia. Para alentar las denuncias, se requiere contar con mecanismos para presentarlas seguros, claros y conocidos en toda la institución; normas y procedimientos explícitos, y una descripción de la protección que se proporcione a los funcionarios denunciantes para facilitar estos procesos. Además de crear conciencia sobre los procedimientos y canales del proceso de denuncia, es imprescindible establecer lo que constituye una denuncia protegida, y mantener la mayor confidencialidad todo el tiempo (Recuadro 4.9).

Recuadro 4.9. **Conducta denunciable según la definición de la Ley de Divulgación de Interés Público de Australia 2013**

La Ley de Divulgación de Interés Público de Australia 2013 define la conducta denunciable (en Australia o en un país extranjero) como una conducta que infringe la ley, que consiste en una administración inadecuada, que es un abuso de la confianza pública, que genera despilfarro del dinero público, de la propiedad del Estado, de los recursos económicos de una autoridad competente, de la propiedad de una autoridad competente, o la conducta que cause un peligro (o el riesgo de peligro) para la salud o seguridad de una o varias personas o del medio ambiente. Además, la conducta denunciable también incluye los casos en que un funcionario público abuse de su posición como tal, y aquella en que incurra un funcionario público que pudiera, de comprobarse los hechos, dar motivos razonables para tomar medidas disciplinarias en su contra.

Fuente: Australia's Public Interest Disclosure Act 2013 Part 2 Division 2 Section 29.

Si el personal se siente cómodo diciendo lo que piensa y confía en que la dirección de la empresa actuará a partir de su denuncia y no tomará represalias, las líneas de comunicación pueden fluir mejor; esto, a su vez, puede fomentar la innovación y moderar los escollos de la gestión de riesgos (CEB, 2015). Los mecanismos pueden constar de líneas directas o sistemas de denuncia electrónica que garanticen la confidencialidad, como los establecidos en Austria (Recuadro 4.10). El GACM podría evaluar la posibilidad de analizar con sus empleados públicos qué canales brindarían confianza para denunciar los actos ilícitos.

Recuadro 4.10. **Línea directa para denunciantes en Austria**

En marzo de 2013, el Ministerio de Justicia instaló una línea directa para denunciantes en la página principal de la Fiscalía contra la Corrupción y los Delitos de Cuello Blanco (*Zentrale Staatsanwaltschaft zur Verfolgung von Wirtschaftsstrafsachen und Korruption*; WKStA). A partir de septiembre de 2013, se enviaron a la plataforma cerca de 590 notificaciones. Solo 53 de ellas no procedían. La línea directa para denunciantes tiene una etapa de prueba de dos años.

El sitio web para denuncias del Ministerio de Justicia Federal faculta a los investigadores de la Fiscalía contra la Corrupción y los Delitos de Cuello Blanco para ponerse en contacto directo con los denunciantes, garantizándoles el anonimato. En ese caso, el denunciante tiene derecho a decidir si quiere mantenerlo o identificarse ante los investigadores.

Fuente: Transparency International (2013), "Whistleblowing in Europe", www.transparency.de/ fileadmin/ pdfs/Themen/Hinweisgebersysteme/EU_Whistleblower_Report_final_web.pdf, p. 25; Shoneherr (2013), *Austria: Whistleblower Hotline is Launched Online*, www.schoenherr.eu/knowledge/knowledge-detail/austria-whistleblower-hotline-is-launched-online/.

Del mismo modo, es indispensable proteger a las instituciones contra las denuncias irresponsables y poco éticas —como las denuncias falsas o las que se presentan por resentimiento o competitividad entre los compañeros de trabajo—, ya que el mal uso continuo de este mecanismo podría dañar la reputación y la trayectoria de funcionarios públicos. En tal caso, el GACM podría implementar cursos y programas de capacitación sobre el concepto de integridad y el propósito de las denuncias, con el fin de alentar el uso correcto de esos mecanismos y evitar el indebido.

El Órgano Interno de Control (OIC) del GACM es responsable de asesorar, orientar y proteger a las personas que denuncien actos ilícitos o que hayan presenciado situaciones de conflicto de interés y violaciones a la integridad; sin embargo, como se explica más adelante en este capítulo, no cuenta con un OIC propio, lo que constituye una deficiencia importante.

Facultar al Órgano Interno de Control

Es indispensable un Órgano de Control Interno fuerte y estratégico

El control interno y la auditoría en proyectos de infraestructura, como la construcción del aeropuerto de México, es esencial debido a los altos riesgos de corrupción asociados a esas actividades. Al igual que el mapeo y la gestión de riesgos de corrupción, el control y las auditorías internos contribuyen a la comprensión general del entorno de riesgo en el que opera el proyecto, y proporcionan las herramientas necesarias para protegerlo contra esos riesgos. Ambos controles de prevención y detección pueden examinar la situación financiera, el desempeño de la dependencia y el cumplimiento de leyes y normas.

Al igual que otras dependencias del gobierno federal mexicano, las funciones de control interno del GACM están sujetas a las normas establecidas por la Secretaría de la Función Pública (SFP). La SFP es responsable de definir las regulaciones gubernamentales internas, entre ellas los procedimientos internos de auditoría y control, para garantizar el cumplimiento de la normativa en materia de planeación, presupuesto, financiamiento e inversión. Desde esta perspectiva, organiza y coordina el sistema gubernamental de control y evaluación para asegurar la simplificación y estandarización de las metodologías de control interno en todas las entidades federales, y designa al titular del OIC en cada dependencia.

A pesar del papel fundamental del OIC para garantizar la transparencia y la integridad en el proceso y las mejoras continuas en el GACM, su OIC apenas se nombró a principios de octubre de 2015. Con anterioridad, estaba supeditado al OIC de la Secretaría de Comunicaciones y Transportes, tiempo durante el cual el alcance de su participación careció de claridad e importancia. Por ejemplo, al equipo de investigación de la OCDE se le explicó que no había un plan de auditoría anual definido. Sin embargo, el GACM ha sido auditado; un auditor externo nombrado por la SFC auditó sus estados financieros, y la Auditoría Superior de la Federación, sus procesos financieros y los contratos celebrados en 2014.

El OIC es importante para garantizar la integridad del proceso de contratación, así como para asegurar que los procesos y procedimientos del GACM se realicen de manera adecuada y se adapten a la especificidad del proyecto. Debido a esa especificidad, es fundamental que el OIC funcione como un órgano consultivo que apoye al área de contratación del GACM en sus esfuerzos por lograr una mayor eficacia y eficiencia en sus actividades. La evidencia anterior obtenida en Revisiones de los sistemas de contratación mexicanos en diversas dependencias indica que la falta de comunicación y las auditorías basadas en el cumplimiento más que en el desempeño dificultan la posibilidad de que los funcionarios públicos hagan innovaciones.

En este sentido, para pasar del cumplimiento a los resultados y reducir la resistencia de los funcionarios públicos a utilizar instrumentos de contratación permitidos pero no comunes, las áreas de contratación del GACM y el OIC podrían trabajar estrechamente con la Mesa de Acompañamiento de la SFP. Esta Mesa, a cargo de la Unidad de Normatividad de Adquisiciones, Obras Públicas, Servicios y Patrimonio Federal (UNAOPSPF), tiene el propósito de ser un proceso consultivo interactivo, preventivo, multidisciplinario y específico, llevado a cabo en todas las etapas del proceso de contratación pública (planeación, programación, presupuestación, negociación, gasto y/o ejecución). La elección del proyecto está sujeta a su monto, su importancia estratégica, la presunción de falta de transparencia y equidad, la discrecionalidad en procesos similares pasados, así como a su impacto nacional e internacional. El objetivo es revisar todas las etapas de su desarrollo y proponer e implementar mejoras para reforzar la transparencia, la imparcialidad y las disposiciones jurídicas de cada paso del proceso de contratación. Aunque durante la misión de investigación se habló de la limitada capacidad de la SFP para realizar este tipo de actividad, el GACM podría explorar una forma de colaborar y trabajar conjuntamente con esta secretaría para emprender la actividad en contrataciones más complejas del grupo.

La integridad del proceso de contratación reduce los riesgos de corrupción en todas las etapas del ciclo

La integridad en la contratación pública es decisiva para garantizar que el proyecto de construcción se gestione adecuadamente y cumpla con las normas de calidad más altas. La falta de integridad durante el proceso de contratación pública impide la competencia del mercado y eleva los costos de administración, lo cual afecta directamente al gasto público y, por tanto, los recursos de los contribuyentes (OCDE, 2009). Existen varios riesgos de corrupción relacionados con las distintas etapas del ciclo de contratación (Cuadro 4.2).

Cuadro 4.2. **Riesgos de corrupción relacionados con las distintas etapas del ciclo de contratación**

Etapa	Fase	Riesgos
Riesgos de la etapa previa a la licitación	Evaluación de necesidades	• Falta de una evaluación de necesidades adecuada • Influencia de actores externos en las decisiones de los funcionarios • Acuerdo informal sobre contratos
	Planeación y presupuestación	• Planeación deficiente de la contratación • Falta de ajuste de la contratación al proceso de toma de decisiones de la inversión total • Falta de presupuestación realista o deficiencia en el presupuesto
	Elaboración de especificaciones y requisitos	• Diseño de las especificaciones técnicas para una compañía específica • Falta de definición objetiva o de establecimiento previo de los criterios de selección • Solicitud de muestras de bienes y servicios que pueden influir • Compra de información sobre las especificaciones del proyecto
Riesgos de la etapa de la licitación	Elección del procedimiento de contratación	• Falta de integridad de la contratación para el uso de procedimientos no competitivos • Abuso de procedimientos no competitivos basándose en excepciones legales: fraccionamiento de contratos, abuso de urgencia extrema, modificaciones injustificadas
	Solicitud de propuesta/oferta	• Falta de notificación pública de la convocatoria • Falta de aviso sobre los criterios de evaluación y adjudicación • Divulgación y difusión de la información sobre la contratación
	Presentación de ofertas	• Falta de competencia o casos de licitación colusoria: – Ofertas encubiertas – Supresión de ofertas – Rotación de ofertas – Reparto del mercado
	Evaluación de ofertas	• Conflicto de interés y corrupción en el proceso de evaluación a través de: – Familiaridad con los licitantes a lo largo del tiempo – Intereses personales como regalos o empleo extra o futuro – Falta de aplicación efectiva del principio "cuatro ojos ven mejor que dos"
	Adjudicación del contrato	• Los vendedores no dan datos exactos sobre los costos o precios en sus propuestas de precio, lo que provoca el aumento de precio del contrato (es decir, aumentos de precio en la factura, saturación de los canales de venta) • Conflicto de interés y corrupción en el proceso de aprobación (por ejemplo, falta de una separación real de las autoridades financieras, contractuales y del proyecto) • Falta de acceso a los registros del procedimiento
Riesgo en la etapa posterior a la adjudicación	Ejecución y gestión del contrato	• Abusos del proveedor en la ejecución del contrato, en especial respecto de su calidad, precio y tiempos: – Cambios importantes en las condiciones contractuales para permitir al licitante tomarse más tiempo y subir los precios, o ambos – Sustitución de productos o trabajo o servicios inferiores que no cumplen con las especificaciones del contrato – Robo de nuevos activos antes de la entrega al usuario final o antes de inventariarlos – Supervisión deficiente de funcionarios públicos y colusión entre contratistas y funcionarios de supervisión, o ambas – Elección poco transparente de subcontratistas y socios o falta de rendición de cuentas de su parte
	Pedido y pago	• Separación deficiente de las obligaciones financieras o falta de supervisión de los funcionarios públicos, o ambas, lo que da lugar a: – Falsa contabilidad y distribución inadecuada de costos o migración de costos entre contratos – Retraso en los pagos de las facturas – Facturación falsa o duplicada por bienes y servicios no suministrados y por pagos provisionales antes de tener derecho a ellos

Mapear y mitigar los riesgos de corrupción en el proceso de contratación

Evaluar los riesgos de corrupción es un ejercicio preventivo que sirve para identificar los puntos vulnerables en el sistema que podrían crear condiciones propicias para actos de corrupción. Mapear los riesgos de corrupción sirve para identificar el nivel de riesgo potencial, aportar información para las estrategias contra la corrupción y corregir las áreas débiles en un sistema de gobernanza. Trazar un mapa de riesgos de corrupción en una etapa preliminar de un proyecto puede ahorrar recursos y tiempo, al permitir que la dirección ponga en marcha medidas para proteger al proyecto de ella y ayudar a los empleados a reaccionar con prontitud y eficiencia a los posibles casos (Control Risks, 2011). Prevenir la corrupción *a priori* es más rentable y requiere menos tiempo que tener que ocuparse de ella y de las conductas indebidas *a posteriori*.

El mapa de riesgos elaborado y proporcionado por el GACM no incluye la corrupción como un riesgo. Tampoco identifica ni aborda la corrupción u otras infracciones a la integridad, por ejemplo: fraccionamiento de contratos, colusión en licitaciones, uso incorrecto de excepciones, evaluación inadecuada de ofertas o especificaciones a la medida. Por consiguiente, el GACM no ha establecido mecanismos de alerta o banderas rojas que ayuden a detectar los actos ilícitos a tiempo.

Como el GACM no ha dado este paso, podría trazar un mapa de riesgos de corrupción de la institución y sus procesos para identificar los puestos de funcionarios que sean especialmente vulnerables, las actividades del ciclo de contratación donde pudieran surgir riesgos, y los proyectos específicos en riesgo por el valor y complejidad de la contratación. El GACM podría basar su mapa de riesgos en la lista de verificación de posibles riesgos en el proceso de contratación de obras, bienes y servicios públicos elaborada por el gobierno de Tasmania en Australia (recuadro 4.11).

Recuadro 4.11. **Lista de verificación de posibles riesgos en el proceso de contratación de bienes y servicios de Tasmania (Australia)**

El gobierno de Tasmania elaboró una lista de verificación de posibles riesgos en el ciclo de contratación integrada por 11 secciones:

1. Identificación de la necesidad y planeación de la compra
2. Formulación de las especificaciones
3. Elección del método de compra
4. Documentos de compra
5. Convocatoria, aclaraciones y cierre de ofertas
6. Evaluación de ofertas
7. Selección del adjudicatario
8. Negociaciones
9. Gestión de contratos
10. Evaluación del proceso de contratación
11. Enajenaciones

Recuadro 4.11. **Lista de verificación de posibles riesgos en el proceso de contratación de bienes y servicios de Tasmania (Australia)** (***Continuación***)

Por ejemplo, estos son los riesgos identificados en la primera etapa:

Riesgo	***Probables consecuencias***	***Acción***
Subestimación de la necesidad	Compra del producto o servicio inadecuado Desperdicio de recursos económicos Necesidad no satisfecha	Analizar la necesidad con precisión
Exageración de la necesidad	Aumento de gastos Competencia escasa	Analizar la necesidad con precisión Usar requisitos de desempeño funcional
Mala interpretación de las necesidades del usuario	Compra totalmente inaceptable o de un producto o servicio inadecuado Pérdida de tiempo Aumento de costos Posible tiempo de inactividad	Mejorar la consulta con los usuarios Obtener un enunciado claro del trabajo y una clara definición de la necesidad
Insuficiencia de fondos	Retraso para hacer la compra Costos adicionales de una nueva licitación	Obtener las aprobaciones correspondientes antes de emprender el proceso Mejorar la planeación
Plazo poco práctico	Respuestas inadecuadas de los licitantes Competencia reducida Incumplimiento del programa de entrega	Mejorar la previsión, planeación y consulta con los usuarios Mejorar la comunicación con los posibles licitantes
Problemas de probidad	Mayores costos de contratación Despilfarro de recursos No se obtiene el producto más adecuado Conducta no ética	Implementar políticas, directrices y procedimientos de mejores prácticas Mantener un entorno ético Mejorar la capacitación del personal Instalar revisiones y controles adecuados Considerar el uso de un asesor en temas de probidad Mejorar la comunicación con los posibles licitantes

Fuente: Tasmanian Government, “Checklist of potential risks in the goods and services procurement process”, www.purchasing.tas.gov.au/buyingforgovernment/getpage.jsp?uid=07CC4222E4F10F00CA256C-8D007F9FC6.

Una vez que se diseñe el mapa de riesgos, el GACM podría utilizar un sistema de banderas rojas. Se trata de señales de advertencia estandarizadas que se despliegan a lo largo de todo el ciclo de contratación y que ayudan a detectar los actos ilícitos en forma oportuna, evitar retrasos importantes entre el momento en que ocurren esos actos y el momento en que se perciban. El GACM podría beneficiarse de las banderas rojas identificadas por el Banco Mundial y por el Instituto Colegiado de Finanzas Públicas y Contabilidad (Recuadro 4.12).

Recuadro 4.12. **Ejemplos de banderas rojas para detectar la corrupción en la contratación**

Banderas rojas del Banco Mundial para detectar el fraude y la corrupción en la contratación

1. Queja de licitantes o de algún otro involucrado
2. Contratos múltiples por debajo del límite de contratación
3. Patrones de licitación fuera de lo común

Recuadro 4.12. **Ejemplos de banderas rojas para detectar la corrupción en la contratación (*Continuación*)**

4. Honorarios del representante aparentemente inflados
5. Licitante sospechoso
6. Licitación más baja no seleccionada
7. Repetidas adjudicaciones al mismo contratista
8. Cambios en las condiciones y el valor del contrato
9. Múltiples órdenes de cambio del contrato
10. Mala calidad en trabajos y servicios o ambos

Banderas rojas del Instituto Colegiado de Finanzas Públicas y Contabilidad

- Pérdidas físicas
- Manipulación de datos
- Gestión y registro de auditoría incompletos
- Gastos excesivos del presupuesto
- Facturas fuera de lo común (por ejemplo, formato, numeración, dirección, teléfono, monto del IVA)
- Duplicado/fotocopia de factura
- Importes facturados en suma redonda
- Números consecutivos de facturas durante un periodo prolongado
- Falta de declaración de interés, regalos o atenciones
- Ningún proceso de identificación de riesgos (por ejemplo: registro de riesgos)
- Relación poco común con los proveedores
- Documentos fotocopiados
- Controles informáticos de registros de auditoría inhabilitados
- Entrada al sistema informático fuera del horario laboral
- Descripción vaga de los bienes/servicios que deben suministrarse
- Gran número de inicios de sesión fallidos en el sistema informático
- Favoritismo hacia clientes
- Participación o propiedad en una organización externa
- Falta de registros justificativos
- Aumentos/bajas poco comunes

Fuente: World Bank, "Most common red flags of fraud and corruption in procurement", http://siteresources.worldbank.org/INTDOII/Resources/Red_flags_reader_friendly.pdf; OECD (2013), *Public Procurement Review of the State's Employees' Social Security and Social Services Institute in Mexico,* OECD Public Governance Reviews, OECD Publishing. http://dx.doi.org/10.1787/9789264197305-en.

Como medida adicional, el GACM podría elaborar un plan de integridad para facilitar la formulación de estrategias de mitigación tras el mapeo de riesgos de corrupción específicos, para así garantizar que todas las partes involucradas en el proceso estén enteradas de los riesgos y mecanismos de integridad existentes, así como de sus propias responsabilidades (Recuadro 4.13).

Recuadro 4.13. **Planes de probidad en la contratación de Australia**

La División de Transformación de las Contrataciones de Australia elaboró una guía para las adquisiciones en la que se estipula que antes de empezar cada proceso de contratación, es necesario preparar un plan de probidad, el cual forma parte de los documentos para planear la contratación. En él hay que identificar los riesgos de probidad y las estrategias de gestión respectivas para la contratación, incluyendo la función y las responsabilidades de cada parte interesada al responder a esos riesgos. Cuando la contratación forma parte de un proyecto más amplio, el plan de probidad deberá acordarse con la dirección y el órgano rector del proyecto.

Como parte de dicho plan, es necesario describir los servicios de probidad que se adquirirán, explicar si se contrata una auditoría de probidad y un asesor en materia de probidad, o ambos, así como definir el alcance y la naturaleza de los servicios de probidad que se prestarán. Todos los involucrados en la contratación, o en el proyecto, entre ellos el comité directivo, los asesores y otros actores, deberán estar enterados de las medidas establecidas para mantener la probidad del proceso, y se les debe entregar una copia del plan respectivo.

En las situaciones de contratación donde más de un organismo interviene en distintos elementos del proceso de contratación, es indispensable que las funciones y responsabilidades relacionadas con la probidad se aborden en el plan respectivo para garantizar que la rendición de cuentas sea clara y que se hayan instituido prácticas de gobernanza. La responsabilidad de la probidad corresponde al organismo al cual se le hayan asignado los recursos. Cuando este contrate prestadores de servicios (gubernamentales o privados) para participar en actividades de contratación en su nombre, deberá requerirles que cumplan con la responsabilidad y requisitos especiales sobre probidad del propio organismo. Sin embargo, eso no traslada al prestador de servicios la responsabilidad de la probidad, que sigue correspondiendo al organismo.

Fuente: Procurement Transformation Division (2014), "Procurement guidance - Use of probity auditors and advisors in procurement", www.hpw.qld.gov.au/SiteCollectionDocuments/Procurement GuideProbityAuditorsAdvisors.pdf (consultado el 19 de junio de 2015).

El GACM podría utilizar herramientas adicionales para evitar los riesgos de integridad durante el proceso de contratación

Testigos sociales y observadores sociales

Una forma de enfrentar el riesgo de corrupción es entablar una relación interactiva con la sociedad civil a través de la cual sus miembros puedan participar en la formulación de políticas y llevar a cabo un "control social directo" de las actividades gubernamentales. En este contexto, México es uno de los primeros países de la OCDE en implementar esos controles mediante la participación de los llamados "testigos sociales" en los procesos de contratación, quienes están legalmente obligados a participar en todas las etapas de los procedimientos de licitación pública por encima de determinados límites. En 2015, esos límites son de MXN 350 millones (alrededor de USD 23 millones) para bienes y servicios, y MXN 710 millones (cerca de USD 47 millones) para obras públicas.[45]

Los testigos sociales son elegidos por la SFP a través de la licitación pública y cuando una entidad federal requiere la participación de uno de estos testigos, la SFP lo designa entre un grupo preseleccionado. Después de participar en los procedimientos de contratación, los testigos sociales presentan un informe final con comentarios y recomendaciones sobre el proceso. Esos informes se publican posteriormente en la plataforma federal de contratación electrónica de México (CompraNet).

Los testigos sociales también pueden participar en procedimientos de licitación pública por debajo del límite legal, en procedimientos de adjudicación directa y la licitación restringida si la SFP lo considera conveniente. Durante la misión de investigación, el GACM señaló que actualmente utilizaban testigos sociales por debajo de dicho límite —por encima de MXN 100 millones, cerca de USD 6.5 millones en el caso de obras públicas— como una forma de promover el escrutinio público y garantizar la integridad del proceso. Sin embargo, ese procedimiento no está institucionalizado y se utiliza en forma *ad hoc*. El Manual de Contratación de Obras Públicas del GACM solo hace referencia al uso de testigos sociales respecto de los límites establecidos por la ley. A partir de septiembre de 2015, el GACM ha utilizado cuatro testigos sociales para procedimientos que varían entre USD 1.2 millones y USD 6.6 millones. Esta falta de institucionalización puede abrir la puerta a la discrecionalidad en la decisión de si incluir o no a testigos sociales en los procedimientos de contratación por debajo del límite legal. Además, esta iniciativa nada más se ha aplicado a las obras públicas; tal vez valga la pena hacerla extensiva a la adquisición de bienes y en particular a la de servicios. El GACM podría estipular en sus manuales de contratación la participación obligatoria de los testigos sociales, o normas claras para definir si es necesario o no incluir testigos sociales por debajo de los límites legales.

Más aún, junto con el uso de testigos sociales como una forma de lograr que la sociedad civil participe, el GACM estableció otros instrumentos útiles, por ejemplo, la participación de los llamados "observadores sociales" en procedimientos de licitación. En la actualidad, el GACM invita a instituciones de educación superior, facultades o institutos profesionales a participar en la elaboración de los documentos de licitación, independientemente de la participación de uno o varios testigos sociales. Para ello, celebró un memorándum de acuerdo con distintas instituciones de educación superior y asociaciones industriales, como el Instituto de Ingeniería de la Universidad Nacional Autónoma de México (UNAM). Asimismo, el grupo informa que en un futuro próximo celebrará un acuerdo similar con la Sociedad de Egresados de la Facultad de Ingeniería de la UNAM.

Involucrar al sector privado

Los actos ilícitos y las infracciones a la integridad a veces son como un camino de doble vía en el que no solo intervienen los funcionarios públicos; la función del sector privado es fundamental para mantener la integridad del proceso. En este sentido, la ley de adquisiciones mexicana estipula que los oferentes en procedimientos de licitación pública deben firmar una declaración de integridad, y entregar una protesta por escrito manifestando que no están sujetos a condición alguna conforme a la ley que impida que se les adjudique un contrato. Sin embargo, la declaración no se hace pública. Una forma sencilla de reforzar esta herramienta sería que el GACM publique las declaraciones firmadas de los licitantes en su sitio web. La SCT creó recientemente un formato de Declaración de Integridad; sin embargo, hasta septiembre de 2015, este no se había instituido.

Si bien el GACM no es líder en la creación de normas de integridad y rendición de cuentas para las empresas, podría colaborar con determinados proveedores para explorar formas de alentarlos a que elaboren sus propias normas y programas, con el fin de aumentar la integridad en su relación con el GACM; por ejemplo, mediante mecanismos similares a la Iniciativa de Ética y Cumplimiento en la Industria de la Construcción de Estados Unidos (CIECI, por sus siglas en inglés) (Recuadro 4.14).

Recuadro 4.14. **Iniciativa de Ética y Cumplimiento en la Industria de la Construcción de Estados Unidos**

La Iniciativa de Ética y Cumplimiento en la Industria de la Construcción de Estados Unidos (CIECI) es una asociación sin fines de lucro que agrupa a más de 50 empresas de la industria de la construcción de Estados Unidos, con el objetivo de establecer un proceso para que la industria promueva la integridad y la conducta ética.

La industria de la construcción es la más grande de Estados Unidos; comprende desde contratistas que construyen casas, escuelas, hospitales, rascacielos y centros comerciales hasta la industria de la construcción pesada que construye plantas de energía, autopistas, puentes, aeropuertos, presas, plantas de tratamiento de agua y similares. De carácter vasto y diverso, esta industria está compuesta por arquitectos, ingenieros, contratistas y subcontratistas que tienden a especializarse. Los objetivos esenciales de la iniciativa son promover culturas orgánicas que estimulen y apoyen la conducta ética y el acatamiento de la ley, así como el intercambio de las mejores prácticas éticas y de cumplimiento dentro de la industria.

La Iniciativa exige que cada empresa firmante se comprometa a observar seis principios éticos fundamentales, atenerse a ellos y participar en el Foro Anual de Mejores Prácticas para analizar las mejores prácticas de conducta ética y comercial entre sus miembros, y con representantes del gobierno y de otras organizaciones. Los principios fundamentales son:

- Cada miembro tendrá y acatará un código escrito de conducta empresarial. El código debe establecer valores éticos altos y el cumplimiento de la ley aplicable a la industria de la construcción estadounidense.
- Cada miembro capacitará a su personal en lo referente a sus responsabilidades individuales conforme al código.
- Cada miembro se compromete a trabajar juntos para mantener una competencia abierta en la industria, sin conflictos de interés ni influencias indebidas.
- Cada miembro será responsable de compartir con los demás las mejores prácticas éticas y de cumplimiento en la aplicación de los principios.
- Cada miembro participará en el Foro Anual de Mejores Prácticas.
- Al participar en esta Iniciativa, cada miembro rendirá cuentas ante el público.

Fuente: Construction Industry Ethics and Compliance Initiative, www.ciecinitiative.org/Faqs (consultado el 18 de junio de 2015).

Estandarizar los documentos de licitación

Otra forma de promover la integridad en el proceso de contratación es estandarizar todos los documentos de licitación y de contratación para asegurar la previsibilidad y el tratamiento sistemático. Optar más bien por utilizar documentos de licitación no estandarizados abre las puertas a la colusión, lo que lleva a tomar decisiones poco claras (Transparency International, 2006). Tomando en cuenta que los documentos de licitación no pueden estandarizarse por la complejidad del proyecto y la especificidad de las obras, bienes y servicios que el GACM necesita adquirir, es necesario estandarizar otros documentos hasta donde sea posible; por ejemplo, cartas de la licitación, formatos prototipo para propuestas técnicas y económicas, declaraciones de integridad, como los que actualmente elabora la SCT, entre otros.

El sistema de dos sobres

Asimismo, el GACM podría implementar el sistema de dos sobres para asegurar que las decisiones de compra se tomen conforme a los criterios establecidos. Durante una licitación en la que se use el sistema de dos sobres, los licitantes presentan simultáneamente dos sobres sellados, uno con la propuesta técnica y el otro con la propuesta económica. En la fecha y hora indicadas en el documento de licitación solo se abren las propuestas técnicas, las económicas se mantienen selladas y bajo custodia del comprador (Asian Development Bank, 2015). La ventaja de este sistema es que el comprador puede evaluar las ofertas basándose exclusivamente en los requisitos técnicos y las propuestas, sin tener información sobre el costo. Eso excluye las ofertas inadecuadas desde el principio, lo que contribuye a garantizar una infraestructura de buena calidad y hace más justa la competencia. Este sistema se utiliza, por ejemplo, en la República Eslovaca (Recuadro 4.15).

Recuadro 4.15. **Sistema de dos sobres utilizado en la etapa de presentación de ofertas en la República Eslovaca**

En 2013, en la República Eslovaca entraron en vigor dos enmiendas importantes a la Ley Núm. 25/2006 Coll. sobre Contratación Pública. En la etapa de presentación de ofertas del ciclo de contratación, el proceso de licitación de una etapa se sustituyó por una licitación en dos etapas, lo que implica un "sistema de dos sobres".

Las ofertas de las licitaciones se presentan en dos partes: la parte de los "criterios" contiene la oferta respecto al criterio de adjudicación (por ejemplo, en la mayoría de los casos, solo el precio), mientras que la "otra" parte contiene todos los demás documentos e información relacionada con la oferta. La "otra" parte se abre primero y solo después de evaluar si se han cumplido los criterios de selección (por ejemplo, equipo técnico), podrá abrirse y evaluarse la parte de los "criterios" de todas las ofertas presentadas. En general, un proceso de dos etapas de este tipo garantizará que el precio no influya en la evaluación técnica de la oferta.

Fuente: "Substantial changes in public procurement in Slovakia", www.schoenherr.eu/knowledge/knowledge-detail/slovakia-substantial-changes-in-public-procurement-every-detail-counts/ (consultado el 18 de junio de 2015).

El principio de los cuatro ojos ("cuatro ojos ven mejor que dos")

Una práctica normal para alentar las decisiones colectivas en el proceso de contratación es el principio de los cuatro ojos, o la regla de dos personas, el cual requiere que en cualquier toma de decisiones participen cuando menos dos personas. Debería aplicarse a todas las etapas del ciclo de contratación, y no limitarse a estas, desde la evaluación de necesidades hasta el diseño de proyectos y la selección de licitantes. El principio de los cuatro ojos limita las facultades discrecionales de los funcionarios públicos, asegura un determinado nivel de debate y protege a los funcionarios públicos contra las sospechas. El GACM podría poner en marcha este principio, como se hizo durante la construcción del proyecto del puente de Tappan Zee, en el estado de Nueva York, Estados Unidos (Recuadro 4.16).

Monitor de integridad

Más allá de las prácticas internas, hay iniciativas que alientan a todos los participantes en un proceso de licitación a comprometerse mutuamente bajo la supervisión de un observador que posteriormente vigilaría el cumplimiento. Garantizar la supervisión, y de preferencia a largo plazo, es una forma eficiente de evitar una gestión inadecuada, y de asegurar a la opinión pública que se hace buen uso de los recursos estatales. Incluir un monitor de integridad en un gran proyecto de infraestructura permite una vigilancia integral y constante de la construcción y la gestión.

Recuadro 4.16. **Principio de los cuatro ojos en el proyecto del Puente de Tappan Zee, estado de Nueva York, Estados Unidos**

El principio de los "cuatro ojos" exige que dos personas revisen y aprueben alguna medida antes de que pueda tomarse. En este proyecto se formaron varios equipos para garantizar que se respete el principios de los cuatro ojos y la imparcialidad del proceso de selección durante la etapa de contratación:

- Un equipo de gestión de la contratación, compuesto por un grupo de empleados públicos y privados (el Departamento de Autopistas del Estado de Nueva York [NYSTA, por sus siglas en inglés], el Departamento de Transporte del Estado de Nueva York, dos empresas internacionales de consultoría e ingeniería, y una empresa de consultoría, planeación e ingeniería del transporte).
- Un equipo legal, integrado por asesores jurídicos, públicos y privados, para llevar a cabo un análisis jurídico de los aspectos correctos e incorrectos de las propuestas y ofrecer orientación a lo largo del proceso de contratación.
- Un equipo financiero para realizar una revisión de los aspectos financieros correctos e incorrectos, así como un análisis del valor presente neto de las propuestas de precios.
- Un equipo de razonabilidad de precios para analizar cada una de las propuestas y hacer recomendaciones al BRSC sobre la razonabilidad de la fijación de precios para cada propuesta.
- Un equipo de evaluación técnica para evaluar las ventajas y desventajas técnicas de cada propuesta. Se crearon equipos para las siguientes nueve disciplinas: *i)* construcción; *ii) e*structuras; *iii)* geotécnica; *iv)* carreteras; *v)* calidad visual; *vi)* operaciones y seguridad; *vii)* gestión; *viii)* ambiental y *ix)* vinculación pública.
- Un equipo de evaluación del valor integrado por ingenieros y otros profesionales de los sectores público y privado para recopilar todos los informes para cada proponente; y, de ser factible, utilizar los informes acumulados para cuantificar las ventajas y desventajas técnicas de cada propuesta.
- Un comité de selección Listón Azul (BRSC, por sus siglas en inglés) para presentar una recomendación no vinculante a los ejecutivos encargados de la selección. En un esfuerzo por evitar cualquier posibilidad de parcialidad a favor o en contra de alguna determinada propuesta dirigida a una empresa conjunta o miembro de la misma, el trabajo del BRSC se realizó sin conocer la identidad de los contratistas relacionados con las propuestas.
- Un equipo de diseño estético del puente, integrado por artistas y arquitectos, para revisar los diseños propuestos del puente y ayudar en el proceso de evaluación.
- Un grupo de ejecutivos encargados de la selección integrado por los miembros del Comité de Grandes Proyectos del Consejo del Departamento de Autopistas, para revisar la selección y las conclusiones del BRSC. Cabe destacar que estos ejecutivos también desconocían qué contratista había sometido cuál propuesta y conocían las propuestas solo por nombres en clave.
- La resolución final para adjudicar un contrato recayó en el consejo completo del NYSTA.

Fuente: "Report of the Independent Procurement Integrity Monitor", www.newnybridge.com/ documents/ int-monitor-report.pdf (consultado el 19 de junio de 2015).

A diferencia de los testigos sociales que se concentran en una etapa del ciclo, el monitor de integridad sigue todo el proceso, incluyendo la contratación, la gestión de contratos, la supervisión fiscal, los registros de cumplimiento y el seguimiento de la construcción en la obra. La falta de información y de comunicación interna puede generar corrupción y una gestión deficiente. Estos riesgos se reducirían con un monitor de integridad que siga todo el proceso. El GACM podría explorar la posibilidad de designar un monitor de integridad que pueda seguir todo el ciclo de contratación, como el utilizado durante el proyecto del puente de Tappan Zee (Recuadro 4.17).

Recuadro 4.17. **Monitor de integridad, proyecto del puente de Tappan Zee, estado de Nueva York, Estados Unidos**

Con el fin de contrarrestar los riesgos de corrupción relacionados con el modelo diseño-construcción del proyecto del puente de Tappan Zee, se decidió designar a un monitor independiente de la integridad de la contratación. La oficina del gobernador y el NYSTA decidieron atender la tensión entre la necesidad de confidencialidad en la evaluación de las propuestas y las negociaciones con los oferentes, por un lado, y la necesidad de transparencia en las decisiones en torno al gasto de recursos públicos, por el otro, al encargar a una empresa independiente, ajena al proceso de contratación en sí, que vigilara el cumplimiento de los controles que lo rigen.

Los objetivos del monitor de integridad incluían la evaluación del proceso, mejoras del proceso y control del cumplimiento. Para lograr esos fines, estaba facultado para: *i)* obtener y examinar determinados documentos relacionados con la integridad y la seguridad del proceso de contratación; *ii)* hacer recomendaciones para mejoras del proceso, al personal apropiado; *iii)* realizar el seguimiento a través de: asistencia sin previo aviso a reuniones elegidas al azar, revisión de documentos generados por el proceso de contratación, entrevista con los participantes en el proceso, observación física del cumplimiento de todos los controles principales relacionados con la seguridad y la integridad; comunicación con el personal adecuado sobre problemas detectados para facilitar medidas correctivas inmediatas, y *iv)* preparar el informe final.

Fuente: Thacher Associates, "Tappan Zee Hudson River Crossing Project: "Report of the Independent Procurement Integrity Monitor", www.newnybridge.com/documents/int-monitor-report.pdf documents/int-monitor-report.pdf (consultado el 19 de junio de 2015).

Salvaguardar la integridad de todo el proceso de contratación incluidas la contratación externa y la subcontratación

Cuando una institución invierte en su marco de integridad, es indispensable crear mecanismos para asegurar que las normas que se ha fijado para sí también se apliquen a todos los contratistas y subcontratistas; de ese modo se garantiza que la reputación y la imagen de la institución no se verán empañadas por el comportamiento de los asociados contratados.

Asegurarse de que todos los participantes en un proyecto mantengan normas altas de integridad, transparencia y rendición de cuentas es muy beneficioso para la institución, y resulta indispensable para evitar los riesgos de corrupción que se reflejarían negativamente sobre la administración pública. Exigir que los asociados contratados apliquen las mismas reglas y normas éticas establece igualdad de condiciones, lo cual propicia una colaboración mejor y más clara, y facilita la gestión.

Los consultores y asesores podrían afrontar, de manera específica, varios dilemas éticos en el curso de su relación con sus clientes. La naturaleza concreta de su trabajo puede muy bien poner a su disposición información confidencial y privilegiada, que podría ser mal utilizada.

Existe el riesgo de que ocurran conflictos de interés y de crear dependencia entre consultores y clientes, lo que podría comprometer la integridad de los servicios de consultoría y fomentar la parcialidad en la selección de futuros consultores (Transparency International, 2011).

Debido a la capacidad limitada del GACM y al corto tiempo para efectuar el proceso de contratación, muchas actividades se contratan en forma externa. Por ejemplo, el GACM ha contratado a personal externo que no tiene obligaciones laborales ni jurídicas con el grupo; las empresas de consultoría pueden asesorar sobre el diseño o la revisión de los documentos de licitación, y, muy probablemente, los contratistas subcontratarán parte de sus actividades.[56]

Por consiguiente, es de suma importancia que al celebrar una relación contractual con consultores y otros asociados, sobre todo en lo referente al proceso de contratación, el GACM se asegure de que sus mecanismos internos de integridad se apliquen a ellos del mismo modo que se aplican al personal del GACM. O bien, podrían desarrollarse mecanismos de integridad especialmente para ellos, como lo hizo la Cámara Baja del Congreso de Estados Unidos (Recuadro 4.18).

Recuadro 4.18. **Cláusulas de ética para consultores de la Cámara Baja del Congreso de Estados Unidos**

Además de las cláusulas de integridad incluidas en los convenios de consultoría, algunas organizaciones recomiendan que se considere a los consultores como empleados y, en ese carácter, se les exija que acaten el código de conducta y las regulaciones y normas éticas generales de la organización.

Por ejemplo, la Cámara Baja del Congreso de Estados Unidos supedita a los consultores a las cláusulas éticas de la Cámara, incluyendo las relativas a la aceptación de regalos, influencia indebida ejercida sobre dichos consultores, discriminación, entre otras (U.S. House of Representatives Committee on Ethics, s.f.). Se les requiere prestar juramento de confidencialidad antes de darles acceso a información clasificada. Se les prohíbe participar en determinadas actividades de presión, como presionar al comité de contratación sobre cualquier asunto. Se les sujeta también a las reglas de regalos de la Cámara que rigen la aceptación de todo lo que tenga valor monetario, como servicios, viajes, alimentos, boletos, actividades deportivas, espectáculos, etcétera.

Aunque las reglas de la Cámara no exigen a los consultores presentar declaraciones públicas de situación financiera debido a la naturaleza de corto plazo de sus servicios, el Comité de Ética recomienda enfáticamente a cada comité que, antes de celebrar un contrato de consultoría, recabe datos financieros básicos sobre las fuentes de ingresos de la persona, el tipo de ingresos y su tarifa de compensación, la identidad de cada cliente a quien le presta servicios, la naturaleza y valor de cualquier inversión y la responsabilidad atribuible a la persona que pudiera afectar los servicios prestados al comité. El propósito de estas recomendaciones es supervisar que el consultor acate las reglas de conflictos de interés.

Fuente: U4 (2011), "Examples of integrity agreements for consultants and advisors", U4 Anti-Corruption Resource Centre, Chr. Michelsen Institute, Bergen, Noruega, www.u4.no/publications/examples-of-integrity-agreements-for-consultants-and-advisors (consultado el 22 de junio de 2015).

De igual forma, el código de conducta del GACM puede aplicarse a todos los participantes en el proceso de contratación, como se acostumbra en Queensland, Australia (Recuadro 4.19), o incluir cláusulas específicas en los convenios de consultoría, por ejemplo: *i)* confidencialidad; *ii)* prevención del soborno; *iii)* declaración de intereses y *iv)* declaración de compromiso ético, como ocurre en Hong Kong (Recuadro 4.20).

Recuadro 4.19. **Código de conducta para la administración pública de Queensland (Australia)**

Aplicación

Este código aplica a los empleados de los órganos de la administración pública de Queensland. La Ley de Ética de la Administración Pública de 1994 define a los órganos de la administración pública como sigue:

Departamento

- Instituto de educación técnica y superior (TAFE, por sus siglas en inglés) o un instituto TAFE establecido por ley
- Oficina administrativa de un órgano jurisdiccional
- Organismo establecido por regulación

Solo para efectos de este documento, los empleados (que no sean funcionarios judiciales) se definen como sigue:

- Cualquier empleado de la administración pública de Queensland, ya sea permanente, eventual, de tiempo completo, de tiempo parcial u ocasional
- Cualquier voluntario, estudiante, contratista, consultor o persona que trabaje con cualquier otro carácter para los órganos de la administración pública de Queensland

El código se aplica en todos los momentos en que se estén desempeñando funciones oficiales, incluso cuando se representa al gobierno de Queensland en congresos, cursos de capacitación o viajes de negocios, o se asiste a actividades sociales relacionadas con el trabajo.

Fuente: www.psc.qld.gov.au/includes/assets/qps-code-conduct.pdf (consultado el 13 de junio de 2015).

Recuadro 4.20. **Cláusulas de compromiso ético para su inclusión en convenios de consultoría: lista de verificación de mejores prácticas de la Comisión Independiente Contra la Corrupción de Hong Kong**

El propósito de la lista de verificación de mejores prácticas de la Comisión Independiente Contra la Corrupción de Hong Kong (ICAC, por sus siglas en inglés) es proporcionar a las organizaciones una guía de procedimientos, definidos paso a paso y fácil de usar, con recomendaciones sobre medidas preventivas orientadas a reducir al mínimo los riesgos de corrupción en la contratación de consultores, y supervisar sus servicios. Se espera que las organizaciones adapten las medidas preventivas recomendadas a su estructura orgánica, recursos, exposición a riesgos, y todos los requisitos obligatorios aplicables a los proyectos de obras.

Las cláusulas de compromiso ético por incluir en convenios de consultoría tienen cuatro áreas prioritarias: confidencialidad; ii) prevención del soborno; iii) declaración de interés; y iv) declaración de compromiso ético.

- La cláusula de confidencialidad obliga al consultor a no revelar información —como términos del convenio o informes, documentos, especificaciones, programas informáticos, datos, etcétera— a personas ajenas a la organización, bien sea proporcionados por el empleador o generados por el consultor.
- La prevención de las cláusulas de soborno exige a los consultores prohibir a sus directores, representantes, subcontratistas o empleados involucrados en el convenio, que ofrezcan, soliciten o acepten cualquier ventaja, como la define el decreto de Prevención del Soborno de Hong Kong. Los consultores también deben advertir a su personal que

Recuadro 4.20. **Cláusulas de compromiso ético para su inclusión en convenios de consultoría: lista de verificación de mejores prácticas de la Comisión Independiente Contra la Corrupción de Hong Kong(*Continuación*)**

no soliciten ni acepten atenciones, invitaciones o incentivos excesivos que puedan comprometer su imparcialidad respecto de su función.

- La cláusula de declaración de interés obliga al consultor a declarar por escrito cualquier conflicto de interés o posible conflicto entre su interés personal o financiero y sus obligaciones derivadas del convenio.
- La cláusula de declaración de compromiso ético consta de una declaración del cumplimiento con las disposiciones de confidencialidad y prevención del soborno, en un formato que proporciona el organismo contratante al solicitar el pago de servicios. El pago puede ser retenido hasta que el consultor entregue la declaración firmada.

La lista de verificación proporciona formatos de muestra que pueden adoptarse o adaptarse cuando proceda. Incluye ejemplos de códigos de conducta con formatos de informes sobre regalos recibidos, declaración de conflicto de interés, muestras de probidad y cláusulas de inhabilitación y anticolusión, así como formatos de declaración referentes al cumplimiento.

La lista de verificación puede consultarse en este enlace: www.icac.org.hk/filemanager/en/Content_1031/manworkconsult.pdf.

Fuente: U4 (2011), "Examples of integrity agreements for consultants and advisors", U4 Anti-Corruption Resource Centre, Chr. Michelsen Institute, Bergen, Noruega, www.u4.no/publications/examples-of-integrity-agreements-for-consultants-and-advisors/ (consultado el 22 de junio de 2015).

Aumentar la transparencia y el acceso a la información en la construcción del nuevo aeropuerto

No limitarse a la ley: divulgación proactiva de información sobre la contratación pública y el proyecto

La divulgación proactiva de información y documentos sobre la contratación pública y el proyecto promueve una cultura de apertura en torno a este, y asegura que los procedimientos y las decisiones se supervisen y comenten ampliamente, y que reciban la influencia de los actores pertinentes. En cambio, la falta de transparencia o información selectiva puede ocultar actos de corrupción y colusión, lo cual es cada vez más notorio. Conocer la lógica tras un proyecto de infraestructura, así como el nivel de asignación presupuestaria y las especificaciones técnicas, puede ayudar al público a entender mejor la decisión del gobierno. Por tanto, es importante considerar la transparencia como una oportunidad para aumentar la confianza y conseguir la aceptación del proyecto.

Darle al público un canal claro y constante para acceder a la información podría robustecer la confianza pública en los diversos proyectos del GACM. En México, la ley ordena la divulgación proactiva de la información para un amplio conjunto de áreas, incluyendo la estructura y la contratación de la dependencia. En 2007, a través de enmiendas constitucionales, México consolidó el acceso a la información como un derecho fundamental. El Instituto Nacional de Transparencia, Acceso a la Información y Protección de Datos (INAI, antes IFAI) se creó por ley para garantizar de manera efectiva el acceso de los ciudadanos a la información. El INAI garantiza también que la información se publique y difunda en forma proactiva. Según datos de dicho instituto, entre junio y septiembre de 2015 el GACM recibió 80 solicitudes de información, 10% de las cuales se han apelado.

Estas cifras reflejan que el GACM ha tomado con seriedad sus obligaciones en materia de transparencia. Desde este punto de vista, su Unidad de Transparencia y Rendición de Cuentas deberá realizar las siguientes funciones:

- Recabar y difundir la información del Portal de Obligaciones de Transparencia, y alentar a las unidades administrativas para que la actualicen de manera periódica
- Recibir y tramitar solicitudes de acceso a la información
- Ayudar a los ciudadanos en el desarrollo de aplicaciones y, en su caso, orientarlos a los departamentos, dependencias o cualquier otro órgano que pudiera tener la información que solicitan
- Realizar los procedimientos internos de cada unidad o entidad, necesarios para entregar la información solicitada, además de elaborar las notificaciones para los ciudadanos
- Capacitar a los servidores públicos de la unidad o entidad cuando sea necesario, para recibir y tramitar las solicitudes de acceso a la información
- Llevar un registro de las solicitudes de acceso a la información, sus resultados y costos

Además, la unidad presenta al Comité de Información los procedimientos internos para garantizar una mayor eficiencia en la gestión de solicitudes de acceso a la información. Sin embargo, eso no existe en el GACM. Debido a la especificidad del proyecto y al aspecto de seguridad nacional, alguna información no estará disponible para el público. Esta unidad, junto con el Comité de Información, podrían establecer proactivamente directrices sobre qué tipo de información se divulgará. Las directrices podrían publicarse en el sitio web del GACM y explicar en un lenguaje sencillo las principales disposiciones de la Ley Federal de Transparencia y Acceso a la Información Pública Gubernamental, sobre todo, lo relacionado con información confidencial.

Puede ser útil considerar la guía para un gobierno abierto 2.0 (*Guide to Open Government 2.0*) (OGP, 2013), que establece que una organización debe identificar las principales clases de información que deben divulgarse, por ejemplo:

- *Contratos*: incluye licencias, concesiones, permisos, donaciones o cualquier otro documento de intercambio de bienes, activos o recursos públicos (comprende todos los anexos, apéndices y documentos incorporados por referencia) y cualquier modificación.
- *Documentos relacionados*: incluye estudios previos, documentos de licitación estándar, evaluaciones de desempeño, garantías e informes de auditoría.
- *Piezas de información clave sobre la formación del contrato*: entre ellas, el proceso de planeación; método de adjudicación, plazos y especificaciones para cada contrato; criterios de evaluación y selección; licitantes o participantes en el proceso, sus documentos de validación y cualquier exención de procedimiento a la que tengan derecho; conflictos de interés puestos al descubierto o inhabilitaciones emitidas; resultados de la evaluación, incluso la justificación de la adjudicación, así como la identidad del destinatario del contrato y cualquier declaración de usufructo proporcionada.

- *Información relacionada con la ejecución del contrato*: incluye convenios de subcontratación, calendarios y metas parciales; el estado de la implementación; fechas y montos de los pagos por etapa hechos o recibidos; prestación de servicios y fijación de precios; medidas para la terminación de contratos; obligaciones y liquidaciones finales; evaluaciones de riesgos, incluso evaluaciones de impacto social y ambiental; evaluaciones de activos y pasivos del gobierno; disposiciones vigentes para asegurar la gestión adecuada de riesgos y responsabilidades civiles en curso, así como información financiera adecuada concerniente a ingresos y gastos, como tiempo y costos superiores a lo previsto, por ejemplo.

Por otra parte, en febrero de 2015, el INAI y el GACM colaboraron en un programa para "Asegurar la transparencia y el acceso a la información en el proyecto de infraestructura conocido como el nuevo aeropuerto internacional de la Ciudad de México". Si bien el programa nunca se formalizó, el GACM y el INAI o ambos están trabajando en las siguientes actividades, entre otras:

- El INAI impartirá capacitación a servidores públicos y ciudadanos a través de su plataforma y talleres en línea.
- El sitio web del GACM también podrá transmitir la apertura de ofertas por Internet.
- Se implementará una solicitud para una tarjeta de registro de información.
- Se pondrá en práctica un documento modelo para la gestión de las redes de transparencia y acceso a la información. Para responder a esta acción, el GACM contrató en fecha reciente a un experto en gestión de archivos.
- Poner en funcionamiento a un grupo de trabajo en el que participen funcionarios de las diferentes dependencias que integran el sector aeroportuario. Se reúnen a petición de la SCT.
- Se publicará la declaración patrimonial de los funcionarios de alto nivel de las instituciones involucradas en el proceso de construcción del NAICM, para que los ciudadanos estén informados de los cambios en el patrimonio de los responsables de la toma de decisiones en cargos directivos. Ha sido difícil aplicar esta medida por falta de consenso en la administración pública.

Brindar acceso a la información a los ciudadanos es una tarea importante, aunque a menudo requiere mucho tiempo, así como recursos humanos y financieros adecuados para ofrecer un servicio exclusivo con personal suficiente para desempeñar la tarea. El GACM podría considerar reforzar su estructura para poder mantenerse al nivel de sus necesidades de transparencia y acceso a la información.

La información sobre contratación pública proporcionada en el sitio web del GACM es insuficiente

Aunque el GACM ha divulgado información, la calidad y disponibilidad de los datos sobre sus procesos de contratación sigue siendo desigual; esto dificulta el acceso de ciudadanos y proveedores a información fácilmente comprensible, actualizada y completa. El GACM ha dado un paso importante al poner a disposición del público una cantidad considerable de información, avanzando en este sentido desde el inicio del proyecto; no obstante, quedan áreas por mejorar.

El GACM ha publicado lo que se ha adquirido (Gráfica 4.1). Parece que esta información se refiere únicamente a la construcción del aeropuerto en sí misma, y no a otras actividades afines del grupo. Según esta información, no se adjudicó contrato alguno para bienes, pese a que el programa anual para bienes y servicios puede indicar lo contrario (consulte www.aeropuerto.gob.mx/gacm/programas-anuales.php). Además de lo adquirido, el GACM publica actualmente una lista de contratos y proveedores. A septiembre de 2015, estaban publicados solo nueve contratos y nueve proveedores. Sin embargo, al compararlo con la plataforma federal de contrataciones electrónicas de México (CompraNet), se observa que por lo menos se han celebrado 83 contratos.[67] La discrecionalidad en la publicación de los contratos reduce la imagen de transparencia del proyecto. Por consiguiente, el GACM podría publicar toda la información sobre contratación, no solo la relacionada con el aeropuerto, sino también con el funcionamiento del grupo.

Gráfica 4.1. **Panorama de la información sobre la contratación del GACM (USD)**

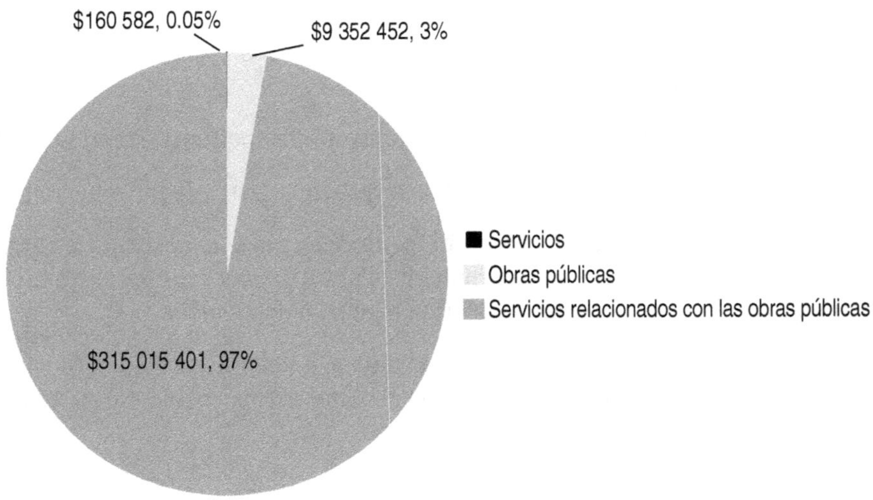

Nota: El cálculo en dólares se basó en el tipo de cambio de USD 1 = MXN 17.05 al 28 de septiembre de 2015.

Fuente: Tomado del sitio web del GACM, www.aeropuerto.gob.mx/gacm/que-se-ha-comprado.php (consultado el 28 de septiembre de 2015).

Además, el GACM podría publicar información sobre la contratación por tipo de procedimiento utilizado, aportando cifras y el valor, como suele hacerse en muchos países de la OCDE (Recuadro 4.5). Por otra parte, para evitar cualquier mala interpretación, podría pensar en dar definiciones claras de los procedimientos de contratación y las excepciones más comunes a la licitación pública que se prevén.

Más aún, el sitio web del GACM proporciona información sobre planes de adquisición o contratación futuros. Sin embargo, esta información, presentada en formato PDF, no estipula un plazo claro para la adquisición de bienes y tampoco es posible ver los procesos en curso, o cómo se realizan los procesos de contratación respecto de los programas de adquisiciones. El GACM podría considerar publicar los programas de adquisiciones en un formato utilizable que permita distinguir entre lo que ya se adquirió, lo que se está adquiriendo actualmente y lo que se adquirirá en el futuro.

Si bien CompraNet puede proporcionar la mayor parte de esta información, estudios anteriores de la OCDE demuestran que este portal a menudo no proporciona toda la información relacionada con el proceso de contratación y tampoco se considera muy fácil de consultar por los usuarios internos y externos. En CompraNet hay dificultades técnicas para cargar o descargar información, lo que vuelve lento e ineficiente al proceso. En este sentido, el GACM podría publicar de manera proactiva en su página web toda la información pertinente; por ejemplo, los programas anuales de contratación pública, el procedimiento de licitación (documentos de licitación, actas de las juntas de aclaraciones y apertura de ofertas), el historial de las adjudicaciones de contratos, la modificación de contratos y las inconformidades formales, como lo lleva a cabo la Ciudad de Nueva York, por ejemplo (Recuadro 4.21).

Recuadro 4.21. **Checkbook NYC (chequera de la Ciudad de Nueva York)**

En julio de 2010, la Contraloría de la Ciudad de Nueva York presentó *Checkbook NYC* (chequera de la Ciudad de Nueva York), una herramienta de transparencia en línea que por vez primera pone a disposición del público el gasto diario de la ciudad. Mediante un sistema de tablero intuitivo que combina diversas gráficas y cuadros sinópticos fáciles de usar, Checkbook NYC proporciona información actualizada sobre la situación financiera de la ciudad.

El sitio web proporciona información sobre:

- Presupuesto
- Ingresos
- Gasto
- Contratos
- Nómina
- Subproveedores

En el rubro de contratos se encuentra información detallada sobre contratos, modificaciones a los contratos, proveedores, métodos de adjudicación y más.

En contratos se informa sobre el organismo contratante, el principal proveedor, el monto actual del contrato, su monto original y cuánto se ha gastado a la fecha.

CONTRACT ID	PURPOSE	CONTRACTING AGENCY	PRIME VENDOR	CURRENT AMOUNT	ORIGINAL AMOUNT	SPENT TO DATE
CT185620050034130	PUBLIC UTILITY	DEPARTMENT OF CITYWIDE ADMINIST...	NEW YORK POWER AUTHORITY	$7.19B	$7.19B	$5.80B
CT 100220060028251	FUNDING AGREEMENT	MAYORALTY	MTA BUS COMPANY	$3.12B	$1.04B	$2.66B
CT182720141400213	MANAGEMENT, TRANSPORTATION A...	DEPARTMENT OF SANITATION	COVANTA SUSTAINABLE SOLUT...	$2.86B	$2.86B	$4.89M
CT100220070029782	HUDSON YARDS SUPPORT & DEVELO...	MAYORALTY	HUDSON YARDS INFRASTRUCTURE CO	$1.83B	$1.83B	$0.00
CT106920141428608	CHANGE OF OWNERSHIP OFFICE...	DEPARTMENT OF SOCIAL SERVICES	VANDERBILT ASSOCIATES OWNER LP	$1.71B	$1.71B	$10.36M

Modificación de contratos incluye, entre otras cosas, información sobre el porcentaje entre el monto original del contrato y el monto actual, así como cuánto se ha modificado el contrato.

Recuadro 4.21. **Checkbook NYC (chequera de la Ciudad de Nueva York)** *(Continuación)*

Top 5 Contract Amount Modifications *Number of Contract Modifications: 4,435*

CONTRACT ID	PURPOSE	CONTRACTING AGENCY	PRIME VENDOR	CURRENT AMOUNT	ORIGINAL AMOUNT	SPENT TO DATE	DOLLAR DIFFERENCE	PERCENT DIFFERENCE
CT100220060028251	FUNDING AGREEMENT	MAYORALTY	MTA BUS COMPANY	$3.12B	$1.04B	$2.66B	$2.08B	200%
CT100220040015984	FUNDING AGREEMENT	MAYORALTY	DORMITORY AUTHORITY...	$556.88M	$120.00M	$533.46M	$436.88M	364.07%
CT182697B4876	AGREEMENT TO PROVIDE...	DEPARTMENT OF ENVIRO...	NYS ENV FACILITIE...	$410.30M	$79.60M	$374.54M	$330.70M	415.46%
CT185620020005358	BUILDING LEASE	DEPARTMENT OF CITYWI...	59 MAIDEN LANE ASSO...	$587.68M	$297.98M	$188.88M	$289.70M	97.22%
CT18269236727	DESIGN OF THE CROTON...	DEPARTMENT OF ENVIRO...	METCALF & EDDY OF N...	$299.50M	$44.23M	$288.57M	$255.27M	577.19%

Fuente: Checkbook NYC, sitio oficial de la Ciudad de Nueva York, www.checkbooknyc.com/contracts_landing/status/A/year-type/B/year/116 (consultado el 22 de junio de 2015).

Por último, para divulgar documentos e información de manera proactiva y oportuna sin tener que incurrir en costos excesivamente altos, es necesario contar con un sistema de recopilación de datos sistemático, fácil de usar y con datos accesibles para su análisis. La guía para un gobierno abierto (OGP, 2013) sugiere lo siguiente:

- Cuando sea factible, se recomienda digitalizar la información de contratación y ponerla a disposición del público en un portal en línea.
- Los formatos estructurados como XML estructurado y la inclusión de todos los metadatos pertinentes permiten hacer búsquedas y tener acceso con facilidad.
- La información digital deberá conservarse y estar disponible a perpetuidad.
- Cuando sea posible, se sugiere utilizar aplicaciones de programas informáticos sin derechos de propiedad.

Siempre que sea posible, los ciudadanos deberán poder inscribirse a servicios que les avisen de ciertos tipos de novedades sobre contratos, bien sea por correo electrónico, mensajes de texto o algún otro tipo de tecnología. El sitio web del GACM puede ser también un instrumento importante para fomentar el escrutinio del proyecto por parte de la sociedad civil

Los mecanismos de escrutinio social o de rendición de cuentas social, como la vigilancia de la comunidad, contribuyen a mejorar la calidad y la ejecución de un determinado proyecto. Ayudan a facultar a los grupos locales y aumentar la participación pública gracias a los medios creados para que los ciudadanos expresen sus opiniones, hagan comentarios constructivos y señalen actos ilícitos y abusos (Transparency International, 2013b).

Permitir el escrutinio social contribuye a fortalecer los lazos entre los ciudadanos y su gobierno local o central, lo que puede tener consecuencias positivas para reforzar la gobernanza democrática. Al crear estos vínculos, el escrutinio social puede ayudar a mejorar el enfoque del proyecto de inversión pública, supervisar el desempeño de la administración y fomentar una gobernanza receptiva. Las herramientas de escrutinio social tienen la ventaja de volver visibles las necesidades de los grupos más vulnerables. En términos más generales, ayuda a mejorar la transparencia del gobierno y a exponer abusos y actos de corrupción (PNUD, 2010).

El GACM podría tomar en cuenta que la divulgación proactiva de información no puede referirse solo a la información sobre contratación pública. Puede proporcionar a ciudadanos y otros actores la información necesaria acerca de todo el proyecto. Durante la misión de investigación de la OCDE, hubo quejas sobre la falta de información relativa al proyecto. Por ejemplo, el sitio web podría llegar a la etapa de construcción real y permitir que el público verifique el avance de las obras mediante fotografías y videos, como en el caso del Proyecto Cruce del Río Hudson por Tappan Zee, en Nueva York (recuadro 4.22).

Recuadro 4.22. **Vigilancia por cámara de video del puente de Tappan Zee**

La participación del público es parte integral del proceso de planeación del transporte. Por consiguiente, el objetivo del programa de participación al público y el organismo en el proyecto Cruce del río Hudson por Tappan Zee es asegurar la participación abierta, común y valiosa del público y el organismo a lo largo del proceso. El proyecto tiene su propio sitio web donde el público puede mantenerse al día sobre su desarrollo, donde está disponible toda la información no confidencial y puede observarse el avance de la obra en vivo a través de cámaras instaladas en el emplazamiento.

Fuente: http://newnybridgegallery.com/webcam.php (consultado el 14 de junio de 2015).

Por otra parte, cada vez más se reconoce que los mecanismos del sitio web para presentar inconformidades son una herramienta valiosa para promover la rendición de cuentas del gobierno. Dichos mecanismos ofrecen a los ciudadanos canales para expresar su opinión y presentar quejas ante los organismos públicos con el fin de que mejoren su trabajo y sus servicios. Es fundamental que las instituciones públicas tomen en cuenta varios principios clave al diseñar mecanismos para presentar inconformidades, como transparencia, independencia, rendición de cuentas, accesibilidad, seguridad y facilidad de uso, entre otros (Transparency International, 2014b).

Hacer que los mecanismos de presentación de inconformidades den una apariencia informal y accesible es primordial para su éxito, ya que reduce la posible intimidación del usuario y al mismo tiempo permite que los funcionarios públicos conozcan opiniones sobre las políticas y los servicios públicos. Simplificar el que la gente exprese su opinión y empoderarla para denunciar casos de abuso y gestión deficiente sin tener que magnificar el proceso mediante un mecanismo de queja formal puede crear un poderoso circuito de retroalimentación para los prestadores de servicios públicos. Para asegurar su facilidad de uso lo más posible, es necesario que esta retroalimentación pueda darse vía canales que agraden y sean familiares a las personas (por ejemplo, teléfonos celulares, mercados, grupos de oración, escuelas). La tecnología abre nuevas vías a través de las cuales los ciudadanos pueden expresar su opinión; por ejemplo, mensajes de texto y redes sociales en línea (OGP, 2013).

Actualmente, en la página web del GACM hay un enlace para presentar inconformidades; sin embargo, los usuarios son redirigidos al sitio de la Secretaría de la Función Pública, en el cual se describe el procedimiento a seguir. Se indica que la inconformidad puede presentarse por correo electrónico, correo postal, en persona o por teléfono. Una vez hecho esto, la inconformidad se dirige al OIC de la dependencia. El Órgano Interno de Control del GACM y la SFP podrían trabajar juntos para elaborar un formato de queja que se publique en el sitio web del GACM, para que proveedores y ciudadanos presenten sus inconformidades en línea. El GACM podría seguir el ejemplo de la Oficina del Inspector General del Estado de Nueva York y tener el formato en diferentes idiomas (Recuadro 4.23). La queja podría llegar directamente a la dirección electrónica del Órgano Interno de Control del GACM e incluir un folio de seguimiento para que el usuario esté al tanto de ella.

Recuadro 4.23. **Formato de queja en línea, Oficina del Inspector General del Estado de Nueva York**

La Oficina del Inspector General es responsable de garantizar que el gobierno del estado, sus empleados y quienes trabajan para él cumplan con las normas de honradez, rendición de cuentas y eficiencia más altas.

La Oficina elaboró un formato de queja en línea para presentar acusaciones de conductas indebidas en el gobierno del estado. El formato de queja se diseñó para tener la mayor información posible sobre los siguientes aspectos:

- ¿Quién participa en la conducta indebida?
- ¿Qué dependencia del estado está involucrada?
- ¿Qué acto ilícito ocurrió?
- ¿Cuándo sucedió?
- ¿Hay testigos de la conducta indebida con los que podamos comunicarnos?
- ¿Qué leyes o regulaciones de la dependencia se violaron?

El formato también solicita información sobre el quejoso, pero este puede pedir confidencialidad. Puede también proporcionar información sobre los documentos en su posesión que se relacionen con su queja. El formato está disponible en seis idiomas, entre ellos francés, español, chino y ruso.

Fuente: New York State, Office of the Inspector General, "Online complaint form", http://ig.ny.gov/content/on-ine-complaint-form (consultado el 22 de junio de 2015).

Propuestas de acción

Para aumentar la integridad y transparencia de sus procesos de contratación pública, el GACM podría pensar en tomar las siguientes medidas.

- Promover una cultura de integridad al:
  - Crear conciencia sobre los riesgos de corrupción entre su personal, en especial, entre los que intervienen en el proceso de contratación
  - Modificar su código de conducta, tomando en cuenta que deberá: *i)* explicar al personal y socios del GACM lo que se espera de ellos en cuanto a conducta; ii) contribuir a reforzar la integridad en la cultura de la institución al establecer nuevas normas; y iii) proporcionar un marco disciplinario para sancionar las conductas que se aparten de la norma
  - Establecer normas específicas para los funcionarios de contratación; por ejemplo, mediante un código de conducta para los funcionarios de contratación del GACM
  - Asegurar que su código de conducta se conozca y elaborar otro para quienes intervienen en el proceso de contratación, incluidos consultores, personal contratado en forma externa y subcontratistas

- Impartir capacitación a los funcionarios de contratación en temas de integridad, ética y herramientas contra la corrupción
- Incrementar la visibilidad y la concienciación sobre el Comité de Ética para lograr una mejor difusión y cumplimiento del código de conducta y la posterior adaptación de las normas a los nuevos riesgos
- Formular una política integral de conflicto de interés que incluya el establecimiento de un Sistema de Gestión de Contrataciones que enumere las situaciones que se considerarían como un conflicto de interés y ofrezca orientación sobre los pasos a seguir
- Verificar cualquier posible conflicto de interés antes de empezar el proceso de contratación, y permitir que los licitantes den a conocer cualquier conflicto de este tipo que puedan tener con la institución contratante o con otros licitantes
- Evaluar la posibilidad de analizar con sus funcionarios públicos qué canales darían confianza para denunciar los actos ilícitos
- Implementar cursos de capacitación y programas educativos sobre el concepto de integridad y el propósito de las denuncias, para alentar la utilización correcta de los mecanismos de presentación de informes y evitar su mal uso
- Colaborar con grupos de proveedores para explorar formas de alentarlos a elaborar sus propios programas y normas con el fin de aumentar la integridad en su relación con el GACM

• El Órgano Interno de Control del GACM:
  - Podría cerciorarse de no solo desempeñar una función de control sino también actuar como órgano consultivo para las unidades de dirección y contratación del GACM, con miras a lograr mayor eficacia y eficiencia del proceso de contratación
  - Las unidades de contratación y el OIC del GACM podrían trabajar estrechamente con el comité de control interno del grupo y la Mesa de Acompañamiento de la SFP para garantizar procedimientos de contratación eficientes y transparentes
  - El OIC del GACM y la SFP podrían trabajar en conjunto para ofrecer en el sitio web del GACM un formato de queja para que los proveedores y ciudadanos presenten sus inconformidades en línea

• El GACM podría evitar los riesgos de integridad durante el proceso de contratación al:
  - Trazar un mapa de los riesgos de corrupción de la institución y sus procesos para identificar los puestos de funcionarios que sean especialmente vulnerables, las actividades del ciclo de contratación donde puedan surgir riesgos y los proyectos específicos en riesgo. Esto también le permitiría al GACM:
    - Utilizar un sistema de banderas rojas después de trazar un mapa de riesgos
    - Crear un plan de integridad para facilitar la formulación de estrategias de mitigación después del mapeo de riesgos de corrupción específicos, y así garantizar que todas las partes involucradas en el proceso estén enteradas de los riesgos y mecanismos de integridad existentes, así como de sus propias responsabilidades

- Continuar con la participación de expertos de la sociedad civil al incluir a observadores sociales en los principales procedimientos de contratación
- Reducir en sus manuales de contratación el límite para el uso obligatorio de testigos sociales en la contratación de obras públicas, bienes y servicios, así como incluir en sus manuales de contratación otras condiciones en virtud de las cuales sea necesario incluir testigos sociales
- Elaborar documentos de licitación estándar para las propuestas técnicas y económicas, declaraciones de integridad y formatos de divulgación para dar a conocer los compromisos y la situación financiera actuales
- Implementar el sistema de dos sobres para asegurar que las decisiones de contratación se tomen conforme a los criterios establecidos
- Aplicar el principio de los cuatro ojos para limitar las facultades discrecionales de los funcionarios públicos, y garantizar un determinado nivel de debate y la protección de los funcionarios públicos contra las sospechas
- Explorar la posibilidad de designar un monitor de integridad que pueda seguir todo el ciclo de contratación
- Cerciorarse de que sus mecanismos de integridad internos existentes sean conocidos por consultores, personal contratado en forma externa y subcontratistas y se apliquen a ellos en la misma forma en que se aplican al personal del GACM a través, por ejemplo, de un código de conducta.

• El GACM podría mejorar la transparencia de sus actividades de contratación al:

- Asegurarse de que tiene los recursos, estructura y capacidades necesarios para realizar esas funciones
- Publicar toda la información sobre la contratación, no solo la relacionada con el aeropuerto sino también con el funcionamiento del GACM
- Publicar información sobre la contratación por el tipo de procedimiento utilizado dando cifras y el valor
- Brindar definiciones claras de los procedimientos de contratación y las excepciones más comunes a la licitación pública que se prevén
- Establecer y publicar en forma proactiva directrices en línea, en lenguaje sencillo, sobre toda la información divulgada
- Publicar los programas de adquisiciones en un formato utilizable que permita distinguir entre lo que ya se adquirió, lo que se está adquiriendo actualmente y lo que se adquirirá en el futuro
- Publicar de manera proactiva en su página web toda la información pertinente; por ejemplo, programas anuales de contratación pública, trámites de la licitación (documentos de licitación, actas de las juntas de aclaraciones y apertura de ofertas), historial de las adjudicaciones de contratos y modificación de los contratos
- Publicar en su sitio web las declaraciones firmadas de los licitantes

Notas

1. Para mayor información, consulte http://dof.gob.mx/nota_detalle.php?codigo=5404567&fecha=20/08/2015.

2. Para mayor información, consulte http://reniresp.funcionpublica.gob.mx/ppcapf/consulta/consultaGeneral.jsf.

3. Para mayor información, consulte http://dof.gob.mx/nota_detalle.php?codigo=5404568&fecha=20/08/2015.

4. La cantidad equivale a 5 millones de días de salario mínimo diario en México, D.F. en el caso de los bienes y servicios, y a 10 millones de días de salario mínimo diario en México, D.F. en el de las obras públicas. El salario mínimo diario en 2015 en México, D.F. es de MXN 70.10, alrededor de USD 4.60.

5. El párrafo II del Artículo 63 del ROPSRM establece que las propuestas que se comprometan a subcontratar parte de las obras públicas con PyME deben recibir puntos o porcentajes: "a los licitantes que se comprometan a subcontratar MIPYMES para la ejecución de los trabajos que se determine en la convocatoria a la licitación pública, se les otorgarán puntos o unidades porcentuales de acuerdo a los lineamentos señalados en el párrafo anterior".

6. Este cálculo se basó solo en los procedimientos que tenían toda la información, incluido el tipo de procedimiento utilizado, al 28 de septiembre de 2015.

Bibliografía

Asian Development Bank (2015), Bidding Procedures. www.adb.org/site/business-opportunities/operational-procurement/goods-services/bidding-procedures

CCAB (2014), *Developing and implementing a code of ethical conduct*, www.ccab.org.uk/PDFs/Code_Guidance_final_SG_Amends2.pdf

Corporate Executive Board, CEB (2015), *Why integrity pays*, www.executiveboard.com/exbd/legal-risk-compliance/integrity-capital/index.page.

Control Risks (2011), *Assessing corruption risks,* https://www.controlrisks.com/~/media/Public%20Site/Files/Our%20Thinking/risk_assessment_published.pdf

Construction Sector Transparency Initiative, COST (2012), *Press Release*. www.constructiontransparency.org/documentdownload.axd?documentresourceid=8.

Forbes (2013), *The Real Cost Of Bribery*, www.forbes.com/sites/hbsworkingknowledge/2013/11/05/the-real-cost-of-bribery/

Hawkins J. (2013), *How to Note: Reducing corruption in infrastructure sectors. Evidence on Demand*, www.engineersagainstpoverty.org/documentdownload.axd?documentresourceid=4.

Kenny, C. (2009), "Measuring Corruption in Infrastructure: Evidence from Transition and Developing Countries", *Journal of Development Studies*, 45(3), pp. 314-332.

OECD (2015), *Consequences of Corruption at the Sector Level and Implications for Economic Growth and Development*, OECD Publishing, París, http://dx.doi.org/10.1787/9789264230781-en.

OECD (2013a), *Public Procurement Review of the State's Employees' Social Security and Social Services Institute in Mexico*, OECD Public Governance Reviews, OECD Publishing, http://dx.doi.org/10.1787/9789264197305-en.

OECD (2013b), *Ethics Training for Public Officials*, OECD Publishing, París, www.oecd.org/corruption/acn/library/EthicsTrainingforPublicOfficialsBrochureEN. pdf.

OECD (2009), *OECD Principles for Integrity in Public Procurement*, OECD Publishing, París, www.oecd.org/gov/ethics/48994520.pdf.

OECD (2007), *Integrity in Public Procurement: Good Practice from A to Z*, OECD Publishing, París, http://dx.doi.org/10.1787/9789264027510-en.

Open Government Partnership (2013), *Guide to Open Government 2.0*, www.ogphub.org/wp-content/uploads/2013/02/Guide-to-open-government-public-contracting.pdf.

Transparency International (2014a), "Implementing codes of conduct in public institutions", www.transparency.org/whatwedo/answer/implementing_codes_of_ conduct_in_public_institutions

Transparency International (2014b), *Local-level complaint mechanisms in developing countries*, www.transparency.org/whatwedo/answer/local_level_complaint_mechanisms_in_developing_countries

Transparency International (2013a), "Whistleblowing in Europe", www.transparency.de/fileadmin/pdfs/Themen/Hinweisgebersysteme/EU_Whistleblower_Report_final_web.pdf, p. 25.

Transparency International (2013b), *Community monitoring of humanitarian aid and service delivery,* www.transparency.org/files/content/corruptionqas/Community-monitoring-aid-service-delivery-.pdf

Transparency International (2011), *Corruption Risk Assessment Topic Guide*, http://gateway.transparency.org/files/uploads/Corruption_Risk_Assessment_Topic_Guide.pdf

Transparency International (2006), *Handbook for curbing corruption in public procurement*. www.transparency.org/whatwedo/publication/handbook_for_curbing_corruption_in_public_procurement

UNDP (2010), *Fostering Social Accountability from Principle to Practice,* www.undp.org/content/dam/undp/library/Democratic%20Governance/OGC/dg-ogc-Fostering%20Social%20Accountability-Guidance%20Note.pdf

Wells, J. (2015), "Corruption in the construction of public infrastructure: Critical issues in project preparation", *U4 Issue* No. 8, U4 Anti-corruption Resource Centre, Chr. Michelsen Institute, Bergen, Noruega.

Capítulo 5

Recomendaciones de la estrategia de comunicación para el proyecto del NAICM

Los megaproyectos de infraestructura requieren crear un amplio apoyo político y social. Tal esfuerzo demanda una estrategia de comunicación eficaz y proactiva. De hecho, un defecto común en muchos proyectos es que carecen de una estrategia de comunicación coherente que vincule las necesidades, las expectativas y las preocupaciones de los diferentes actores interesados. Hasta noviembre de 2015, el Nuevo Aeropuerto Internacional de la Ciudad de México (NAICM) no había formulado una estrategia de este tipo y el Grupo Aeroportuario de la Ciudad de México (GACM) tampoco había establecido una oficina de comunicación con los mandatos de generar consenso y posibilitar una toma de decisiones más incluyente. En este capítulo se describen los esfuerzos realizados en materia de comunicación relacionados con el NAICM, y cómo pueden mejorarse para acercarse a las buenas prácticas internacionales.

La necesidad de una estrategia de comunicación robusta

El Nuevo Aeropuerto Internacional de la Ciudad de México (NAICM) constituye el núcleo del plan de infraestructura de la administración actual (2012-2018). En vista de los posibles beneficios a largo plazo de este proyecto, deberá ser prioritario generar un amplio apoyo político y social, y eso solo puede lograrse con una estrategia de comunicación eficaz.

Una estrategia de comunicación exitosa ayudaría a mejorar las percepciones que acerca del proyecto tengan los actores clave, con el fin de lograr certidumbre, transparencia y confianza como los principales vectores del proyecto (véase la Gráfica 5.1).

Gráfica 5.1. **Una transición exitosa como fruto de una estrategia de comunicación**

De:
- Lenguaje racional, distante, técnico, que no conecta con la audiencia
- Enviar el mismo mensaje a todas las partes interesadas
- Poco contacto con la comunidad
- Escepticismo, incertidumbre y percepciones parciales entre los principales actores

A:
- Narrración atractiva e interesante sobre el proyecto y su impacto positivo
- Suscitar mensajes diferenciados que aborden las aspiraciones e inquietudes de audiencias específicas
- Creación de un significado compartido entre las comunidades en las inmediaciones del proyecto
- Certeza, confianza, transparencia y certidumbre como el núcleo del proyecto

Fuente: Trabajo propio del autor.

La desigualdad política para acceder a los procesos de toma de decisiones puede generar una distribución desigual de los riesgos, las cargas y los beneficios de los megaproyectos. El público en general a menudo es escéptico o tiene una actitud negativa hacia esos proyectos. De hecho, los ciudadanos y los grupos de interés pueden orquestar protestas hostiles contra la realización de grandes proyectos de infraestructura.

El uso de una comunicación adecuada mejora la infraestructura sustentable y facilita la buena gobernanza. La comunicación del desarrollo, es decir "el proceso social diseñado para buscar un entendimiento común entre todos los participantes en una iniciativa de desarrollo, al crear una base para la acción concertada", fortalece las bases de una buena gobernanza al promover el gobierno abierto, una mayor rendición de cuentas y la colaboración activa de participantes de la sociedad civil (Hass, Mazzei y O'Leary, 2007) (Recuadro 5.1).

La comunicación es también un recurso analítico y una herramienta de gestión decisivos para promover el desarrollo de infraestructura sustentable en tres sentidos:

- Mejorar la calidad de la infraestructura: al permitir una toma de decisiones más incluyente e informada en todas las etapas del ciclo del proyecto; al impulsar las nuevas ideas y la innovación para crear infraestructura sustentable, y al llegar a un consenso basado en las prioridades de prestación de servicios y los métodos de ejecución.
- Generar consenso sobre las reformas gubernamentales relacionadas con la infraestructura: al concienciar sobre las vulnerabilidades a la corrupción en todas las etapas del desarrollo de infraestructura y al llegar a un consenso sobre los

programas de reforma, incluidas las alianzas y los aranceles necesarios para que los servicios sean sustentables.

Recuadro 5.1. ¿Por qué importa la comunicación?

La experiencia internacional muestra que la comunicación eficaz es de suma importancia para desarrollar y realizar cualquier proyecto. Según el Project Management Institute, en organizaciones con comunicadores a los que se considera muy eficaces, el 80% de los proyectos consiguen sus objetivos originales, contra apenas el 52% de sus homólogos eficaces en grado mínimo.

La misma fuente calcula que los comunicadores muy eficaces también tienen más probabilidades de ejecutar proyectos a tiempo (71% *vs.* 37%) y dentro del presupuesto (76% *vs.* 48%). Los ejecutivos afirman que las organizaciones con métodos de comunicación eficaces y eficientes tienen más probabilidades de mantenerse dentro de los límites establecidos, cumplir con las normas de calidad y generar los beneficios comerciales previstos.

Un buen proceso de comunicación mantiene comprometidas a las partes interesadas y motivados a los equipos del proyecto. Sin embargo, la verdadera comunicación sigue siendo un bien escaso dentro y fuera de los muros de las empresas, mucho de lo cual redunda en la dificultad fundamental de comunicar con el nivel de claridad y detalle adecuado.

Fuente: Project Management Institute, www.pmi.org (consultado el 17 de septiembre de 2015).

- Actuar de manera concertada para gestionar los riesgos de corrupción en las obras de infraestructura: al no dejar de presionar para que se implemente una reforma contra la corrupción y se genere consenso popular sobre esfuerzos específicos, y al mejorar la transparencia y la visibilidad de las medidas tomadas.

Un defecto común en muchos proyectos grandes es que carecen de una estrategia de comunicación coherente y eficaz que vincule las necesidades, expectativas e intereses de los diferentes participantes en el proyecto. Además de la polémica, los síntomas de insuficiente respaldo a las funciones de comunicación incluyen enfoques *ad hoc*, y la falta de comunicación clara y de planeación estratégica. Los directivos del proyecto deben equilibrar las prioridades que compiten por recursos apoyando la comunicación en cada etapa del ciclo del proyecto.

Otra línea de razonamiento importante para apoyar la asignación de recursos para la comunicación es vincularla con las ventajas en ahorros por actos de corrupción.

Principales acciones de comunicación del NAICM

Al mes de agosto de 2015, tres metas parciales han requerido labores intensas de comunicación:

- El anuncio inicial del NAICM (septiembre de 2014)
- El acuerdo con la OCDE (enero de 2015)
- La presentación de la estrategia de empaquetamiento para la contratación (julio de 2015)

El anuncio inicial

El 2 de septiembre de 2014, el Presidente de México anunció los planes del gobierno para construir el NAICM. El Presidente explicó que el desarrollo de la obra pública se llevaría a cabo en cinco etapas, con una inversión de alrededor de MXN 169 000 millones: de ese monto, MXN 120 000 millones se destinarían a infraestructura del aeropuerto y el resto a financiar diversas obras complementarias (por ejemplo, la preparación del terreno para la construcción). El Presidente aseguró al público que el proyecto se financiaría con los ingresos fiscales del Aeropuerto Internacional de la Ciudad de México (AICM), junto con los ingresos fiscales del NAICM, una vez que este último entre en servicio (Recuadro 5.2).

Recuadro 5.2. **Análisis del discurso del anuncio inicial (2 de septiembre de 2014)**

1. Argumento:
   - Hay un claro sentido de urgencia.
     - El aeropuerto actual ha llegado a sus límites de operación.
     - No tiene capacidad para realizar operaciones simultáneas, lo que es inaceptable en el aeropuerto de una urbe mundialmente importante como la Ciudad de México.
   - La decisión se tomó sobre la base de aspectos técnicos.
     - Solicitamos a expertos y especialistas que realizaran un análisis para encontrar las mejores alternativas.
   - Elegimos a las mejores personas para el proyecto.
     - Expertos evaluaron y calificaron las propuestas.
     - Elegimos arquitectos de prestigio para el trabajo de diseño.
   - El proyecto generará muchos beneficios.
     - Económicos: 160 000 nuevos empleos directos e indirectos, centenares de PyME se beneficiarán de los contratos.
     - Sociales: se instalará una nueva Universidad de Aeronáutica, así como proyectos de vivienda para la gente que trabaje en el nuevo aeropuerto.
     - Ambientales: energías limpias y tecnologías de ahorro de agua en los edificios; el área circundante tendrá nuevos lagos y bosques.
2. Tono: positivo. El aeropuerto será uno de los más avanzados del mundo. Representará un desafío de logística y de ingeniería, pero también una oportunidad excepcional para mostrar a México como una nación en ascenso.
3. Lenguaje: claro y comprensible. Evita la jerga técnica, transmite optimismo y orgullo por el proyecto.

Fuente: www.presidencia.gob.mx/articulos-prensa/palabras-del-presidente-de-los-estados-unidos-mexicanos-licenciado-enrique-pena-nieto-durante-el-evento-avances-y-retos-del-plan-nacional-de-infraestructura/ (consultado el 17 de septiembre de 2015). OECD assessment.

El gobierno mencionó que sería el aeropuerto más sostenible del mundo, el sello distintivo de la innovación mexicana que será construido por contratistas e ingenieros nacionales, en la medida de lo posible. Dada su naturaleza simbólica, el gobierno federal se comprometió a hacer del aeropuerto una referencia mundial en cuanto a diseño, construcción y operación sustentable con energía limpia y renovable, tecnologías ecológicas (“verdes”), y unidades eficientes de ventilación y aire acondicionado para optimizar el uso del agua y de la energía. Los ingenieros encargados del aeropuerto también planean aprovechar el biogás del vertedero Bordo Poniente como una fuente de energía para el nuevo aeropuerto.[1]

Inmediatamente después de que se anunciara la construcción del NAICM en septiembre de 2014, las comunicaciones del gobierno pusieron los reflectores sobre el moderno diseño arquitectónico del proyecto, sus costos, etapas de construcción y fechas de realización previstas. Entre los aspectos positivos en que se hizo mayor hincapié, destacan los siguientes mensajes:

- El crecimiento económico, la creación de empleos y los proyectos de movilidad que irán a la par del NAICM.
- La naturaleza sin precedentes del diseño arquitectónico de este proyecto de infraestructura.
- Los aspectos favorables para el medio ambiente y el impacto positivo que el NAICM ejercerá sobre la zona, la cual actualmente lucha contra altos niveles de degradación ambiental.
- El hecho de que este será uno de los aeropuertos más grandes del mundo, dando servicio a hasta 120 millones de pasajeros por año (etapa 2).
- La modernidad del "aeropuerto del futuro": se espera que el proyecto se beneficie de la colaboración de los mejores expertos nacionales e internacionales.

El acuerdo con la OCDE

En enero de 2015, la OCDE y la Secretaría de Comunicaciones y Transportes (SCT) firmaron un acuerdo mediante el cual la OCDE "compartiría sus conocimientos sobre las mejores prácticas con el Gobierno de México para implementar una estrategia integral durante la etapa de construcción del NAICM, en especial, en lo referente a integridad, transparencia, rendición de cuentas, contratación y concesiones".

El anuncio de la estrategia de empaquetamiento para la contratación

El 8 de julio de 2015, la SCT anunció que el proceso de licitación para adjudicar contratos para la construcción del NAICM empezaría con los paquetes de obras preliminares en septiembre de 2015. Los puntos destacados del comunicado fueron los siguientes:

- El NAICM es el proyecto de infraestructura más importante de esta administración y uno de los más grandes de su tipo en el mundo.
- El esquema de empaquetamiento para las licitaciones permite que el gobierno reciba propuestas de contratistas con probada experiencia.
- Los contratistas trabajarán con tecnología de vanguardia, así como con los ritmos de ejecución de mayor calidad y más rápidos posibles.
- Dado que la transparencia es una de las principales consideraciones del gobierno, los testigos sociales nombrados por la Secretaría de la Función Pública (SFP) supervisarán el proceso.

Durante el periodo 2015-2016, varios contratos relevantes serán adjudicados para la construcción de la principal infraestructura del aeropuerto, que incluye el edificio de la terminal, las instalaciones para almacenamiento de combustible, la plataforma de llegada y los ductos de distribución del combustible. Según el programa oficial, el segundo juego de contratos adjudicado se destinará a construir, en particular, los sistemas de navegación, el túnel de servicio central y ayuda audiovisual. Durante el segundo semestre de 2016, se abrirán las licitaciones para las estaciones de bomberos. En agosto de 2016 se adjudicarán los contratos para los edificios de apoyo, y en octubre de 2016 para la primera etapa de la infraestructura vial circundante. En 2017, tocará el turno a los contratos para el centro de transporte multimodal y estacionamientos.

Cobertura en los medios

El anuncio del proyecto del NAICM tuvo una cobertura muy amplia en los medios nacionales, con 1 218 menciones durante septiembre y octubre de 2014.

La participación del arquitecto seleccionado como jefe del diseño de interiores del nuevo aeropuerto, junto con el anuncio de los estudios de impacto ambiental del proyecto, fueron los temas con mayor cobertura en los medios.

Entre abril y mayo de 2015, los medios cubrieron el Plan Maestro del NAICM, el financiamiento y las inversiones, y, una vez más, el diseño arquitectónico y su estrategia sustentable (el uso de energía limpia y tecnologías verdes). Publicaron también artículos referentes a que el nuevo aeropuerto tendrá su propia "miniciudad" en 2028 (Aerotrópolis, con centros comerciales y hoteles). También figuraron descripciones de la construcción y ampliación de carreteras, líneas del sistema de transporte colectivo (metro), líneas de autobús de tránsito rápido (metrobús) y la construcción de un tren rápido del centro de la Ciudad de México a la nueva terminal.

Durante mayo y junio de 2015, el GACM y la Secretaría de Comunicaciones y Transportes insistieron en el componente social del proyecto. El gobierno hizo hincapié en la importancia de los beneficios sociales que detonará el NAICM.

El Director General del GACM hizo notar que el NAICM beneficiará a los jóvenes, ya que los procesos de construcción y operación de la terminal serán una gran fuente de empleo. El NAICM será el detonador económico de todo el país, sobre todo para la zona federal del Ex Vaso de Texcoco, que plantea una gran problemática.

Funcionarios del gobierno han destacado el impacto social positivo que traerá el nuevo aeropuerto. A mediano y corto plazos, las áreas circundantes tendrán la posibilidad de convertirse en núcleos de desarrollo social y económico, con instituciones de educación superior como la Universidad Metropolitana de Aeronáutica y Aviación, así como centros de capacitación para profesionales relacionados con la aviación. Como parte del NAICM, se prevén hoteles, centros de convenciones, plazas comerciales y otros servicios para los viajeros.

A principios de julio de 2015, al hacerse el anuncio oficial de la estrategia de empaquetamiento de licitaciones del NAICM, la cobertura mediática del NAICM se disparó en ese mes, con 73 menciones más que las registradas en junio. En general, el 88% de la cobertura total fue informativa o neutral, el 9% fue negativa y solo un 3% tuvo un tono positivo.

La estrategia de empaquetamiento de licitaciones por sí sola recibió 148 menciones en los medios, con una equivalencia de valor de publicidad (EVP)[2] de MXN 7.1 millones. La mayoría de esas menciones se hicieron en los tres días posteriores al anuncio (7 al 9 de julio) y tuvieron poco seguimiento en los medios. Las soluciones de movilidad y de transporte para las nuevas vías de acceso del aeropuerto a la ciudad de México siguen siendo temas clave. La emisión del primer paquete a finales de septiembre de 2015 también llamó la atención de los medios.

A finales de julio de 2015, el futuro de los terrenos del actual aeropuerto se convirtió en un tema fundamental para muchas de las partes interesadas. Este tema plantea un debate inminente entre las autoridades federales y las locales (de la ciudad de México), que serán responsables del resultado, como se explica en otras secciones de este capítulo.

El sitio web

A raíz de una serie de deliberaciones que empezaron en febrero de 2015 y en virtud del acuerdo firmado con la SCT, el 18 de junio de 2015 la OCDE formuló siete recomendaciones para mejorar las operaciones del sitio web del GACM (www.aeropuerto.gob.mx).

Esas recomendaciones, centradas en los temas de transparencia y acceso a la información, ya han sido tomadas en cuenta. Sin embargo, es necesario considerar otras medidas.

La primera recomendación fue incluir un botón de normatividad en la sección de *Documentos* del portal, para que los usuarios encuentren el marco regulatorio que se aplica al proceso de contratación, al GACM y a la transparencia. Esto ya se incorporó (Gráfica 5.2).

Gráfica 5.2. **Contenido del sitio web respecto de la normatividad**

Fuente: www.aeropuerto.gob.mx/gacm/index.php (consultado el 1 de agosto de 2015).

La segunda recomendación, ya incorporada también, fue incluir en la sección de *Las Contrataciones Más Importantes* una breve descripción de cada encabezado.

Gráfica 5.3. **Contenido del sitio web: sección de las contrataciones más importantes**

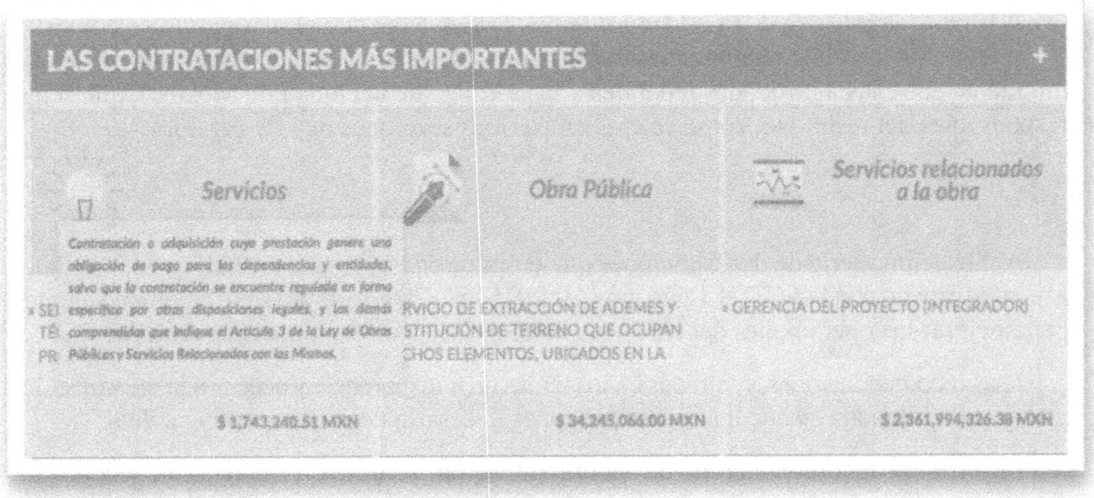

Fuente: www.aeropuerto.gob.mx/gacm/index.php (consultado el 1 de agosto de 2015).

La tercera recomendación fue tener acceso directo a los informes de los testigos sociales, en vez de tener que consultar la página web de *CompraNet* para revisar los detalles de cada proceso de contratación. Esta recomendación también ya se puso en práctica (Gráfica 5.4).

Gráfica 5.4. **Contenido del sitio web: sección sobre procedimientos de contratación (vigentes, en seguimiento y concluidos)**

Fuente: www.aeropuerto.gob.mx/gacm/index.php (consultado el 1 de agosto de 2015).

La cuarta recomendación fue incluir a los órganos que supervisan los recursos del GACM en la sección de *Transparencia*, y enlazar sus íconos con los sitios web oficiales de los mismos. Esto ya se aprecia en la Gráfica 5.5.

Gráfica 5.5. **Contenido del sitio web: sección de transparencia**

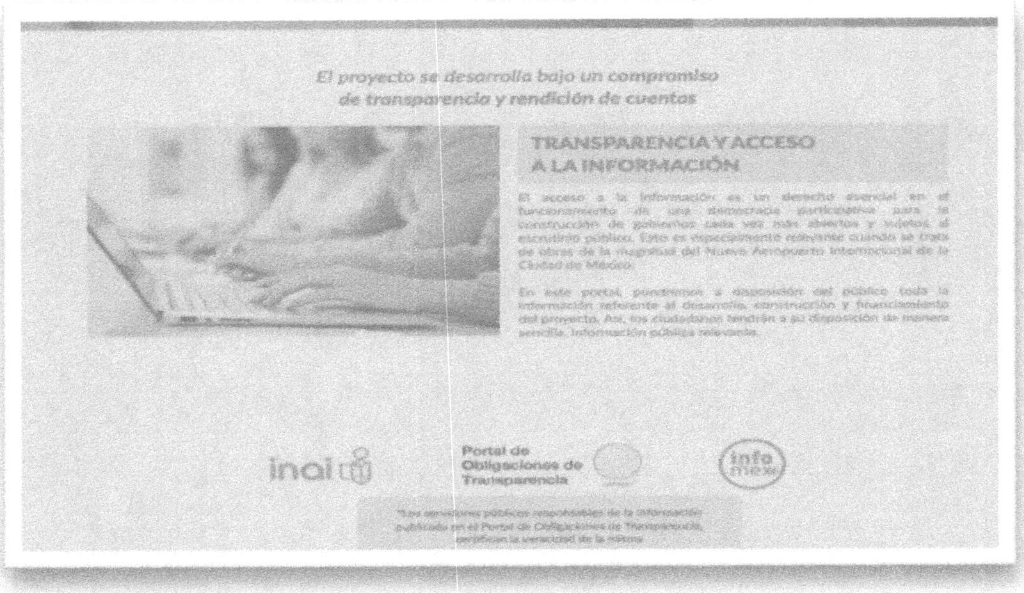

Fuente: www.aeropuerto.gob.mx/gacm/index.php (consultado el 1 de agosto de 2015).

Posteriormente, la OCDE recomendó que en la sección *Sitios de Interés*, se incluyera una etiqueta de transparencia con una lista de las instituciones responsables y sus descripciones. Esto ya se hizo (Gráfica 5.6).

Gráfica 5.6. **Contenido del sitio web: etiqueta de transparencia en la sección Sitios de Interés**

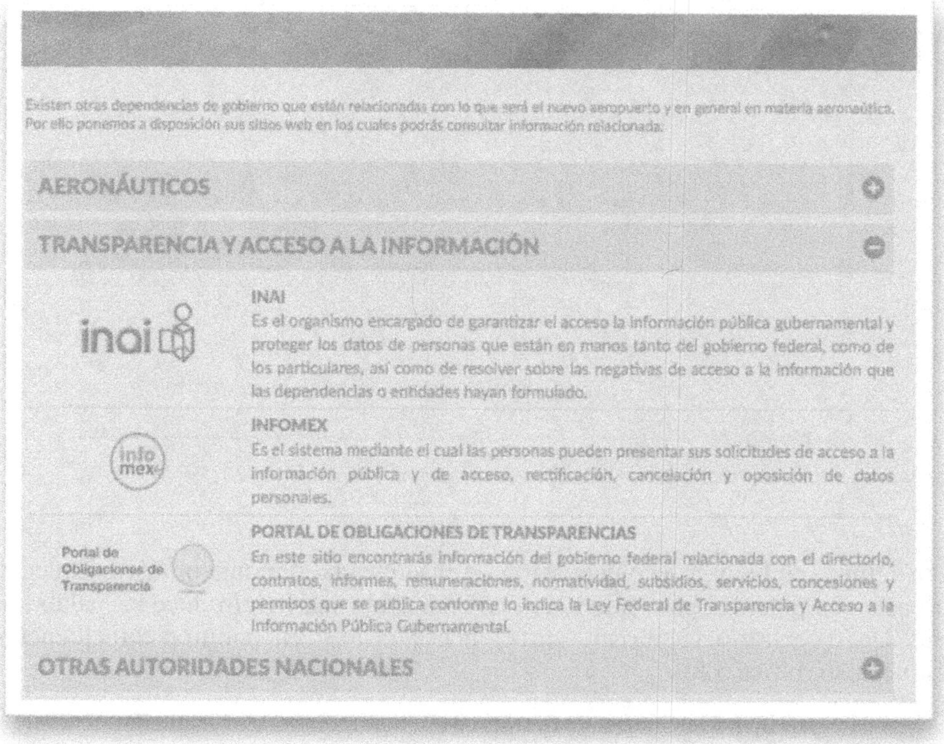

Fuente: www.aeropuerto.gob.mx/gacm/index.php (consultado el 1 de agosto de 2015).

Además, se recomendó que en la sección *Mapa del Sitio* se incluya una pregunta guía: ¿Qué estás buscando? Las respuestas pueden obtenerse en dos áreas previamente establecidas: *Conoce el proyecto* (NAICM) y *Conoce al responsable del proyecto* (GACM). La recomendación ya se incorporó (Gráfica 5.7).

Gráfica 5.7. **Contenido del sitio web: sección Mapa del Sitio**

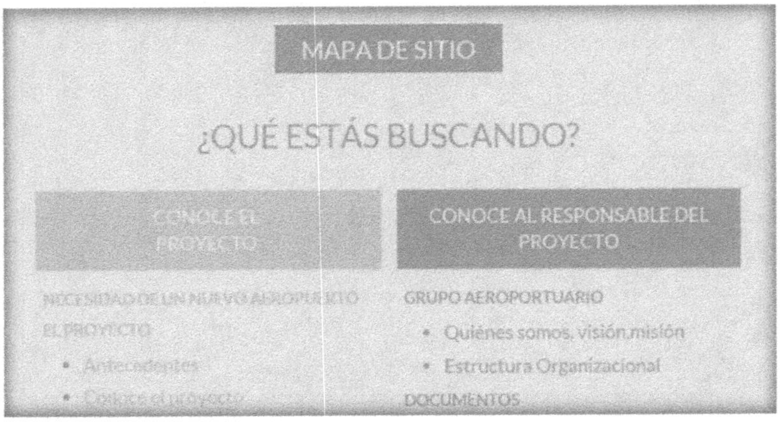

Fuente: www.aeropuerto.gob.mx/gacm/index.php (consultado el 1 de agosto de 2015).

Por último, se hizo la recomendación de insertar una herramienta de búsqueda. Esto se ha puesto en práctica, pero solo funciona bien si el usuario introduce las palabras clave exactas. De lo contrario, el sitio muestra el mensaje "no se encontraron coincidencias para la búsqueda" (Gráfica 5.8).

Gráfica 5.8. **Contenido del sitio web: herramienta de búsqueda**

Fuente: www.aeropuerto.gob.mx/gacm/index.php (consultado el 1 de agosto de 2015).

El portal no proporciona una forma directa de contacto. A noviembre de 2015, no incluía dirección de correo electrónico, número de teléfono o enlace a Twitter, Facebook o cualquier otra red social.

Percepciones de las principales partes interesadas

Para esta sección, la OCDE realizó entrevistas con las principales partes interesadas del sector privado, organizaciones no gubernamentales (ONG) y funcionarios de los gobiernos federal y locales. Asimismo, llevó a cabo un análisis exhaustivo de los medios de comunicación. Con el fin de contribuir a mejorar la estrategia de comunicación, a continuación se presentan opiniones que abiertamente reflejan lo dicho en esas entrevistas, así como las expresiones y el contenido, positivos y negativos, de la cobertura mediática.

Sector privado

La respuesta del sector privado al proyecto del NAICM ha sido positiva en su mayor parte, tanto en lo referente a las oportunidades de negocio como a la competitividad a largo plazo para México. Por ejemplo, el representante de una constructora importante afirmó que el país tiene la experiencia y la capacidad para construir de manera exitosa un proyecto de esta magnitud, y que también se beneficiará de la tecnología y las experiencias internacionales.

La Cámara Mexicana de la Industria de la Construcción (CMIC) manifestó que sus empresas afiliadas tienen la disposición y las capacidades para "enfrentar los retos que implica un proyecto de esta magnitud".

Por su parte, el presidente de la Asociación de Transporte Aéreo Internacional (IATA) dijo que el nuevo aeropuerto le permitiría a México convertirse en el principal *hub* entre Asia y América Latina. La IATA es optimista sobre el anuncio del nuevo aeropuerto y ha expresado su disposición para brindar asesoría en la planeación del NAICM.

En declaraciones públicas, el presidente del Consejo Mundial de Viajes y Turismo (WTTC, por sus siglas en inglés) expresó que la construcción del nuevo aeropuerto es una "maravillosa inversión" que le permitirá a México mejorar su posición mundial en infraestructura turística, y a la vez generar beneficios económicos. El director del Consejo Internacional de Aeropuertos (ACI, por sus siglas en inglés) también reconoció que el NAICM mejoraría la capacidad de tránsito de la región para los pasajeros.

Una preocupación importante mencionada en las entrevistas con representantes del sector privado fue el riesgo de que los funcionarios públicos podrían no garantizar la equidad en los procesos de licitación y contractuales.

Asociación Sindical de Pilotos Aviadores de México

Al mes de agosto de 2015, el gobierno no había invitado formalmente a la Asociación Sindical de Pilotos Aviadores (ASPA) a unirse al diálogo. Sin embargo, ASPA espera que sus aportaciones se tomen en cuenta conforme avance el proyecto. Los directivos de ASPA tienen una opinión muy positiva acerca del proyecto del NAICM, ya que el aeropuerto actual ha alcanzado sus límites de operación. Creen que incrementar las capacidades de transporte de 34 a 50 y después a 120 millones de personas por año impulsará la economía, y generará ingresos del turismo y de viajeros de negocios. ASPA y el Colegio de Pilotos (otra asociación de pilotos) pueden dar opiniones técnicas para mejorar la eficiencia del nuevo aeropuerto, y ambos grupos están dispuestos a compartir sus conocimientos.

Los directivos de ASPA consideran al NAICM una "prioridad nacional" y un "proyecto de Estado", lo cual significa que su importancia trasciende cualquier administración gubernamental. Según la cúpula de ASPA, en la actualidad solo 0.5% de la población mexicana tiene acceso al transporte aéreo, debido a sus costos relativamente más altos en comparación con el transporte en autobús y automóvil. El NAICM ampliará la oferta, y eso hará que los precios sean más asequibles. ASPA considera que el proyecto del NAICM se beneficiará de un diálogo abierto entre el gobierno y las partes interesadas.

Gobierno de la Ciudad de México

Funcionarios del Gobierno de la Ciudad de México entrevistados para este informe afirmaron que es evidente la necesidad de un nuevo aeropuerto internacional. Apoyan abiertamente el proyecto, ya que reconocen sus beneficios para la ciudad y la nación en su conjunto.

El gobierno de la ciudad tiene, entre otras, dos principales preocupaciones: cómo afectará el NAICM la movilidad urbana y qué sucederá con los terrenos donde opera el aeropuerto actual. Respecto de las repercusiones del NAICM sobre la movilidad urbana, las autoridades de la ciudad creen que todavía hay un largo camino por recorrer en cuanto a la comunicación y el diálogo con el gobierno federal para implementar un plan compartido de movilidad. Según las autoridades de la ciudad, la movilidad deberá ser tan prioritaria como la construcción del mismo aeropuerto.

Como ya se mencionó, la segunda preocupación es cómo se utilizarán los terrenos del aeropuerto que pronto se desocuparán. Se trata de una oportunidad excepcional, ya que ese bien situado terreno equivale a cerca de 1% de la superficie total de la ciudad. Esta zona, del doble de tamaño del Parque Central de Nueva York, podría convertirse en un polo de desarrollo de vivienda, centros educativos, actividad económica, espacios públicos y recuperación ambiental de la ciudad. El gobierno local sostiene que, una vez que el antiguo aeropuerto se cierre, esos terrenos ya no estarán bajo jurisdicción federal. Por consiguiente, ha abierto la consulta y el debate públicos para resolver en forma colectiva los usos futuros de esa área. La Secretaría de Comunicaciones y Transportes afirma que, en todo caso, la zona del antiguo aeropuerto no estará disponible para su uso sino hasta el año 2023, lo que implica que cualquier discusión al respecto es prematura. Es necesario continuar el diálogo político para evitar que esos temas se conviertan en controversias políticas y legales.

Organizaciones no gubernamentales y grupos de expertos

Las ONG y los grupos de expertos son algunos de los actores que más escepticismo han expresado sobre la estrategia de comunicación del gobierno. De acuerdo con la mayoría de los dirigentes de ONG entrevistados para este informe, el complejo contexto político que rodea al proyecto ha estimulado esas dudas.

Algunas de las principales críticas a la estrategia de comunicación y vinculación son las siguientes:

- Se percibe que el gobierno no es proactivo en sus labores de comunicación y vinculación. Algunos dirigentes de ONG reconocen que han establecido buenos canales de comunicación con altos funcionarios del GACM, pero perciben que eso más bien se debe a buena voluntad y no a una política bien definida.
- Las ONG creen que abrir el acceso a estudios y documentos públicos sería la manera correcta de hacer que este proyecto sea más abierto y transparente. En su opinión, la información pública sobre la construcción del Nuevo Aeropuerto Internacional es insuficiente para un proyecto de esta importancia.
- Son escasos los detalles sobre cómo el gobierno adjudicó el diseño y la construcción de la terminal principal y otros contratos importantes.
- En este contexto de desconfianza, los dirigentes de ONG opinan que el gobierno deberá esforzarse para lograr que el proceso de contratación sea muy competitivo y transparente. Sin embargo, afirman que muchos contratos adjudicados por invitación directa y sus detalles no se han hecho públicos, en ocasiones, por motivos relacionados con la seguridad nacional.

- Nótese que en agosto de 2015, el Instituto Nacional de Transparencia, Acceso a la Información y Protección de Datos (INAI) ordenó al GACM divulgar los estudios preliminares, los planes ejecutivos y los contratos que se habían clasificado por seguridad nacional. El INAI también redujo el periodo de clasificación de los planes genéricos de la construcción, de 12 a 3 años. La información sobre las instalaciones militares futuras del nuevo aeropuerto seguirá siendo de carácter clasificado.[3]
- Algunos dirigentes de ONG están confundidos, en cuanto a por qué el gobierno decidió crear al GACM como una empresa pública autónoma, únicamente para subordinarla a la SCT como si fuera solo otra división de esta dependencia. Se percibe que esta no es una buena práctica de gestión.
- Además de las adquisiciones y los contratos, los dirigentes de ONG creen que no se han evaluado correctamente otros temas, como la ingeniería del terreno, la gestión del agua y el manejo de desechos, el impacto ambiental, la seguridad aérea, la gestión energética, la movilidad urbana y los posibles conflictos sociales (véase el Recuadro 5.3).

Recuadro 5.3. **Principales preocupaciones expresadas por ONG**

1. **Transparencia y confianza.** Las labores de comunicación y vinculación deben ser más sistemáticas y proactivas para crear confianza y consolidarla.
2. **Mecanismos de acceso a registros públicos.** Deben estar disponibles más estudios técnicos y proyecciones financieras para escrutinio público.
3. **Viabilidad financiera.** La caída de los precios del petróleo causará inevitablemente recortes en los presupuestos públicos. Hay preocupación sobre la disponibilidad de recursos públicos para pagar el proyecto, en vista de las medidas de austeridad del gobierno.
4. **Calendario y capacidad de ejecución.** Se considera que el gobierno es optimista al afirmar que el aeropuerto estará listo en 2020.
5. **Planes de movilidad urbana.** Los dirigentes de ONG creen que no se han instituido planes de movilidad urbana, y deberían haber estado listos antes de empezar la construcción.
6. **Comunidades circundantes.** Las negociaciones con los dirigentes sociales locales podrían fomentar la desconfianza. Sería más útil para la iniciativa gubernamental de prevenir conflictos mostrar apertura y recurrir a la consulta y el diálogo con las comunidades locales.
7. **Conflicto político.** Por la cercanía de las elecciones de 2018, resulta evidente que los cambios en el panorama político podrían poner más presión sobre el proyecto. El uso futuro del aeropuerto actual también se perfila como un desacuerdo potencial entre las autoridades de la ciudad y las federales.
8. **Seguridad pública.** Las autoridades parecen haber pasado por alto que el NAICM se ubicará en una zona con altas tasas de delincuencia. Se necesitan planes para mejorar la seguridad regional.
9. **Seguridad aérea.** Algunos especialistas consideran que la zona plantea dificultades que deben solucionarse por completo para garantizar la seguridad aérea. Las aves son la principal preocupación, y será necesario tomar medidas especiales al respecto.
10. **Coordinación interinstitucional.** Los dirigentes de ONG perciben que entidades como la CONAGUA, SEDATU y SEMARNAT no precisamente concuerdan con la postura de la SCT y el GACM.

Fuente: Entrevistas realizadas por el Secretariado de la OCDE con las partes interesadas del NAICM.

Partidos políticos

- *Partido Revolucionario Institucional (PRI)*. El PRI no ha apoyado públicamente al NAICM. Los legisladores de este partido lo han llamado un proyecto federal, pero no tienen una posición definida al respecto. Por consiguiente, es incierto evaluar si pudiera tratarse de una forma de apoyo político tácito.
- *Movimiento de Regeneración Nacional, conocido comúnmente como Morena*. Morena se opone a la construcción del nuevo aeropuerto, así como a muchas otras iniciativas procedentes de la actual administración. Ha señalado que las cuantiosas inversiones en el actual aeropuerto se desperdiciarán (por ejemplo, la Terminal 2, construida hace apenas seis años).
- *Partido Acción Nacional (PAN)*. El PAN exigió que se formara una comisión especial para supervisar el NAICM. Los senadores de este partido, así como los del Partido de la Revolución Democrática (PRD), solicitaron que la Secretaría de Comunicaciones y Transportes presente un informe sobre las proyecciones financieras, los procesos de licitación y el impacto ambiental de la construcción del NAICM. El coordinador del PAN en la Cámara de Diputados aclaró que su partido no está en contra del proyecto, pero que sí querían garantías de transparencia, apoyo técnico y paz con los residentes de la zona. La comisión legislativa que el PAN propuso supervisaría los procesos de contratación, el cuidado del medio ambiente y la sustentabilidad.

Frente de Pueblos en Defensa de la Tierra (FPDT)

El FPDT es una organización campesina con sede en el municipio de Atenco, cuya presión detuvo la construcción del entonces nuevo aeropuerto de la Ciudad de México en 2001. Advierten que el proyecto saqueará la tierra, el agua y los recursos naturales que sustentan a sus comunidades.

La organización se opone a la urbanización que originará el proyecto del nuevo aeropuerto. El 15 de abril de 2015, el FPDT protestó contra el NAICM en un foro organizado por el Senado.

El 22 de junio de 2015, los medios informaron que 78 personas afiliadas al FPDT que viven en las zonas circundantes al NAICM demandaron al gobierno ante la Suprema Corte para obtener un amparo con miras a suspender el proyecto. A la fecha, no se ha emitido orden judicial alguna, lo que ha permitido el avance del proyecto NAICM.

Periodistas

Los periodistas y columnistas coinciden en que el NAICM es un proyecto muy ambicioso que debería haberse emprendido hace mucho tiempo. Han destacado varios esfuerzos positivos de comunicación y consideran que la información sobre la ubicación del nuevo aeropuerto es adecuada.

El anuncio inicial del proyecto hecho por el Presidente también fue acogido en forma positiva, aunque los periodistas sí expresaron preocupación por el calendario propuesto. En su opinión, el gobierno perdió impulso tras el arranque oficial. “Después de la ceremonia del anuncio, hubo más preguntas que respuestas”, comentó uno de los entrevistados. Algunos periodistas creen que eso se debe a la falta de una estrategia más proactiva para mantener actualizado el material noticioso del NAICM.

Profesionales de los medios creen que el GACM necesita un equipo y una estrategia de comunicación. Algunas veces se considera que la SCT es una entidad que se mantiene ocupada manejando un programa de proyectos muy amplio, aunque el NAICM merecería su propio reflector.

La credibilidad y la confianza también plantean retos. Los periodistas entrevistados consideran que, dada la magnitud del proyecto en términos financieros, se requieren iniciativas más proactivas del gobierno. Algunos piensan que la falta de conferencias de prensa y de canales oficiales de comunicación es una posible señal de opacidad. Otros opinan que la falta de una comunicación proactiva ha impedido aprovechar oportunidades importantes para involucrar a la sociedad en el proyecto. El editor de un periódico importante dijo que "el NAICM podría generar una historia interesante y positiva casi todos los días, pero eso no está sucediendo."

La mayoría de los periodistas piensan que es momento de analizar si la SCT es el portavoz ideal para el proyecto del NAICM. Algunos creen que el titular del GACM podría ser un portavoz digno de confianza, pero saben que esa decisión podría provocar debates políticos. Por consiguiente, algunos sugieren que sería conveniente contar con un tercero con conocimientos y credibilidad en los círculos mediáticos para actuar como portavoz, siempre y cuando tuviera autonomía, personal y un presupuesto de trabajo adecuado.

Encuestas

Según una encuesta publicada en el periódico *El Universal* (septiembre de 2014), 88% de los habitantes de la Ciudad de México ha oído hablar del proyecto del NAICM. Entre estos, 64% lo aprueban y el 19% están en contra. Los primeros lo aprueban porque el aeropuerto actual ha sobrepasado su capacidad (33%) o por la creación de empleos (21%), mejor infraestructura vial (11%), mejores servicios públicos (10%) o los efectos positivos del NAICM sobre la imagen de la ciudad (6%).

Los segundos lo rechazan por la falta de transparencia en el uso de los recursos (29%) o por otras prioridades en el país (13%), el efecto sobre los agricultores de la zona (12%), la creencia de que es un gasto innecesario (10%) o porque el sitio no es un buen lugar para su construcción (10%). Un total de 76% de los entrevistados cree que el NAICM generará crecimiento económico, mientras que 18% está convencido de que no tendrá impacto alguno.

Muchos entrevistados creen que la construcción del nuevo aeropuerto tendrá un efecto negativo sobre la recarga de los acuíferos de la ciudad (46%) y que aumentará la probabilidad de inundaciones (47%).

Al preguntarles qué debe hacerse con el sitio del aeropuerto actual, 17% piensan que debería crearse una reserva o zona ecológica, mientras que 16% favorecen un parque y 15% prefieren una zona residencial. Por último, 88% dijeron que apoyarían al gobierno si este decidiera transformar toda el área en una zona ecológica.

Retos futuros

El NAICM es visto con escepticismo por actores específicos. Esto podría tener que ver con que el gobierno ha limitado su estrategia de comunicación a informar al público sobre sus actividades, con diversos grados de detalle. Sin embargo, un proyecto de esta importancia no debe dar por sentado el consentimiento de sus públicos; por consiguiente, es de suma importancia que la persuasión ocupe un lugar fundamental en sus labores de comunicación.

Para entender mejor el significado de persuasión, puede utilizarse como guía la "Jerarquía de comunicación".

Una estrategia de comunicación básica que conteste las preguntas "quién, qué, cuándo, dónde y cómo" informa a sus públicos sobre el propósito general y la dirección de las acciones de la institución. Sin embargo, eso no significa que el público de hecho crea o apoye lo que se esté haciendo. Lo que significa es que se ha presentado una explicación o un recuento y se espera que se haya recibido. En la actualidad la comunicación del NAICM se encuentra en este nivel básico.

El siguiente paso en la jerarquía es crear entendimiento. Eso exige que la estrategia de comunicación conteste otra pregunta fundamental: "¿Por qué?" En el caso del NAICM, eso quiere decir que los portavoces no pueden limitarse a presuponer que cada público entiende por qué es necesario o urgente construir un nuevo aeropuerto, por qué se construirá en un determinado lugar, o por qué el proyecto es positivo para México y sus ciudadanos en el largo plazo. Los beneficios del NAICM tienen que explicarse constantemente de una manera que permita a la gente compartir un significado común sobre el proyecto, en la creencia de que traerá muchos beneficios para el país.

El siguiente paso en la jerarquía es reforzar los valores, o comunicarse apelando a los que ya ven el proyecto en forma positiva. En este caso, la estrategia de comunicación necesita crear mensajes para todos los actores que están a favor del NAICM (aparte del gobierno), para que ellos puedan difundir esos mensajes entre el público en general, actuando como portavoces externos de buena fe.

El siguiente paso de una estrategia de comunicación eficaz sería cambiar actitudes. Eso requiere transmitir mensajes de manera que de hecho puedan cambiar la percepción de la gente. En este caso, la persuasión argumentaría en favor del NAICM y de la capacidad del gobierno para llevar a cabo el proyecto en forma eficiente y transparente. Hasta los públicos más escépticos pueden reaccionar de manera diferente si perciben que el gobierno se compromete a hacer las cosas bien.

Por último, la meta de una estrategia de comunicación exitosa es provocar la acción. Eso sucede cuando realmente se convence a los públicos y estos responden haciendo algo que se les ha pedido. Para lograrlo, es necesario tejer la comunicación en torno a los intereses y preocupaciones del público, más que a los objetivos del portavoz.

Para lograr estos pasos, se requiere que una estrategia de comunicación persuasiva:

- No se limite a transmitir los hechos y ayude a la gente a entender su papel en el proyecto
- Apele de manera positiva a las emociones de los públicos
- Tenga como elementos fundamentales la credibilidad y la confianza
- Se exprese en un lenguaje claro y comprensible
- Aporte explicaciones claras respaldadas con evidencias
- Haga una narración que enmarque el proyecto, de manera que la gente entienda por qué es necesario el nuevo aeropuerto

Con estos elementos en mente, se analizaron los discursos de la SCT, la dependencia líder del proyecto, obteniéndose los siguientes resultados:

- Se utiliza con frecuencia un lenguaje mayormente abstracto y técnico con términos como "conectividad", "competitividad", "*hub*", "sustentabilidad arquitectónica" y otros términos desconocidos para el público en general.
- Las explicaciones lógicas son el principal contenido de los mensajes. Sin embargo, el gobierno utiliza demasiados datos cuantitativos. No se utilizan cifras para reforzar el mensaje: son el mensaje.
- No se apela a las emociones del público. Es necesario utilizar de manera repetida conceptos que puedan despertar sentimientos positivos hacia el NAICM, como "orgullo", "moderno", "hermoso", "limpio" y "amigable".
- No hay un esfuerzo narrativo convincente para crear el sentido de urgencia y apoyo para el NAICM. Se supone que todos comparten lo que dice el gobierno: que es muy necesario un nuevo aeropuerto, que la administración de 2000-2006 fracasó en su intento de construirlo y que el gobierno actual lo hará bien, en un tiempo récord y con muchos beneficios.
- El mensaje no ha llegado a las comunidades cercanas al sitio del NAICM. Se menciona que se crearán "160 000 empleos" y que se construirán "parques públicos e instalaciones de salud y educativas". Estas afirmaciones vagas no crean un "significado común" del NAICM como proyecto y tampoco logran destacar que las condiciones de vida de los municipios circundantes cambiarán para mejorar.
- El discurso del gobierno utiliza un enfoque de "goteo": el gobierno presupone que si se construyen tiendas y edificios de oficinas, los empleos para los locales se darán en forma natural, pero las comunidades locales no comparten esa visión. Es importante crear una visión común del futuro.

Evaluación del portal en Internet

En general, el sitio web del NAICM (www.aeropuerto.gob.mx) está estructurado con claridad y cuenta con un diseño atractivo. Sin embargo, es posible mejorarlo en cuanto a contenido. Este canal de comunicación podría ser más proactivo y ambicioso, considerando la magnitud del proyecto. Un área que claramente requiere mejorarse es su actualización sistemática: no se han cargado al portal los videos de las conferencias de prensa o entrevistas más recientes a directivos de la SCT y el GACM.

También sería beneficioso incluir en el sitio elementos interactivos, como el correo electrónico y datos de contacto para ayudar a los interesados a encontrar más información, o profundizar el conocimiento público del proyecto. Algunos periódicos han utilizado formas más atractivas de ofrecer información sobre el NAICM (videos, infografías, etcétera), que podrían servir de modelos para el portal.

El portal exclusivo para el aeropuerto es estático y se requiere que aporte actualizaciones frecuentes en tiempo real sobre el estado del proyecto. Podría sacarle partido a los elementos interactivos y adaptar la información para atraer a públicos más jóvenes. Es muy positivo que se haya creado una versión en inglés, con información para el público extranjero.

Responsabilidades y capacidades de comunicación

A diferencia de la mayoría de las dependencias gubernamentales, la estructura orgánica del GACM todavía no incluye una oficina de comunicación. Su organigrama consta de un consejo de administración, una dirección general y cuatro direcciones corporativas, pero en la actualidad ninguna de estas cuatro se encarga oficialmente de la comunicación social.

La SCT tiene facultades para ejercer control político sobre el GACM y de hecho ha asumido el control de las labores de comunicación y vinculación del proyecto. No existe una estrategia de comunicación específica, independiente y oficial para el NAICM. Según fuentes de la SCT, esto es porque el GACM aún carece de los recursos humanos y financieros para tener su propia oficina de comunicación. Por consiguiente, las actividades de comunicación forman parte de la política de comunicación de la SCT.

Según lo recogido en entrevistas con funcionarios del sector, se ha formado un grupo *ad hoc* entre el GACM, la SCT, la empresa gestora del proyecto y su agencia externa de comunicación y relaciones públicas. Este grupo se reúne dos veces al mes para revisar la cobertura positiva y negativa del NAICM y recomienda medidas futuras, sobre todo a la SCT y al GACM. Se dice que la empresa gestora del proyecto tiene una fuerte preferencia por comunicar los detalles técnicos, mientras que a la SCT y al GACM les preocupan más los aspectos políticos y de política pública de las acciones de comunicación. Un observador describió al grupo como "una buena orquesta con músicos competentes, pero sin director".

Este grupo ha creado un buen mecanismo para darle seguimiento a la cobertura mediática del NAICM, y la agencia de relaciones públicas ha ayudado al gerente del proyecto a mejorar su comunicación. Ha habido un enfoque proactivo para brindar información a los periodistas de negocios en forma periódica, para que puedan escribir artículos sobre el NAICM. Sin embargo, estas medidas no forman parte de una estrategia de comunicación más amplia, lo que limita su alcance e impacto. El GACM necesita más recursos y más autonomía respecto de la SCT para poner en marcha una buena estrategia.

Comunicación interna

Un aspecto que se mencionó constantemente durante las entrevistas con funcionarios públicos fue que las distintas instituciones involucradas tienen diferentes opiniones acerca del proyecto. Por tanto, su comunicación hace hincapié en distintos mensajes. Esto es común en proyectos grandes. La forma de abordar este problema es a través de una estrategia interna de comunicación.

En general, los tres obstáculos más importantes para la comunicación interna eficiente son los siguientes:

- *Tiempo*. Las personas que trabajan en un proyecto por lo general tienen su calendario lleno con tareas esenciales para la realización de este, y dedican menos tiempo a comunicar lo que hacen y por qué.
- *Jerarquía*. Los principales miembros de una institución suelen ser los más ocupados, y es difícil para ellos reunirse regularmente con todos los miembros del equipo para darles una idea clara de en qué punto está el proyecto en una determinada fecha. Asimismo, es posible que los empleados sientan que no están facultados para hablar con sus superiores si no tienen canales oficiales para hacerlo.
- *Agendas*. En proyectos complejos que implican comunicación entre instituciones, diferentes personas pueden tener una visión distinta del proyecto en función de sus propios intereses. Eso podría dificultar más la comunicación.

La dirección del equipo debe emprender una iniciativa bien pensada para superar esos obstáculos. Una buena estrategia de comunicación interna puede ayudar a ese fin. Los elementos mínimos que una estrategia de este tipo requiere son los siguientes:

- Un mensaje claro que llegue a todos los miembros, en todos los niveles y en todos los equipos participantes en este.
- Enunciados claros de la misión y la visión que recuerden a los miembros de la institución cuál es el propósito primordial del proyecto, y cómo se vislumbra el futuro una vez terminado este.
- Una política que asegure que la información fluya de manera eficiente entre todos los miembros de la institución y facilite que se atiendan las inquietudes o preocupaciones de cualquiera de ellos.

Además, una estrategia de comunicación interna puede usar las siguientes herramientas:

- *Reuniones periódicas:* es necesario que el equipo se reúna en forma periódica con el único fin de comprender dónde se encuentra exactamente el proyecto en un punto determinado y cuáles son los pasos a seguir. Es indispensable que durante esas reuniones, los líderes del proyecto alienten a los participantes a expresar sus preocupaciones y opiniones.
- *Mensajes de correo electrónico de actualización periódica:* es importante que todos los miembros de la institución reciban un breve boletín electrónico semanal o quincenal con las noticias más relevantes sobre el proyecto. Este boletín puede servir no solo para mantenerlos al tanto de los hechos y los adelantos recientes, sino también para transmitirles mensajes de la dirección del proyecto que motiven al equipo y reconozcan su trabajo y esfuerzo.
- *Un buzón virtual y real, o ambos:* los miembros del equipo del proyecto deberán poder plantear preguntas y recibir respuestas de sus directivos en forma constante. A veces la distancia o el tiempo no permiten que todos planteen sus inquietudes o preguntas, por lo que un buzón puede alentar a la gente a expresarse con franqueza.
- *Un catálogo de todos los documentos del proyecto disponibles para su consulta:* la Intranet del proyecto puede concentrar todos los documentos pertinentes que los miembros de la institución necesiten en algún momento. Eso permite que todos coincidan y tengan un lugar de referencia común.

Un elemento fundamental en la comunicación interna que toda institución necesita tomar en cuenta es que cada uno de sus miembros es un portavoz potencial. Cuando cada miembro de la institución conoce la misión y la visión, y tiene la información y los hechos necesarios a la mano, puede ser un portavoz eficiente en sus círculos social y profesional. Es por eso que la comunicación interna no solo deberá mantener informada a las personas, sino también motivadas y comprometidas. Por eso son esenciales los mensajes claros que ayudan a todos a entender en qué forma su trabajo contribuye al proyecto.

Comunicación interna en el GACM

Durante una ronda de entrevistas con personal del GACM, fue evidente que la toma de decisiones en áreas decisivas, así como la interacción cotidiana, puede beneficiarse muchísimo de una estrategia de comunicación interna bien planeada. Se identificaron cinco obstáculos principales en la comunicación interna:

1. *Limitantes de personal y de tiempo*. Casi todas las áreas coincidieron en que el GACM no tiene suficiente personal, considerando la magnitud del proyecto del NAICM. Esto genera sobrecarga de trabajo, lo que deja poco tiempo para reuniones. Una de las áreas incluso lleva a cabo reuniones informativas internas los sábados.

2. *Ubicación de la oficina*. El GACM tiene su sede en la mitad de un piso de un edificio corporativo. Sin embargo, no hay suficiente espacio para albergar a todo el personal. Por consiguiente, las oficinas de Administración e Infraestructura están ubicadas en distintos edificios: las oficinas de Infraestructura están cerca del sitio de construcción del aeropuerto, en tanto que Administración se encuentra a una hora y media de este. Eso reduce las oportunidades de comunicarse en forma personal. La distancia y el tráfico desalientan a los empleados para reunirse con más frecuencia.

3. *Acceso desigual a la tecnología*. Solo 11 empleados del GACM tienen puestos permanentes como funcionarios públicos. El resto fue contratado con contratos temporales, lo que explica las dudas sobre la capacidad del GACM comentadas en otros capítulos. Eso significa, por ejemplo, que son muy pocas las personas que tienen acceso a la cuenta oficial de correo "@gacm.mx", que cumple con los requisitos de transparencia y seguridad del gobierno federal. El resto del personal utiliza sus cuentas de correo electrónico personales. Esto afecta la comunicación interna, ya que no pueden ser incluidos en la misma Intranet. También es necesario aumentar el acceso a ACONEX, una plataforma electrónica para compartir documentos utilizada por algunos empleados. Respecto de esta plataforma, los entrevistados dijeron que, pese a su utilidad, no todas las áreas del GACM están dispuestas a emplearla, por "barreras generacionales" (a los altos funcionarios de mayor edad les resulta difícil) o por falta de capacitación adecuada debido a limitaciones de tiempo.

4. *Idioma*. La mayoría del personal de la empresa gestora del proyecto no habla español. Algunos empleados del GACM hablan inglés con soltura, pero otros no. Esto se mencionó como otro obstáculo importante en la comunicación.

5. *Diferencias en la cultura organizacional y los objetivos*. El GACM es una entidad recién creada, y su personal proviene de distintos orígenes en el gobierno, el sector privado e instituciones académicas. No es raro que tengan diferentes puntos de vista y estilos de gestión, lo que ha creado obstáculos en la comunicación. En palabras de un miembro de la dirigencia, "el GACM es una dependencia nueva, corporativa, pero en vista de nuestros diversos antecedentes ya tenemos los problemas de comunicación interna de una dependencia pública antigua".

Propuestas de acción

Comunicación externa

La propuesta principal es establecer una estrategia de comunicación formal del NAICM con objetivos, medios, acciones, presupuesto y actores responsables. Es imprescindible que la SCT, el GACM y el gerente del proyecto tengan responsabilidades de comunicación e información claramente divididas. Como parte de la estrategia de comunicación, es necesario tomar las siguientes medidas:

1. Facultar al GACM como la autoridad en las labores de comunicación cotidiana y vinculación, mientras que la SCT podría limitarse a intervenir cuando se cumplan metas parciales decisivas. Esto pondría la comunicación en manos de la dependencia

oficialmente responsable del proyecto y evitaría las áreas de responsabilidad poco definidas ("zonas grises").

2. Crear un comité oficial de comunicación y gestión de crisis para ser dirigido por el GACM, con personal de la SCT, la Oficina de la Presidencia y el gerente del proyecto. Deberán elaborarse programas y manuales de gestión de crisis.
3. Realizar talleres de gestión de crisis y cursos de capacitación en medios de comunicación.
4. Nombrar a un portavoz exclusivo para el proyecto. De ser posible, con conocimientos técnicos sólidos del proyecto, así como las habilidades interpersonales y de comunicación necesarias para establecer y mantener una relación muy positiva con todas las partes interesadas, tanto dentro como fuera del gobierno.
5. Cambiar el lenguaje técnico y racional por uno persuasivo y emocional. El NAICM tiene el potencial para convertirse en un símbolo de orgullo para México. Todos los participantes tendrán que transmitir ese orgullo.
6. Realizar sondeos de opinión y establecer grupos de enfoque para entender las aspiraciones y preocupaciones de los actores. Contar con estudios cuantitativos y cualitativos le permitiría al GACM entender qué áreas necesitan más labores de vinculación.
7. Crear mensajes a la medida para diferentes públicos según su naturaleza (ONG, líderes comunitarios, el sector empresarial, gobiernos locales) y actitud (los que apoyan al aeropuerto, los neutrales y los que están abiertamente en su contra). Del mismo modo, formular mensajes específicos para cada etapa del proyecto (véase el Recuadro 5.4). Utilizar diferentes canales para transmitir esos mensajes.
8. Reforzar las funciones de vinculación y enlace con la comunidad de la Dirección Corporativa de Planeación, Evaluación y Vinculación. Los dirigentes de ONG, que conforman un público especialmente importante que en forma constante demandan información y datos, expresaron su necesidad de tener un contacto oficial dentro del GACM.
9. Definir un programa de reuniones privadas con los principales interesados para mantenerlos al tanto de la evolución del proyecto. Una percepción recurrente entre ellos es que la comunicación es muy irregular, con grandes anuncios seguidos de semanas y meses de "silencio".
10. Evitar los vacíos de información. Definir un programa para conferencias de prensa. Utilizar videos y las redes sociales para proporcionar actualizaciones semanales del proyecto. Por ejemplo, el portavoz puede tener una cuenta en Periscope para mostrar al público que el trabajo se realiza conforme al plan. Los videos en tiempo transcurrido en You Tube son otra excelente herramienta para mostrar los avances. La cuenta de Facebook puede utilizarse para contar historias positivas sobre la gente que trabaja en el proyecto, así como sobre las personas que viven en las comunidades aledañas.
11. No subestimar el riesgo que pueden representar los grupos radicales para el proyecto. Conforme se aproximen las elecciones locales y federales de 2018, esos grupos tendrán incentivos para buscar apoyo de los partidos políticos.

12. Reforzar las iniciativas para llegar a las comunidades locales cercanas al NAICM. Los habitantes de las inmediaciones serán portavoces eficaces a favor o en contra del proyecto y, por tanto, necesitan todo el apoyo del GACM y una comunicación adecuada con este.

Recuadro 5.4. **Mensajes clave de la estrategia de comunicación para cada etapa**

Etapa 1: Trabajos preliminares

Objetivo: crear un sentido de visión y orgullo por el nuevo aeropuerto internacional.

Principal mensaje sugerido:

- "México está construyendo su nueva puerta al mundo."

Narrativa:

- El aeropuerto actual ya no es funcional o cómodo o conveniente.
- El aeropuerto actual no es motivo de orgullo o una buena imagen de México.
- Podemos hacerlo mejor.
- Estamos trabajando para hacer algo mejor que esto.
- Estamos construyendo la nueva puerta de la nación al mundo.

Etapa 2: Construcción

Principal mensaje sugerido:

- "México está construyendo uno de los mejores aeropuertos del mundo."

Narrativa:

- Estamos cambiando el rostro de la Ciudad de México para recibir a visitantes de todo México y del mundo.
- Cuando la gente llegue y vea el nuevo aeropuerto verán y sentirán el nuevo rostro de México.
- Los mexicanos podemos hacer grandes cosas cuando trabajamos juntos.
- Este aeropuerto será motivo de orgullo y fuente de bienestar para la Ciudad de México y la nación.

Etapa 3: Operación

Principal mensaje sugerido:

- "México tiene un nuevo símbolo de progreso: el NAICM."

Narrativa:

- México ha cambiado mucho en los últimos ocho años.
- El nuevo aeropuerto es el símbolo del nuevo México.
- El nuevo aeropuerto es el rostro de una nación renovada.
- Queremos que vengan, vean, sientan y disfruten la nueva puerta de México al mundo.

Comunicación interna

1. Designar a una persona responsable de la comunicación interna. Puede formar parte de las funciones de la oficina de comunicación externa, pero no podrá ponerse a cargo de ambas a la misma persona. La comunicación interna requiere su propia estrategia y ejecución.

2. Definir las herramientas y canales de comunicación. Pese a su tamaño relativamente menor, el personal del GACM afronta el reto de hablar un lenguaje común. Puede designarse un grupo de dirección para asegurar que fluya la información entre las áreas que han expresado preocupación por los cuellos de botella de la organización. Este grupo podrá definir mejores prácticas para garantizar que se tomen en cuenta todas las preocupaciones y opiniones al seleccionar las herramientas y canales de comunicación.

3. Invertir en la creación de una plataforma para compartir documentos para todo el personal. ACONEX es una plataforma traída por la empresa gestora del proyecto, pero las opiniones sobre su utilidad y facilidad de uso están divididas. Probablemente sería necesario pensar en una alternativa que se adapte a las necesidades de todas las áreas internas del GACM. Debe solucionarse el tema de las credenciales para tener acceso a la plataforma, de manera que todo el personal pueda consultarla según sus necesidades y jerarquía.

4. Definir un programa y el formato para las reuniones de comunicación interna. Las reuniones han demostrado ser exitosas como la herramienta de comunicación preferida en algunas áreas, pero en lo referente a la interacción entre distintas áreas, no es todo lo eficaz que se desea. Es necesario crear criterios (formatos y normas) para las reuniones entre los distintos equipos, de manera que no requieran mucho tiempo y no resulten ineficaces para los funcionarios.

Notas

1. El Bordo Poniente es un vertedero de 500 hectáreas situado en la zona del antiguo Lago de Texcoco, que recibió escombros de los miles de edificios destruidos por el terremoto ocurrido en la Ciudad de México en 1985. Pronto se convirtió en el principal vertedero de desechos sólidos de la ciudad y recibió más de 12 000 toneladas de basura por día hasta que llegó a su máxima capacidad. Se cerró oficialmente en 2012. Sin embargo, no hay planes reales para el ordenamiento correcto de los 70 millones de toneladas de desechos acumulados. El Bordo se considera un riesgo ambiental grave, ya que el viento lleva partículas de basura a zonas pobladas. Algunas de esas partículas miden menos de 2.5 micrones y pueden adherirse a los pulmones.

2. El EVP es la cantidad en dólares que costaría una historia si apareciera como publicidad pagada. El EVP se determina al multiplicar el largo de la historia por la respectiva tarifa de publicidad o de la estación, con base en la guía de los medios publicitarios de Publicidad en los Medios de México (PMM).

3. Para mayor información, consulte http://inicio.inai.org.mx/Comunicados/Nota%20INAI-071-15.pdf

Bibliografía

Dean, F. (2011), *Ten Steps to Writing A Vital Speech: The Definitive Guide to Professional Speechwriting,* Create Space Independent Publishing Platform.

Hass, L., L. Mazzei y D. O'Leary (2007), "Setting standards for communication and governance: The example of infrastructure projects", World Bank Working Paper núm. 121, Washington, DC, http://elibrary.worldbank.org/doi/pdf/10.1596/ 978-0-8213-7169-5.

Capítulo 6

Plan de acción para implementar las recomendaciones de la OCDE sobre el proyecto del NAICM

La consecución efectiva de las grandes infraestructuras es uno de los logros más exigentes en la implementación de un proyecto a nivel global, debido a las labores requeridas en las áreas de gobernanza, coordinación multinivel, planeación, financiamiento y construcción conforme a tiempos y presupuestos específicos.

En este capítulo se presenta un plan de acción para poner en marcha de manera adecuada el proyecto NAICM en las áreas cubiertas por este informe, es decir, gobernanza, contratación pública, integridad y comunicación. Considerando las prioridades establecidas para cada propuesta, también se sugiere qué actores dentro y fuera del GACM serán esenciales para su adecuada implementación.

Gobernanza

Propuesta de acción: es necesario reforzar el modelo de gobernanza del proyecto para permitir la toma oportuna de decisiones, la rendición de cuentas y la inclusión, así como la asignación eficaz de riesgos.

Acciones	Unidad responsable
Delimitar con claridad las responsabilidades entre las direcciones corporativas	DCA
Mapear los servicios subcontratados y las consultorías, con medidas para la rendición de cuentas	DCA
Desarrollar nuevos mecanismos de rendición de cuentas para los servidores públicos del GACM	DCA
Establecer un mapa de gobernanza del proyecto más amplio	DCP
Establecer un grupo de monitoreo con ONG, academia, grupos de expertos, entre otros	DCP
Formalizar una alianza con el INAI	DCP
Formalizar una alianza con la COFECE	DCP
Buscar el establecimiento de un mecanismo de interacción *ad hoc* con la SFP (es decir, una unidad especial de la SFP)	DCP
Desarrollar una estrategia para recompensar el buen desempeño de los proveedores que armonice con la normatividad de contrataciones públicas	DCA

Propuesta de acción: es conveniente revisar la gobernanza corporativa para armonizarla con las buenas prácticas internacionales definidas en las Directrices de la OCDE sobre el Gobierno Corporativo de las Empresas Públicas.

Acciones	Unidad responsable
Considerar elaborar una carta/declaración de expectativas al Consejo del GACM para comunicar las expectativas del gobierno sobre su desempeño	Oficina de la Presidencia
Desarrollar un esquema de coordinación vertical del proyecto NAICM, acorde con las buenas prácticas de gobernanza corporativa	SCT-GACM
Conformar un comité para nombrar miembros del Consejo del GACM y proponerlos a las autoridades competentes (o algún mecanismo de nombramiento alterno, transparente y basado en méritos)	SCT
Diseñar un programa de capacitación para la entrada de nuevos miembros del Consejo	DCP/DCF
Regular la participación de los suplentes en las reuniones del Consejo	DCA-DCF
Establecer una función de auditoría interna	DCA
Desarrollar un mecanismo anual de evaluación del Consejo	DCP-DCF

Propuesta de acción: si bien la coordinación entre los actores del gobierno central parece funcionar bien, no necesariamente ocurre lo mismo con otros.

Acciones	Unidad responsable
Formalizar el funcionamiento del grupo de coordinación de alto nivel, incluyendo la participación del Distrito Federal y el Estado de México	Oficina de la Presidencia
Establecer el Consejo Metropolitano del NAICM, con la participación de los gobiernos estatales, municipales y delegacionales involucrados	Oficina de la Presidencia-SCT-GACM

Propuesta de acción: se requiere fortalecer las capacidades del GACM y desarrollar un ambiente colaborativo de trabajo.

Acciones	Unidad responsable
Diagnosticar las distintas funciones y habilidades que necesitan reforzarse y estimar los requerimientos de recursos humanos sobre esta base, lo cual generará un ajuste de la estructura organizacional	SHCP-SFP-SCT-DCA
Revisar los niveles salariales y la estabilidad laboral para mejorar el entorno de trabajo y evitar altos niveles de estrés y rotación de personal, o ambos	DCA-DCF
Establecer protocolos y costumbres para celebrar el logro de metas importantes del proyecto	DCA

Propuesta de acción: un diálogo continuo y abierto con los interesados, invitándolos a participar en la planeación, la toma de decisiones y la vigilancia, es una característica clave para el éxito de los megaproyectos.

Acciones	Unidad responsable
Desarrollar una estrategia para involucrar a los interesados en la planeación y la toma de decisiones, incluyendo mecanismos como audiencias públicas, reuniones focalizadas, listas de correo, materiales informativos, comunicación con los medios y repositorios de información	DCP
Desarrollar estrategias para comprometer a los actores en la vigilancia del proyecto, incluyendo la gestión de información pública e inconformidades, convenios de monitoreo por terceros, testigos sociales, monitores comunitarios y contratos sociales	DCP

Propuesta de acción: conviene emprender revisiones periódicas de las finanzas y las contrataciones públicas para responder a condiciones cambiantes.

Acciones	Unidad responsable
Establecer una metodología para el análisis e indicadores clave de desempeño (ICD) para evaluar el logro de objetivos de política pública secundarios por medio de las contrataciones públicas	DCA-SFP
Actualizar los análisis financieros y los escenarios alternativos de financiamiento del proyecto	DCF

Contrataciones públicas

Propuesta de acción: el GACM podría promover la participación directa, transparente y eficaz de los interesados para asegurar un enfoque coordinado del proyecto, por medio de la coordinación de los conocimientos expertos en materia de contrataciones públicas en el proceso de toma de decisiones.

Acciones	Unidad responsable
Mapear la participación de las distintas partes interesadas en el proceso de contrataciones públicas	DCP
Crear un Comité Directivo orientado al proyecto que aglutine los distintos conocimientos expertos	DCI
Definir los logros decisivos para cada paquete de compra pública con el fin de asegurar su evaluación por el Comité Directivo	DCA
Desarrollar mecanismos de seguimiento a las decisiones tomadas por el Comité Directivo	DCP

Propuesta de acción: al diseñar criterios apropiados para la adjudicación de contratos y marcos adecuados proporcionales a las necesidades, el GACM podría facilitar el acceso a competidores de todos los tamaños a oportunidades de contrataciones públicas y ayudar a identificar las propuestas que ofrecen la mejor relación calidad-precio.

Acciones	Unidad responsable
Identificar criterios importantes de evaluación y ponderaciones comunes a todos los paquetes	DCI y áreas de compras
Identificar criterios detallados de evaluación y ponderaciones diseñadas específicamente para cada paquete	DCI y áreas de compras
Desarrollar marcos de respuesta estandarizados para los participantes en licitaciones	DCI y áreas de compras
Definir fórmulas para calificar las propuestas recibidas	DCI y áreas de compras
Identificar a los actores responsables de la evaluación de las propuestas recibidas	DCI y áreas de compras

Propuesta de acción: un sólido diseño de los contratos, que incluya negociaciones, mecanismos para la gestión de cambios y gestión de contratos posteriores a la implementación, permitiría al GACM impulsar la eficiencia a lo largo de todo el ciclo de contrataciones públicas.

Acciones	Unidad responsable
Asegurarse de obtener los conocimientos expertos requeridos para elaborar contratos adaptados a la naturaleza del proyecto	DCI
Diseñar borradores de contratos adaptados a la secuenciación de los paquetes	DCA
Incluir en los contratos los factores clave de acuerdos de niveles de servicios (SLA, por sus siglas en inglés) que contribuyen a la terminación exitosa de las obras	DCI
Incluir mecanismos de renegociación en los contratos	DCA
Evaluar periódicamente el desempeño de los proveedores contra las disposiciones contractuales	DCI y DCP

Propuesta de acción: el GACM podría implementar estrategias de contratación pública enfocadas en facilitar el acceso y realzar el atractivo de las operaciones de contratación pública, mientras persigue otros objetivos de política pública.

Acciones	Unidad responsable
Mapear los obstáculos existentes para entrar a la competencia y efectuar un análisis costo-beneficio de ellos	DCA
Evaluar la posibilidad de eliminar los obstáculos para entrar a la competencia en las contrataciones públicas	DCA
Incorporar en cada paquete criterios positivos de evaluación para objetivos específicos de política pública, en vez de requisitos meramente administrativos de calificación	DCA
Reducir los costos de transacción para los licitantes y el GACM, cuando sea posible y deseable, al agrupar distintos paquetes	DCA
Incluir en los paquetes actividades recurrentes de seguimiento para obras que requieren mantenimiento continuo, con el fin de incrementar el atractivo de las operaciones de contratación pública	DCA

Propuesta de acción: el GACM podría participar en diálogos transparentes y periódicos con proveedores, asociaciones empresariales y expertos para determinar el proceso de contratación pública más eficiente, su apertura, y diseñar especificaciones técnicas efectivas y criterios apropiados para adjudicación.

Acciones	Unidad responsable
Desarrollar una estrategia para involucrar a proveedores, asociaciones empresariales y expertos en los procesos de contratación pública	DCP
Definir la estructura de los diálogos con las comunidades empresarial y de expertos, incluyendo la participación de testigos sociales	DCP
Comunicar esta estrategia de manera amplia a las comunidades empresarial y de expertos	DCP
Anunciar y celebrar sesiones informativas para evaluar las capacidades del mercado antes de finalizar la estrategia de cada paquete y su documentación	DCA y DCI
Incluir la retroalimentación recibida para cada estrategia de un paquete y su documentación	DCA y DCI

Propuesta de acción: el GACM podría considerar todos los medios posibles para promover la participación de las PyME en el proyecto NAICM.

Acciones	Unidad responsable
Desarrollar una estrategia para involucrar a las PyME en los procesos de contratación pública	DCF/DCP
Definir las ponderaciones apropiadas para las propuestas que se comprometen a subcontratar parte de las obras a PyME, conforme a la naturaleza de las obras realizadas y las capacidades del mercado	DCA
Fomentar la creación de consorcios de PyME para los paquetes en los que los recursos requeridos son proporcionales a las capacidades de las PyME	DCP/DCF

Propuesta de acción: el GACM podría poner en marcha estrategias de gestión de riesgos, permitiendo la identificación de amenazas y medidas de mitigación.

Acciones	Unidad responsable
Establecer un registro formal de riesgos para los procesos de contratación pública y definir las respectivas funciones y responsabilidades dentro del GACM	DCP
Mapear todos los riesgos potenciales que afectan los procesos de contratación pública	GACM
Evaluar su gravedad, probabilidad y consecuencias	GACM
Identificar las medidas de mitigación respectivas que se han implementado o podrían implementarse	GACM
Revisar periódicamente la existencia y la calificación de riesgos y la eficacia de las medidas de mitigación	GACM

Promoción de la integridad y la transparencia del proceso de contratación pública

Propuesta de acción: el GACM podría promover una cultura de integridad.	
Acciones	**Unidad responsable**
Incrementar la conciencia de los riesgos de corrupción entre su personal, particularmente entre los participantes en en los procesos de contratación pública	GACM-DCA y SFP
Modificar su código de conducta, tomando en cuenta que deberá: i) describir al personal del GACM y sus socios lo que se espera de ellos en cuanto a conducta; ii) contribuir a reforzar la integridad en la cultura organizacional por medio del establecimiento de nuevas normas y iii) proporcionar un marco disciplinario para penalizar la conducta que se desvíe de las normas	GACM-DCA y SFP
Desarrollar estándares específicos para los funcionarios de contrataciones, por ejemplo mediante un código de conducta para los funcionarios de compras públicas del GACM	GACM-DCA y SFP
Asegurar que el código de conducta sea conocido y, hasta donde sea factible, aplicable para todos los participantes en el proceso de compras públicas, incluyendo consultores, personal subcontratado y subcontratistas	GACM-DCA y SFP
Proporcionar capacitación a los funcionarios de contrataciones públicas en materia de integridad, ética y herramientas para combatir la corrupción	GACM-DCA y SFP
Incrementar la visibilidad del Comité de Ética y darlo más a conocer para mejorar la divulgación y la aplicación del código de conducta, así como la adaptación posterior de las normas a los nuevos riesgos	GACM-DCA y SFP
Desarrollar una política integral sobre conflicto de intereses, incluyendo el desarrollo de un Marco de Gestión de Contrataciones Públicas que enumere las situaciones que se considerarían un conflicto de interés y que proporcione guía sobre los pasos a seguir	GACM-DCA y SFP
Verificar cualquier posible conflicto de interés antes de que comience el proceso de contratación pública y asegurar que los licitantes puedan divulgar cualquier posible conflicto de interés que pudieran tener con la organización contratante o con los demás participantes	GACM-DCA y SFP
Evaluar la posibilidad de discutir con los funcionarios públicos los canales que proporcionarían confianza para denunciar conductas irregulares	GACM-DCA y SFP
Implementar capacitación y educación sobre el concepto de integridad y el propósito de la denuncia para alentar el uso correcto de mecanismos de denuncia y prevenir su empleo inadecuado	GACM-DCA y SFP
Establecer contacto con grupos de proveedores para explorar maneras de alentarlos a desarrollar sus propios estándares y programas para promover la integridad en su relación con el GACM	GACM-DCA y SFP

Propuesta de acción: el GACM y la SFP podrían facultar a un OIC estratégico y robusto.	
Acciones	**Unidad responsable**
El OIC podría asegurarse de no solo desempeñar una función de control, sino también de servir como un órgano asesor para la administración y las unidades de compras del GACM, con el fin de lograr mayor efectividad y eficiencia en el proceso de contrataciones	GACM-DCA, SFP y OIC
Las unidades de compras del GACM y el OIC podrían trabajar estrechamente con el comité de control interno del GACM y la Mesa de Acompañamiento de la SFP para asegurar procedimientos de contrataciones eficientes y transparentes	GACM-DCA, SFP y OIC
El OIC del GACM y la SFP podrían trabajar juntos para desarrollar un formato para quejas en la página de Internet del GACM y así permitir a proveedores y ciudadanos presentar sus quejas en línea	OIC y SFP

Propuesta de acción: el GACM podría evitar los riesgos a la integridad durante el proceso de contrataciones públicas.

Acciones	Unidad responsable
Desarrollar un mapa del riesgo de corrupción de la organización y sus procesos para identificar los puestos de los funcionarios públicos que son particularmente vulnerables, las actividades en el ciclo de contrataciones públicas en que se pueden presentar los riesgos y los proyectos específicos en riesgo. Esto también permitirá al GACM: • Usar un sistema de alertas (banderas rojas) después del desarrollo de un mapa de riesgos • Desarrollar un plan de integridad para facilitar la aplicación de estrategias de mitigación después de mapear los riesgos específicos de corrupción y así asegurar que todas las partes involucradas en el proceso estén conscientes de los riesgos a la integridad existentes y los mecanismos, así como sus propias responsabilidades	GACM-DCA y SFP
Seguir involucrando a los expertos de la sociedad civil por medio de la inclusión de testigos sociales en procedimientos clave de contratación pública	DCA
En sus manuales de compras, reducir los umbrales para el uso obligatorio del testigo social para las licitaciones de obras públicas, bienes y servicios; así como incluir en dichos manuales otras condiciones en las que se debe invitar a un testigo social	DCA
Desarrollar documentos estandarizados de licitación para las propuestas técnicas y económicas, la declaración de integridad y un formulario de revelación de compromisos actuales y de situación financiera	DCA
Implementar el sistema de doble sobre para asegurar que las decisiones de contratación pública se tomen conforme a criterios establecidos	DCA
Implementar el principio de los "cuatro ojos" para limitar la discrecionalidad de los servidores públicos y asegurar un nivel adecuado de deliberación previniendo sospechas sobre los funcionarios	DCA
Explorar la posibilidad de designar un monitor de integridad que pueda seguir todo el ciclo de contrataciones públicas	DCA
Asegurar que los mecanismos internos de integridad sean conocidos por consultores, personal de terceros y subcontratistas y que se apliquen de la misma manera que al personal del GACM	DCA

Propuesta de acción: el GACM podría mejorar la transparencia de sus actividades de contratación pública.

Acciones	Unidad responsable
Asegurar que tiene los recursos, la estructura y las capacidades necesarias para desempeñar estas funciones	DCA
Publicar toda la información sobre las contrataciones públicas, no solo la relacionada con el aeropuerto, sino también la relativa al funcionamiento del GACM	DCA
Publicar información relativa a las contrataciones públicas por tipo de procedimiento, en términos de número y de valor	DCA
Proporcionar definiciones claras de los procedimientos de compras públicas y las excepciones más comunes a la licitación pública que se anticipa utilizar	DCA
Establecer y publicar de manera proactiva guías en línea, en lenguaje accesible, sobre toda la información revelada	DCA
Publicar planes de contratación pública en un formato amigable, que permita distinguir entre lo que ya se ha comprado, lo que se está contratando en el momento y lo que se contratará en el futuro	DCA
Publicar de manera proactiva, en su página de Internet, toda la información relevante, como los programas anuales de contratación, los procedimientos para las licitaciones (convocatorias, actas de las juntas de aclaración y de la apertura de propuestas), historial de adjudicación de contratos, modificaciones a los contratos y quejas formales (inconformidades)	DCA
Publicar las declaraciones firmadas de los participantes en licitaciones en la página de Internet	DCA

Comunicación

Propuesta de acción: establecer y poner en marcha una estrategia formal de comunicación.	
Acciones	**Unidad responsable**
Facultar al GACM como el líder de las comunicaciones cotidianas y los esfuerzos de vinculación	Oficina de la Presidencia-SCT (Decisión) y GACM (Administración)
Crear una oficina formal de comunicación y vinculación dentro del GACM	GACM
Nombrar a un vocero del proyecto	GACM
Crear un comité formal de comunicación y gestión de crisis	Oficina de la Presidencia, SCT, GACM y dependencias involucradas
Preparar manuales de manejo de crisis y capacitar al vocero para el manejo de medios y crisis	Oficina de Comunicación del GACM
Realizar estudios de opinión pública y grupos de enfoque para entender las aspiraciones y las preocupaciones de las partes interesadas	DCP y Oficina de Comunicación
Crear mensajes diseñados específicamente para distintas audiencias	DCP y Oficina de Comunicación
Reforzar las funciones de vinculación y contacto con la comunidad	DCP y Oficina de Comunicación
Definir un calendario de reuniones privadas con las principales partes interesadas para mantenerlas al tanto de la evolución del proyecto	DCP y Oficina de Comunicación

Propuesta de acción: establecer e implementar una estrategia interna de comunicación.	
Acciones	**Unidad responsable**
Nombrar a un responsable de la comunicación interna	DCA
Definir las herramientas y los canales de comunicación	DCA
Crear una Intranet para recopilar toda la información relevante que estará a disposición del equipo	DCA
Definir un calendario de reuniones informativas internas	DCA

Anexo A

El mecanismo de control *ex ante* de la EXPO MILANO

A raíz de varios escándalos de corrupción ocurridos en 2013 y 2014 en los procesos de construcción y contratación de EXPO MILANO 2015, al Presidente de ANAC (*Autoritá Nationale Anticorruzione* – Autoridad Nacional Anticorrupción de Italia) se le asignaron funciones de supervisión y garantía de la imparcialidad y transparencia de los procedimientos de contratación relacionados con el montaje de la exposición en junio de 2014. Como parte de esa misión, en julio de 2014 ANAC creó una unidad operativa especial (UOS) para supervisar los proyectos de la EXPO 2015.

Con la creación de la UOS se establecieron varias normas, procedimientos y mecanismos de control para vigilar y ejercer un control *a priori* de los procesos de contratación (Linee Guida ANAC 17.07.2014).

El establecimiento de mecanismos de control *ex ante*, aunque no es una práctica común en los órganos de Auditoría Superior de los países de la OCDE (solo Chile, Italia y Portugal la ejercen en forma periódica) parece adecuado para la aplicación de medidas de integridad adicionales que es necesario abordar durante la etapa de desarrollo del proyecto y después de los acontecimientos recientes.

De hecho, este enfoque podría ser útil principalmente en contextos específicos, como la EXPO 2015, que ya han sido afectados por casos de corrupción que no solo han contaminado las ofertas existentes sino que también amenazan con perjudicar los procedimientos de contratación futuros. Ciertamente, para ser eficaces, los controles *ex ante* de los documentos relativos a la adjudicación y ejecución de contratos públicos de obras, servicios y suministro de bienes, por parte de una entidad independiente de la dependencia contratante, no pueden cubrir todas las licitaciones públicas sino que deben centrarse en casos específicos individuales con "alto riesgo de corrupción". Por estos motivos, el uso de este sistema de control en casos específicos, conforme al Artículo 19 del Decreto Ley 90/2014, estableciendo la Unidad Operativa Especial interna de ANAC, responde a múltiples objetivos de interés público: permite la creación de un innovador sistema de controles de terceros *ex ante* de la legalidad de los documentos de licitación, con atención especial a las leyes y regulaciones italianas sobre transparencia; fortalece y protege la probidad y la transparencia de cada trámite de adjudicación utilizado; funciona potencialmente como una forma de disuadir futuros casos de corrupción, dados los controles explícitos de la adecuación de cada etapa del procedimiento en las licitaciones; ayuda a restaurar la confianza entre los operadores del mercado pertinente sobre la transparencia y probidad de los procedimientos de adjudicación y la posterior gestión de las licitaciones.

Sin embargo, vale la pena señalar que el control *ex ante* de los documentos relativos a los procedimientos de adjudicación y ejecución de los contratos públicos de obras, servicios y suministro de bienes, por una parte independiente de la dependencia contratante, podría alargar el tiempo requerido para realizar las licitaciones. Las entidades responsables de evaluar los riesgos deben garantizar que el control *ex ante* identifique con claridad las mejores formas de asegurar la eficacia del control, sin causar un efecto excesivo sobre la rapidez y eficiencia de la administración de las licitaciones. El establecimiento de un límite por parte de ANAC para el uso del mecanismo de control previo es un buen avance para equilibrar la eficiencia del proceso.

Desde su creación en julio de 2014, la UOS desarrolló un marco integral para controlar los procedimientos de contratación pública de la EXPO 2015. Este sistema incluye:

1. La definición de *Linee Operative* (Guía operativa)
2. La creación de siete modelos de listas de verificación
3. La publicación de *Linee Guida* (Directrices)
4. La puesta en marcha de las *Raccomandazioni* (Recomendaciones)

Desde julio de 2014 y hasta la inauguración en mayo de 2015, la UOS revisó todos los procedimientos de contratación de la EXPO utilizando este sistema. Cuando había inconformidades en los procesos, la UOS solicitó información adicional a EXPO S.p.A, antes de la autorización. Asimismo, se reunió periódicamente con las unidades técnicas de adquisiciones de la EXPO 2015, en Roma o en Milán, celebrándose más de 20 reuniones hasta esa fecha. El tiempo de respuesta promedio de la UOS es de cinco días hábiles entre la llegada del proceso y la emisión de la respuesta, para permitir que los procesos continúen sin mayores interrupciones o retrasos, lo que puede considerarse como una buena práctica para los órganos de revisión, aceptada internacionalmente.

En el Cuadro A.1 se presenta un resumen de la labor desarrollada por la UOS al 16 de marzo de 2015, detallada por tipo de procedimiento y resultado. A esa fecha, la UOS había revisado 153 procesos de contratación, con un valor total de contratación de alrededor de EUR 589 millones; 60% de los procesos estaban relacionados con licitaciones. En 136 procesos la UOS recibió el proceso de la EXPO, y en otros 17 tomó la iniciativa de solicitar aclaraciones e información a las autoridades contratantes (AC).

Cuadro A.1. **Procedimientos de contratación revisados por la UOS**

	Núm.	*Con comentarios de la UOS (inconformidades y asuntos legales)*
Procedimiento/licitaciones	92	80
Acuerdos de conciliación	2	0
Acuerdos adicionales	4	4
Patrocinio	3	3
Solicitud de información	17	0
Convenios	4	4
Comités de licitación	8	5
Adjudicaciones	18	13
Controles aleatorios[4]	2	0
Comentario del intermediario	3	0
Total	153	109

Fuente: ANAC, 16 de marzo de 2015.

En 109 de los procedimientos (72% de los casos analizados), la UOS detectó inconformidades o posibles incumplimientos de los requisitos legales, y solicitó la corrección del proceso en uno o varios aspectos. Los procesos analizados incluyen validaciones de listas de verificación e información sobre los procedimientos de contratación; por lo general, con una nota técnica emitida por la UOS sobre el tipo o propósito del procedimiento, comentando los criterios de adjudicación, las condiciones de la oferta de los bienes o servicios y detalles del contrato. También incluían una nota del coordinador de la sección de control de la UOS, con observaciones y recomendaciones cuando era necesario. En algunos casos, las recomendaciones incluían el análisis del objetivo del contrato, incongruencias identificadas, cambios en los criterios de adjudicación, eliminación o cambios de las especificaciones técnicas para aumentar la competencia o la mejora de requisitos para asegurar la calidad de la entrega de los bienes y servicios. El análisis siempre se formalizó en una carta con la evaluación de cada procedimiento, enviada por el Presidente de ANAC a la EXPO.

En 107 procedimientos, Expo 2015 S.p.A. adoptó las correcciones formuladas por la UOS, o, finalmente, proporcionó las explicaciones e información adicional requeridas, o ambos.

Notas

1. Art. 6.2, *Linee guida* del 17 de julio de 2014.

Anexo B

Comentarios de la OCDE sobre los sitios web del NAICM (basado en el estado de los sitios web al 5 de mayo de 2015)

Portal del GACM (www.aeropuerto.gob.mx/gacm/index.php)

- En la sección "Documentos", sugerimos mantener la etiqueta de "normatividad", pero cambiar el título a "normatividad aplicable al GACM", y crear una nueva etiqueta que diga "normatividad aplicable a contrataciones y obras públicas" para cargar las leyes sobre adquisiciones, obras públicas, POBALINES, reglamentos, etcétera. En su defecto, estas disposiciones reglamentarias podrían ir bajo el subtítulo "Contrataciones".
- La sección "Contrataciones" muestra listas incompletas de lo que se ha comprado y de los proveedores. Es necesario actualizar periódicamente esas listas para mantener su pertinencia, indicando la fecha de la última actualización. Además, sería útil incluir definiciones de "servicios relacionados" y otras categorías. Las listas incluirán todas las contrataciones y no solo determinadas licitaciones.
- Si se entra en los detalles de cada proceso de contratación, se observa que faltan algunos datos (por ejemplo, el informe de los testigos sociales). Hay un enlace a CompraNet, pero dirige al usuario a la página principal y no a los procesos específicos.
- Del mismo modo, sería útil mostrar las licitaciones públicas actuales (en curso) y las futuras. En estos momentos, para consultar las licitaciones en curso hay que entrar a CompraNet. El sitio web del GACM podría mostrar alguna información básica y proporcionar el enlace a la ficha de CompraNet. Además, esta sección se complementaría adecuadamente con una explicación breve y sencilla del proceso de contratación y el uso de los procedimientos de contratación y las excepciones. Cuando el Manual de Contratación esté listo, también sería conveniente agregarlo a esta sección.
- La sección de "Responsabilidad Social" podría complementarse con alguna información básica y "hechos aniquiladores" del sitio web del NAICM (con amplias explicaciones de los beneficios económicos, sociales y ambientales).
- La sección "Presenta tu Queja o Denuncia" podría ser más fácil de usar para alentar las denuncias. En el capítulo sobre integridad del estudio se proporcionarán más detalles sobre cómo lograr esto y ejemplos.
- Es evidente que la sección "Transparencia/Acceso a la Información" aún requiere desarrollarse. Mientras tanto, se pueden proporcionar enlaces al Portal de Obligaciones de Transparencia (POT) y a INFOMEX. Los enlaces pueden permanecer en el futuro, pero lo ideal es que haya una ventanilla única donde el usuario pueda obtener la información que busca. También sería una ventaja cargar las diferentes disposiciones regulatorias relativas al acceso a la información (ley, reglamentos, manual de la SFP, etcétera). Además, se podría hacer más explícita la información que no será pública, justificando las excepciones permitidas por la Ley de Transparencia y Acceso a la Información. Por

último, sería conveniente proporcionar la dirección física de la Unidad de Acceso a la Información Pública del GACM (no queda claro si es la misma que la de las oficinas generales del GACM).

- En la etiqueta "Sala de Prensa", en videos, sugerimos agregar la fecha después del título de cada actividad.
- En la etiqueta "Sitios de Interés", sería conveniente agregar una categoría para los sitios relacionados con la transparencia (por ejemplo, POT, INFOMEX y la sección proporcionada en este mismo sitio web). Incluso si se proporcionan los enlaces en la sección "Transparencia/Acceso a la Información", su importancia exige dirigir de manera proactiva a los usuarios a las fuentes.
- El mapa del sitio proporciona la estructura de los sitios web del GACM y del NAICM. Consideramos que esto es correcto, para guiar al usuario hacia la información que esté buscando. Sin embargo, el mapa podría realzarse, al indicar también que se refiere a ambos sitios web. En este sentido, también podría ser útil un título diferente, más fácil de usar (por ejemplo, ¿Qué busca?).

Portal del NAICM (www.aeropuerto.gob.mx/index.php)

- Sugerimos un gran encabezado en la parte superior que enlace con la sección "Contrataciones" del sitio web del GACM, y otro enlace con la sección de "Transparencia".
- El portal de la SCT (www.sct.gob.mx) proporciona el enlace a este sitio web, mientras que el portal del GACM también contiene información útil. Se necesita una herramienta de búsqueda que guíe al usuario al portal correcto en su búsqueda de información. Tanto el sitio web del GACM como el del NAICM tienen buena información, pero no es claro cuál debe consultarse primero. Más bien, parece que la respuesta depende de la información que se necesite.

ORGANIZACIÓN DE COOPERACIÓN Y DE DESARROLLO ECONÓMICOS (OCDE)

La OCDE constituye un foro único en su género, donde los gobiernos trabajan conjuntamente para afrontar los retos económicos, sociales y medioambientales que plantea la globalización. La OCDE está a la vanguardia de los esfuerzos emprendidos para ayudar a los gobiernos a entender y responder a los cambios preocupaciones del mundo actual, como el gobierno corporativo, la economía de la información y los retos que genera el envejecimiento de la población. La Organización ofrece a los gobiernos un marco en el que pueden comparar sus experiencias políticas, buscar respuestas a problemas comunes, identificar buenas prácticas y trabajar en la coordinación de políticas nacionales e internacionales.

Los países miembros de la OCDE son: Alemania, Australia, Austria, Bélgica, Canadá, Chile, Corea, Dinamarca, Eslovenia, España, Estados Unidos de América, Estonia, Finlandia, Francia, Grecia, Hungría, Irlanda, Islandia, Israel, Italia, Japón, Luxemburgo, México, Noruega, Nueva Zelanda, Países Bajos, Polonia, Portugal, Reino Unido, República Checa, República Eslovaca, Suecia, Suiza y Turquía. La Comisión Europea participa en el trabajo de la OCDE.

Las publicaciones de la OCDE aseguran una amplia difusión de los trabajos de la Organización. Éstos incluyen los resultados de la compilación de estadísticas, los trabajos de investigación sobre temas económicos, sociales y medioambientales, así como las convenciones, directrices y los modelos desarrollados por los países miembros.

OECD PUBLISHING, 2, rue André-Pascal, 75775 PARIS CEDEX 16
(42 2015 22 4 P) ISBN 978-92-64-24933-2 – 2015

www.ingramcontent.com/pod-product-compliance
Lightning Source LLC
LaVergne TN
LVHW080652011026
849160LV00014B/1402